한 권으로 끝내는

중학 수학

한 권으로 끝내는 **중학 수학**

초판 1쇄 인쇄일 2024년 8월 20일
초판 1쇄 발행일 2024년 8월 30일

지은이 박구연
펴낸이 김지영 펴낸곳 지브레인Gbrain
편 집 김현주
마케팅 조명구 제작 · 관리 김동영

출판등록 2001년 7월 3일 제2005-000022호
주소 04021 서울시 마포구 월드컵로7길 88 2층
전화 (02)2648-7224 팩스 (02)2654-7696

ISBN 978-89-5979-799-8(03410)

• 책값은 뒤표지에 있습니다.
• 잘못된 책은 교환해 드립니다.

한 권으로 끝내는

중학 수학

박구연 지음

추천사

문자가 없거나 문화와 문명이 없는 사회는 사회일까? 문자에 익숙한 사람들은 문자 없는 사회를 마치 문명이 뒤쳐진 것처럼 생각하지만 문자가 없을 때에도 입에서 입으로 전달되는 구술이라는 방법을 통해 소통하며 발전해왔다. 구술사회에서 말을 전하려면 반드시 사람과 사람이 만나야 한다는 한계 때문에 지식과 경험을 축적하기에는 어려움이 있을 것이라고 생각해왔다. 그런데 나이지리아의 요르바 민족은 성조언어인 아프리카어의 특징을 살려 북소리의 높낮이를 조절해 멀리 있는 사람과도 대화가 가능한, 의사소통 능력을 키워 경청의 소중함을 나누며 살아왔다고 한다.

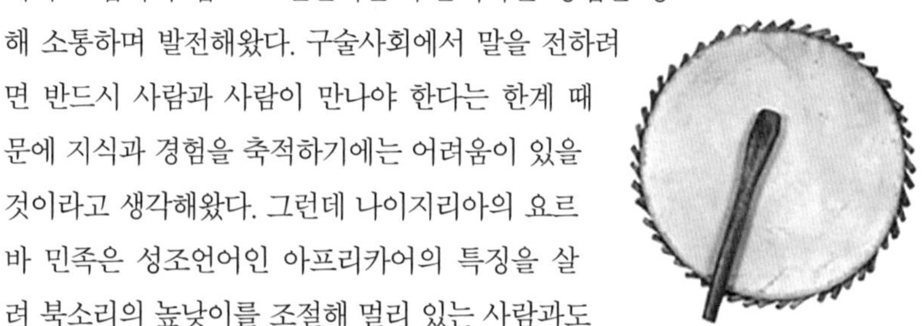

나이지리아 조르바 족의 악기 사카라

또한 요르바 민족의 춤꾼과 고수는 춤을 출 때 북소리로 자신의 생각을 표현해 춤동작을 지시하기도 했다. 지금도 이들은 소리를 신성시 여겨 서로 간에 경청을 하는 남다른 습관이 있다고 한다.

그렇다면 현대인은 어떤가? 자신과 같은 생각을 갖고 있는 사람과 소통하는 것도 어려워하는데 성향이 다른 사람과 소통하는 것은 더더욱 어려운 것이 지금의 현실이다. 이런 상황에서, 가장 중요한 학문이라고 꼽히는 수학은 그 다양성과 실생활의 쓰임에도 불구하고 대부분의 사람들이 어려워하고 심지어는 현재 학교에서 공부하는 학생들마저 대화의 소재로 삼는 것마저 외면하는 것이 현실이 되어 버렸다.

이런 극단적 상황에서 《한 권으로 끝내는 중학 수학》은 수학을 즐거운 이야기로 승화시켜 수학이 사실은 즐거운 대화의 도구임을 천명하고 있다. 이 책은 책 스스로 아프리카 오르바 민족의 북의 역할을 수행해 학생과 학생의 수학에 대한 소통을 돕는 울림이 있다.

우리나라 학생들은 OECD 국가 중에서 수학학업 성취도는 우수하지만 수학을 좋아하고 수학을 도구로 소통하는 부분에서는 매우 낮은 성취도를 보이고 있다. 이 책은 학생들의 수학에 대한 다양한 아픔의 북소리를 듣고 그 아픔을 치유하는 북소리를 내고 있다. 《한 권으로 끝내는 중학 수학》은 그림을 그리며 춤을 추도록 유도하거나 때로는 식을 세워 문제를 다르게 바라보도록 하는 북소리를 통해 수학의 다양한 면을 분류 분석하는 춤을 추게 하기도 한다.

특히 가장 기본이 되는 개념과 개념의 변화를 중시해 수학이 변주하는 다양한 변화를 시도할 수 있도록 도와 학생들 스스로 자신의 젬베북을 울리게 한다. 이 북소리를 통해 학생들은 수학에 대한 새로운 시야를 갖게 될 것이며 《한 권으로 끝내는 중학 수학》을 마무리할 무렵이면 많은 변화의 계기를 맞이하게 될 것을 믿어 의심치 않는다.

전국수학교사모임 회장
한국수학교육학회 대외협력이사
한국과학창의재단 교과부 전문 수학교육상담사
이동훈

머리말

여러분은 '낯설다'라는 단어의 의미를 알 것이다. 뭔가 익숙하지 않을 때 쓰는 단어인 이것은 아마 중학교 수학에도 포함될 것이다.

초등학교 수학을 배울 때는 연산을 잘하면 수학에 대한 자신감이 생기고, 잘 풀리는 수학에 자부심도 많이 가졌을 것이다. 그러다 보니 수학시험에서 100점을 맞았을 때의 즐거움과 그만큼 수학을 자신 있게 공부할 수 있는 과목으로 자랑했을 수도 있다.

그런데 중학교에 오면 수학은 좀 다르게 다가온다. 중학교 수학은 초등학교 수학과는 달리 문제를 많이 풀어본다고 잘 풀리거나 좋은 성적이 나오는 것은 아니다. 또한 단계를 건너 뛰거나 이해가 어려워 소홀했던 단원이 생긴다면 연속성을 갖는 수학의 특성상 다른 수학 분야에 대한 이해도가 떨어져 낭패를 겪을 수도 있다. 대충대충이 통하지 않는 것이 중학 수학인 것이다.

"그렇다면 중학교 수학은 쉽게 이해하고 잘 하는 것은 매우 어려운 건가?"라는 막연한 공포심을 가지고 누군가에게 물어볼 수도 있을 것이다. "중학교 수학을 잘 할 수 있는 방법은 있어?" 자 이제 막연한 공포 대신 발상의 전환을 하자. "잘하는 방법이 있을 거야. 그걸 찾아야지!"

중학교 수학을 잘하는 마법 같은 비법은 없지만 실력을 키울 수 있는 방법은 있다.

먼저 중학교 수학은 개념에 대해 철저히 이해해야 한다. 그 개념이란 것은 단원마다 정의를 정확히 기억하는 것이다. 정의를 기억하면서 학습을 해나가고, 공식을 외우고 증명과정을 통해 이해하게 된다면 더 쉽게 공식을 기억하게 될 것이다.

그리고 틀린 문제는 반드시 다시 풀어보아야 한다. 또한 식을 쓰는 습관을 항상 가져야 한다. 한 가지 꼭 기억하자. 눈으로 문제를 푸는 소극적 방법은 매우 좋지 못하다.

이 책은 중학교 수학을 처음 시작하는 중1 학생부터 수학에 대해 다시 기본을 다지고자 하는 중고등학교 학생, 중학교 수학을 다시 시작하고 싶은 사람, 중학교 수학을 선행하고 싶은 초등학교 고학년이 볼 수 있도록 구성한 책이다.

중학교 수학은 1학기 때는 식의 계산과 방정식과 함수가 대부분을 차지하고, 2학기는 도형과 통계가 주를 이룬다. 예전에 학생들을 가르칠 때 1학기 때는 흥미를 많이 잃다가 2학기 때 자신감을 붙이는 학생들을 많이 보았다. 방정식과 함수 같은 대수학보다는 도형을 중심으로 한 기하학에 학생들은 재미를 크게 느끼는 것이다.

그러나 중요한 것은 중학교 수학의 어떤 단원이라도 실력을 쌓아 자신의 것으로 만드는 것이다.

여러분의 열손가락 모두 중요하듯 수학도 특히 중요한 부분이 따로 있는 것이 아니라 모두 중요하다는 것을 잊지 말자.

수학은 일상에서 아무런 영향을 줄 수도 없고 쓸 일도 없다고 생각할 수 있다. 그런데 일 처리를 꼼꼼하게 하거나 다양한 사고력, 문제 해결 능력을 키워주는 데 수학은 중요한 역할을 한다. 수학자들은 수학이 대단히 논리적인 학문으로, 수학적 사고력은 우리가 겪는 사회문제에 대한 해결 방향을 제시할 수 있는 방향을 제시할 수 있는 학문이라고 말한다. 실제로 수학은 우리 생활 전반에 걸쳐 눈에 보이든 보이지 않든 이용되고 있다. 따라서 앞으로 미래를 준비해나갈 초중고등학교 학생들에게 수학은 어려워서 치워야 할 학문이 아니라 하고 싶은 일을 할 수 있는 중요한 도구가 되길 바라는 마음으로《한 권으로 끝내는 중학 수학》 개정판을 준비했다.

이 책이 여러분에게 중학 수학의 개념과 정의를 쉽게 이해하고 전체적인 흐름을 파악해 친근감을 갖는데 도움이 되기를 바란다. '지식 UP 톡톡'은 수학에 관한 여러 에피소드나 재밌는 이야기, 읽을거리를 소개했으니 수학적 지식을 즐겁게 쌓기 바란다.《한 권으로 끝내는 중학 수학》으로 중학 수학의 전체적 흐름을 이해하고 쉽게 다가갈 수 있도록 시작해보자.

박구연

수학 기초 다지기

Contents

수학 내공 다지기

2-8 도형의 닮음 272

2-9 피타고라스의 정리 295

2-10 확률 317

중학 수학의 완성

1
학년

수학 기초 다지기

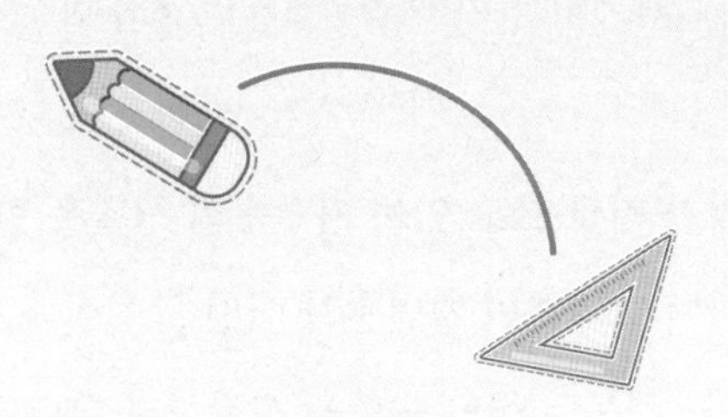

자연수의 성질

자연수는 1부터 시작하는 수로, 현재 우리가 일상생활에서 사용하는 대부분의 수를 말한다. 자연수를 나타내는 아라비아 숫자는 인도에서 발명되어 아라비아로 건너가 가공된 뒤 세련된 숫자로 나타내게 된다. 자연수는 구석기 시대부터 지금까지 농업, 천문, 축조, 건설, 화폐 등 여러 분야에 쓰이고 있다. 때문에 실생활에서뿐만 아니라 수학자들에게 많은 관심의 대상이 되었다. 피타고라스의 정리로 유명한 그리스의 수학자 피타고라스Pythagoras, 기원전 570~495도 홀수와 짝수를 연구했고, 수학자 페아노Giuseppe Peano, 1858~1932는 페아노의 공리계Peano axioms를 통해 지금 우리가 지금 쓰고 있는 자연수의 성질을 발표했다. 따라서 모든 수학의 시작이자 기초인 자연수가 어떤 규칙이나 성질, 공식 등을 가지는지 알아보는 것부터 중학 수학을 시작하려 한다.

약수와 배수

자연수 6을 생각해 보자. 자연수 6은 2×3 또는 1×6으로 나타낼 수 있다. 여기서 자연수 2는 6보다 작은 수이지만 6에 나누어떨어지는 수이다. 3도 마찬가지이다. 이때 2와 3을 6의 약수라 한다. 6은 1×6으로 나타낼 수도 있으므로 1과 6도 약수가 된다. 따라서 6의 약수는 1, 2, 3, 6이다.

이번에는 배수의 성질을 알아보자. 2의 배수는 2, 4, 6, 8, 10, …으로 무수히 많으며, 2의 배수에서 가장 작은 수는 2이다. 그리고 2의 배수는 짝수이다. 따라서 2의 배수에는 홀수가 없으며 모든 수가 2로 나누어떨어진다. 또한 두 자릿수 이상일 때 일의 자릿수는 0 또는 짝수로 끝난다. 예를 들어 6, 12, 280, 3458 등은 2의 배수이고 123 또는 4567은 일의 자릿수가 홀수이므로 2의 배수가 아니다.

3의 배수는 각 자리의 숫자의 합이 3의 배수로, 나열해 보면 3, 6, 9, 12, …이다. 3의 배수 3은 일의 자릿수이므로 더할 것은 자신의 수 3밖에 없는 만큼 자릿수의 합은 3이다. 예를 들어 12는 십의 자릿수 1과 일의 자릿수 2를 더하여 3이 된다. 243의 경우에도 각 자릿수의 합은 2+4+3=9이므로 역시 3의 배수가 된다.

4의 배수는 끝의 두 자릿수(십의 자릿수와 일의 자릿수)가 00으로 끝나거나 4의 배수이어야 한다. 200 또는 424란 숫자를 보면 이해가 갈 것이다.

5의 배수는 5, 10, 15, 20, …으로 나열된다. 즉 5의 배수는 일의 자릿수가 5 또는 0으로 끝난다.

계속해서 9의 배수를 살펴보자. 9의 배수는 각 자릿수의 합이 9의 배수이다. 2403은 각 자릿수의 합이 2+4+0+3=9이므로 9의 배수가 된다.

소인수분해

1) 소수와 합성수

자연수는 보통 홀수와 짝수로 나누며, 1, 소수, 합성수로 나누기도 한다.

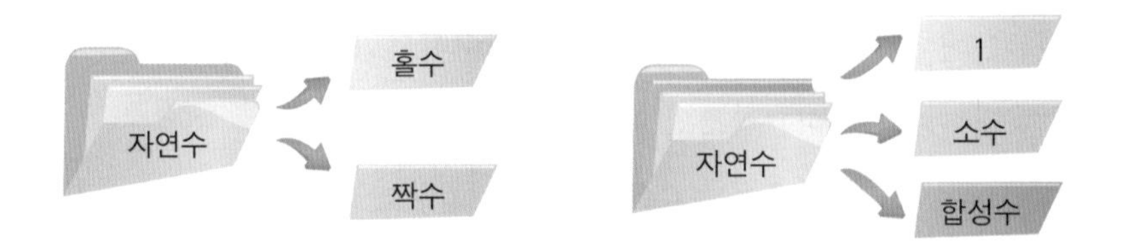

소수란 무엇일까? 소수素數는 1과 자신만을 약수로 가진 수이다. 2의 약수는 1, 2이고 7의 약수는 1, 7이다. 즉 1과 자신만을 약수로 갖는 수인 것이다. 따라서 어떤 수의 약수가 두 개이면 그 수는 소수이다. 소수는 중학교에서 처음 소개되는데 초등학교 때 배운 0.1, 0.53 같은 소수小數와 발음이 같아 종종 헷갈리기도 한다.

다음으로 합성수合成數는 1과 자신 이외의 수를 가진 수로, 약수가 3개 이상이다. 1, 2, 3, 6을 약수로 가지는 6이나 1, 11, 121의 약수를 가진 121을 보면 약수가 3개 이상이다. 이러한 수가 합성수이다.

간혹 소수인지 합성수인지 알아내기가 어려운 수가 있는데, 그럴 때는 3, 5, 7, 9, 11, 13으로 나누어보고 그래도 의심스럽다면 17 같은 소수로 나누어 보아야 한다. 특히 자릿수가 세 자리 이상일 때는 꼭 소수로 나누어 확인해야 한다.

1은 소수도 합성수도 아니다. 1의 약수는 1 하나뿐이고 약수의 개수도 1개뿐이다. 따라서 소수도 합성수도 포함되지 않는 수에 해당된다.

2)거듭제곱

거듭제곱은 같은 수를 여러 번 곱했을 때 곱해진 개수를 그 수의 오른쪽 위에 나타낸 것을 말한다.

$3\times3=9$이지만 3을 두 번 곱했으므로 3^2이다.

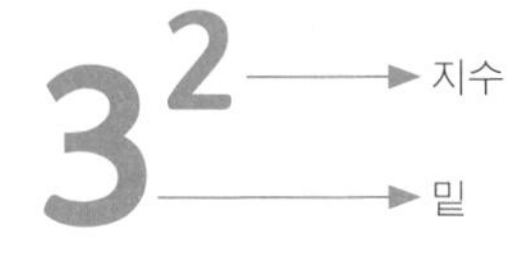

3은 밑, 2는 지수라 한다. 읽을 때는 '삼의 제곱'으로 읽는다.

$3\times3\times3=3^3$이므로 3을 세 번 곱한 것이다. 읽은 때는 '삼의 세제곱'으로 읽는다. $2\times2\times3\times3\times3$은 $2^2\times3^3$으로 나타낸다. 여기까지는 여러분도 쉽게 이해했을 것이다. 그런데 소수와 합성수를 알았으니 적용해야 할 것이 있다. $4\times2\times9$를 거듭제곱으로 나타내보는 것이다. 소수와 합성수가 혼합되어 있으므로 $4\times2\times9=2^2\times2\times3^2=2^3\times3^2$으로 나타낼 수 있다. 거듭제곱을 나타낼 때는 밑을 소수로 나타내고 지수는 자

연수로 나타낸다. 물론 지수는 자연수를 거듭제곱으로 나타내면 자연수일 수밖에 없다.

여러분은 밑이 1일 때도 앞으로 많이 보게 될 것이다. 1은 무한대로 제곱을 해도 항상 1이다. 1을 무수히 곱해도 $1\times1\times1\times\cdots$이므로 결국 1인 것을 항상 기억하길 바란다.

3) 소인수

15는 3×5로 나타낼 수 있다. 이때 3과 5를 15의 인수라 한다. 자연수의 약수를 인수라 할 수 있는데 인수가 소수일 때가 있다. 그 경우의 인수를 **소인수**素因數라 한다. 따라서 15의 인수, 3과 5는 소인수이다. 그렇다면 소인수분해란 무엇일까? 말 그대로 소인수를 여러 개로 나누는 것이다.

소인수분해를 하는 방법은 두 가지가 있다. 12를 첫 번째 방법으로 풀어보면,

[방법 1]

즉 수형도로 나타내어 원 안의 숫자를 곱하면 소인수분해가 된다. $12=2^2\times3$이다. 또 다른 방법은 **소인수로 계속 나누는 것**이다. 보통 2

또는 3 또는 5로 나눈 후 더 이상 나누어지지 않으면 소인수분해가 끝나게 되는 방법이다.

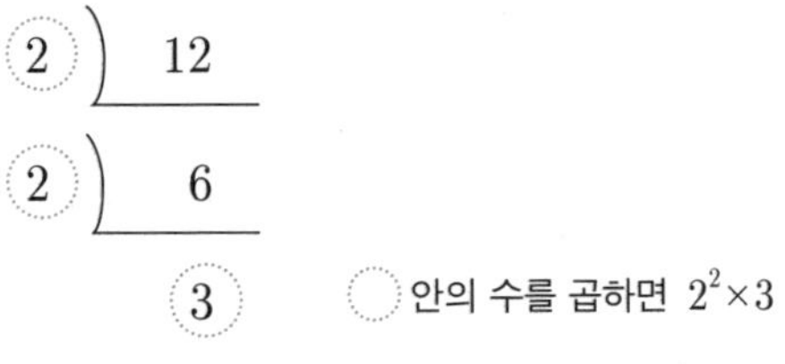

(2)	12
(2)	6
	(3)

◯ 안의 수를 곱하면 $2^2 \times 3$

[방법 2]

소인수분해는 [방법 2]를 더 많이 쓰지만 [방법 1]도 알고 있어야 한다.

4) 약수와 그 개수

초등학교 5학년 때 방법으로 6의 약수를 구하면 1, 2, 3, 6이다. 중학 수학에서는 약수를 표로 작성해 보자. 이해가 쉽도록 쉬운 예부터 시작해 큰 수의 약수도 구해 볼 것이다.

6은 2×3이다. 세로 칸에 3의 약수를 쓰고 가로 칸에는 2의 약수를 쓴다. 서로 바꾸어 가로 칸과 세로 칸에 써도 관계는 없다.

가로 칸의 1과 세로 칸의 1을 곱하여 약수 1을 만든다. 이것이 제일 먼저 구한 약수이다.

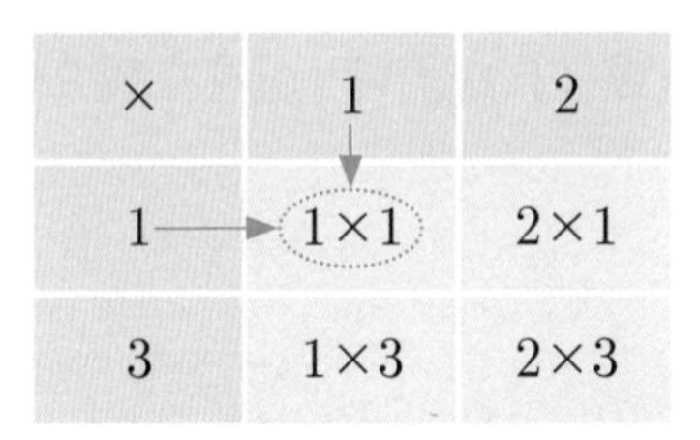

×	1	2
1	1×1	2×1
3	1×3	2×3

가로 칸의 2와 세로 칸의 1을 곱하면 약수 2가 된다.

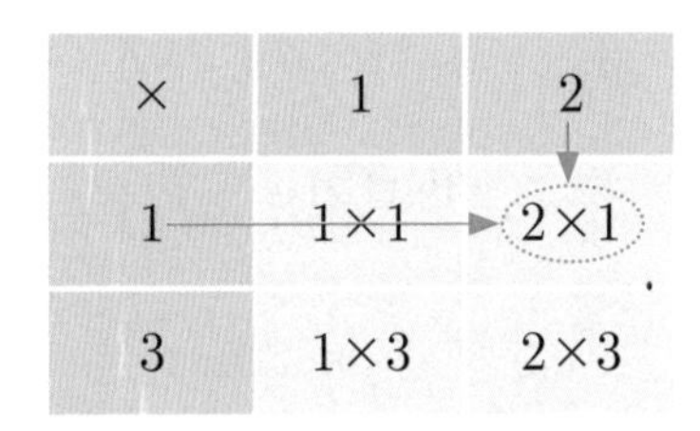

×	1	2
1	1×1	2×1
3	1×3	2×3

가로 칸의 1과 세로 칸의 3을 곱하면 약수 3이 된다.

×	1	2
1	1×1	2×1
3	1×3	2×3

가로 칸의 2와 세로 칸의 3을 곱하면 약수 6이 된다.

×	1	2
1	1×1	2×1
3	1×3	2×3

이로써 6의 약수 1, 2, 3, 6을 구했다.

이번에는 144의 약수를 구해 보자.

144는 $2^4 \times 3^2$으로 소인수분해가 된다. 표를 작성하여 약수를 구하면,

$\times$	1	2	2^2	2^3	2^4
1	1×1	1×2	1×2^2	1×2^3	1×2^4
3	1×3	2×3	$2^2\times3$	$2^3\times3$	$2^4\times3$
3^2	1×3^2	2×3^2	$2^2\times3^2$	$2^3\times3^2$	$2^4\times3^2$

15개의 약수가 있음을 알 수 있다. 명심할 것은, 약수를 소인수분해의 형태로 나타낼 때 소인수가 작은 순부터 큰 수로 쓰는 습관을 가지는 것이 좋으며, 문제의 형태마다 소인수분해의 형태로 약수를 나타내는 것도 있고 자연수로 나타내는 것도 있다. 보통 다른 조건이 없다면 자연수로 간결하게 쓴다. 따라서 약수를 나열하면 1, 2, 3, 4, 6, 8, 9, 12, 16, 18, 24, 36, 48, 72, 144이다.

약수를 구하기 위해 표를 작성하는 이유는 약수를 정확히 구하기 위해서이다.

이번에는 약수의 개수를 직접 나열하지 않고도 구하는 방법을 알아보자.

15의 약수를 나열하면 1, 3, 5, 15이다. 즉 약수의 개수는 4개이다. 15는 3×5로, $3^1\times5^1$은 지수가 각각 1이므로 $(1+1)\times(1+1)=4$가 되어 4개이다. 28의 약수의 개수를 구하려면 소인수분해를 했을 때 $2^2\times7$

이므로 $(2+1)\times(1+1)=6$이다. 즉 약수의 개수가 6개이다.

소인수분해를 통해 약수의 개수를 구하는 공식은 자연수 $N=a^m\times b^n$ 일 때 $(m+1)\times(n+1)$개이다. 만약 $N=a^m\times b^n\times c^l$이어도 약수의 개수를 구하는 공식은 $(m+1)\times(n+1)\times(l+1)$개이다.

그렇다면 1024의 약수의 개수는 어떻게 될까? 만약 다 나열해서 개수를 확인한다면 틀리는 경우가 발생할 수도 있다. 하지만 2^{10}으로 소인수분해를 한 뒤 구하면 $(10+1)=11$개이다. 소인수가 한 개일 때는 지수에 1을 더하면 된다. 수가 커질수록 약수를 구하는 것보다 약수의 개수를 구하는 것이 더 쉽다는 것을 알 수 있다.

최대공약수와 최소공배수

공약수

공약수가 두 개 이상인 자연수의 공통된 약수를 공약수라 한다.

먼저 두 개의 자연수에 대해 약수를 살펴 그 수의 공통된 약수를 찾는다. 12와 15의 공약수를 구해 보자.

12의 약수는 1, 2, 3, 4, 6, 12이다. 15의 약수는 1, 3, 5, 15이다.

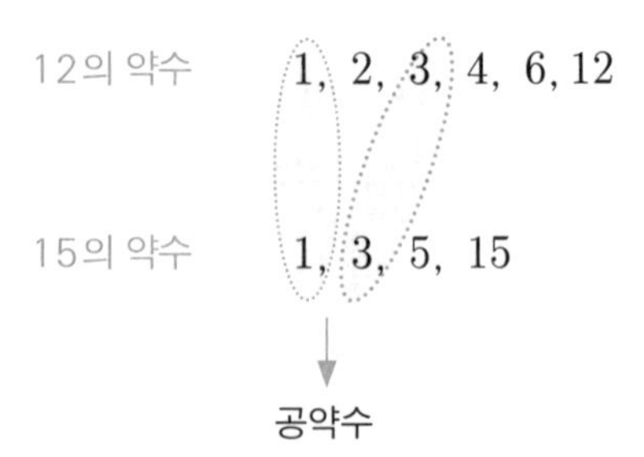

12의 약수와 15의 약수 중 두 수의 공통된 약수인 1과 3이 공약수이다.

최대공약수

최대공약수는 공약수 중에서 가장 큰 약수를 말한다. 12와 15의 공약수는 1과 3이므로 최대공약수는 3이다. 최대공약수는 약수를 나열하여 공약수를 찾은 뒤 최대공약수를 구하는 방법 말고도 직접 나누어 구할 수 있다. 아래를 보면 여러분은 초등학교 때 이미 그 방법을 배운 것을 알게 될 것이다.

3) 12 15

4 5

최대공약수

그러나 중학교부터는 이 방법보다 두 수를 소인수분해하여 공통된 인수를 찾아 최대공약수를 구하는 방법이 더 많이 사용된다.

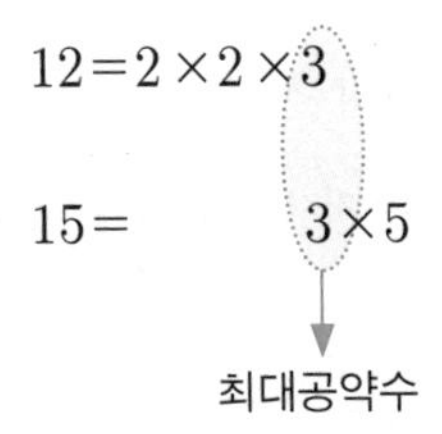

15는 소인수분해를 하면 2인 소인수가 없으므로 2의 칸을 비워둔다. 따라서 최대공약수는 3이 된다.

공배수

두 개 이상인 자연수의 공통된 배수를 **공배수**라 한다. 3과 4의 공배수를 구해 보자.

3의 배수는 3, 6, 9, 12, 15, …이고, 4의 배수는 4, 8, 12, 16, 20, …이다.

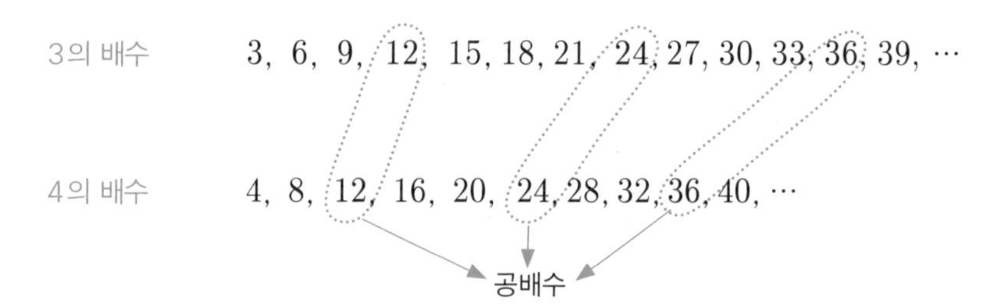

3의 배수와 4의 배수의 공배수는 12, 24, 36, …이다. 공약수는 수를 셀 수 있지만 공배수는 셀 수 없다.

최소공배수

최소공배수는 공배수 중 가장 작은 수를 말하는 것이므로 12가 된다. 최소공배수도 초등학교 때 이미 배운 적이 있다. 3과 4는 공통된 수가 없으므로 서로 곱하면 12가 된다. 또 3과 4는 공통된 약수가 1 이외에는 없기 때문에 **서로소**[素]라 한다.

중학교 방법으로 12와 16의 최소공배수를 풀어보자.

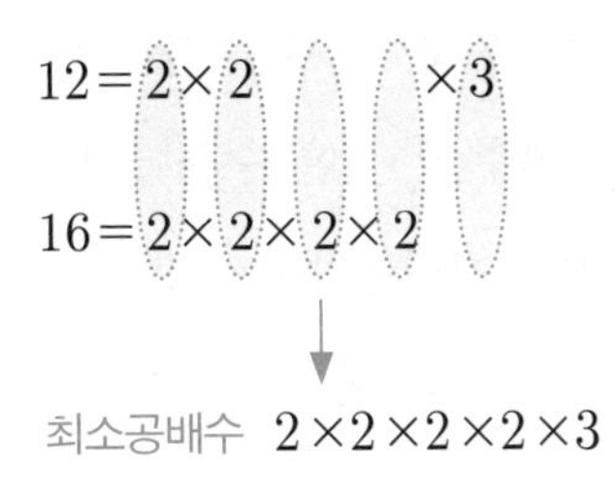

이는 아래의 방법으로 좀 더 빠르게 풀 수도 있다.

$12 = 2^2 \times 3$

$16 = 2^4$

최소공배수 $2^4 \times 3 = 48$

최소공배수는 두 수를 소인수분해해 공통된 소인수 외에도 어느 한 쪽에만 있는 수까지 모두 곱한다.

그렇다면 세 수의 최대공약수와 최소공배수를 구할 때는 어떻게 할까?

27과 36과 45의 최대공약수와 최소공배수를 구해 보자.

$27 = 3^3$

$36 = 2^2 \times 3^2$

$45 = 3^2 \times 5$

최대공약수 $3^2 = 9$

$27 = 3^3$

$36 = 2^2 \times 3^2$

$45 = 3^2 \times 5$

최소공배수 $2^2 \times 3^3 \times 5 = 540$

최대공약수는 소인수분해를 한 뒤 밑을 기준으로 정열한다. 어색하게 보이지만 밑을 기준으로 맞춘 후 작은 수를 골라 써 내려가면 된다. 그래서 3^2과 3^3 중에서 3^2을 최대공약수로 찾은 것이다.

반대로 최소공배수는 세 수 중 한쪽에만 있는 수라도 다 쓰고 3^2과 3^3 중 3^3이 더 크므로 3^3을 쓰면 된다.

따라서 최대공약수는 구하면 작은 수가 되고, 최소공배수는 구하면 큰 수가 된다.

지식 up 톡톡

'소수'를 전략적 숫자로 이용해 생존하는 주기매미

여름철에 "맴맴맴맴~찌르르르" 시끄럽게 매미가 우는 것은 굼벵이 생활을 마치고 세상 밖으로 나와 짝짓기를 하기 위해서다. 시끄러운 소음이든 여름을 알리는 상징이든 상관없이 매미의 울음소리는 우리나라만의 특징이 아니라 북미 대륙도 예외는 아니다. 1990년 미국의 시카고에서는 주기매미Magicicada의 울음소리로 음악회가 취소되는 일도 있었다. 북미대륙의 주기매미들의 유충 기간은 13년과 17년이다. 그래서 이름도 '13년매미', '17년매미'다. 이 매미는 유충 기간 동안 나무뿌리의 액을 먹고 지낸다. 주기매미의 유충 기간인 13년과 17년은 소수 13과 17을 떠오르게 한다. 주기매미는 왜 소수의 기간 동안 굼벵이로 땅속에 사는 것일까? 여기에는 자연의 신비가 숨어 있다.

매미들을 잡아먹는 천적들은 많다. 거미, 사마귀, 말벌, 물고기, 파충류, 박쥐, 다람쥐 등이 모두 매미의 천적이다. 따라서 매미는 이 많은 천적들로부터 살아남아 번식하기 위해 '소수'를 이용한 자연 진화를 하게 된 것이다. 예를 들어 유충 기간이 13년인 매미와 3년인 천적이 만나려면 39년이 걸린다. 최소공배수를 구하면 바로 알 수 있다.

가정을 해보자. 만약 매미의 유충기간이 12년이고 천적의 유충기간이

3년이라고 했을 때 최소공배수를 구하면 12년마다 매미와 천적이 만나게 된다. 유충기간이 합성수이면 매미는 천적과 더 빠르게 만나 천적의 먹이가 될 것이다. 따라서 주기매미의 13년과 17년은 그들이 생존하기 위한 합리적인 기간임을 알 수 있다.

이를 통해 생물학자들은 천적으로부터 자신들을 보호해 생존율을 높이고, 동족 간의 생존경쟁을 높이기 위해 유충기간이 진화한 것으로 보고 있다. 물론 이것이 진실인지는 과학적으로 100% 밝혀진 것은 아니다. 이에 대한 연구는 여전히 진행 중이며 언젠가는 정확히 밝혀질 것으로 기대한다.

이처럼 13년 또는 17년이란 오랜 기간 동안 땅속에 있다가 세상 밖으로 나온 주기매미는 6주 미만의 시간 동안 짝짓기를 하다가 생을 마감한다. 짝짓기를 통해 낳은 알들은 다시 굼벵이로 자라 13년 또는 17년 동안 땅속에서 생활한다. 과학계에서는 주기매미들이 생존 기간을 더 늘리기 위해 유충 기간을 19년으로 진화를 할 수도 있다고 예측하고 있다. 소수인 19년이라면 천적으로부터의 위험에서 더 많은 생존이 가능하다고 깨닫게 될 것이기 때문이다. 소수에서 찾게 되는 자연의 신비는 이 외에도 다양하니 여러분도 찾아보길 바란다.

정수와 유리수

초등학교 때는 자연수와 0을 배운다. 음수인 마이너스[minus]는 중학교에 들어와서 처음 배우게 된다. 여러분은 사과 1개에 2개를 더하면 3개라는 것을 잘 알고 있다. 오렌지 2개에서 2개를 빼면 0개가 되어 아무것도 없다는 것도 이미 알고 있다. 그렇다면 바나나 3개에서 4개를 뺀 $3-4$는? 지금은 구하지 못한다. 음수의 개념을 알지 못하기 때문이다. 이제 이 음수를 알아보자.

먼저 부호에 대해 알아보자. 1, 2, 3, …은 자연수로 원래 $+1$, $+2$, $+3$인데 수학에서 양(+)의 부호를 생략해도 무관하도록 약속해, 실제로 우리가 쓰는 것은 양의 부호가 생략된 것이다. 0은 부호가 없는 수이다. 음(−)의 부호는 양의 부호와는 반대로 -1, -2, -3, …으로 나갈수록 그 수가 점점 작아지게 된다. 이렇게 수는 자연수(양의 정수), 0, 음의 정수로 나누어지는 데 이를 통틀어 정수라 한다. 양의 정수(자연수)는

1, 2, 3, …으로 쓰지만 양의 부호를 붙였을 때는 +1, +2, +3, …로, 읽을 때는 플러스[Plus] 일, 플러스 이, 플러스 삼, …으로 읽는다. 음의 정수는 음의 부호를 꼭 붙여야 하며 −1, −2, −3, …으로 쓰며 마이너스[minus] 일, 마이너스 이, 마이너스 삼, … 등으로 읽는다.

양의 정수는 N으로 표기하기도 하는데 N은 Natural의 약자이다.

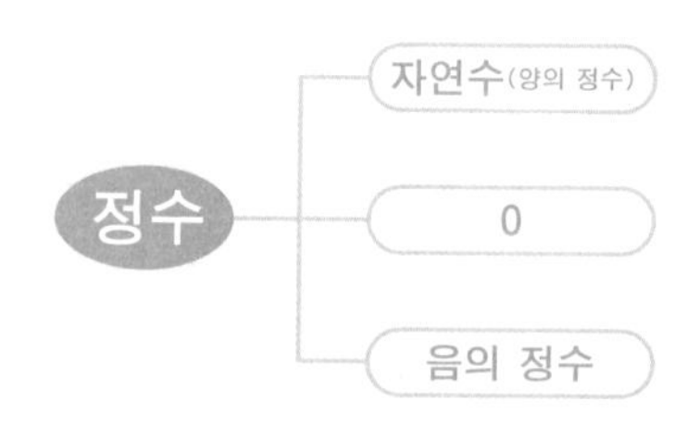

이제 정수를 수직선 위에 나타내보자. 프랑스의 철학자이자 물리학자, 수학자인 데카르트[René Descartes, 1596~1650]는 수를 수직선으로 나타내기 위해 수학적 약속을 했다. 이것은 우리가 현재에도 사용하는 수직선이다.

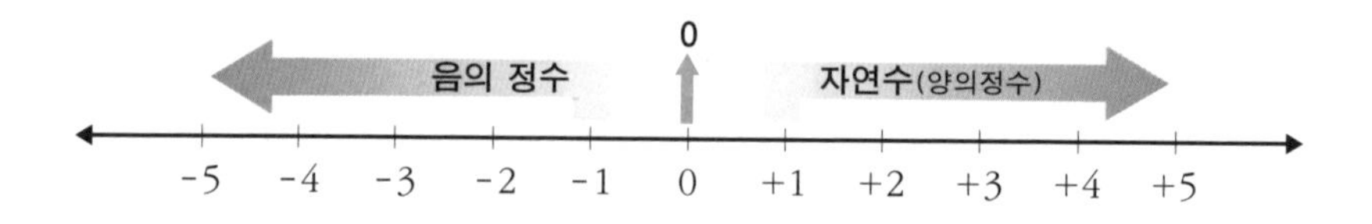

유리수[有理數]는 분자와 분모로 이루어진 분수를 말한다. 분자와 분모에 양수가 붙으면 양의 유리수, 음수가 붙으면 음의 유리수이다.

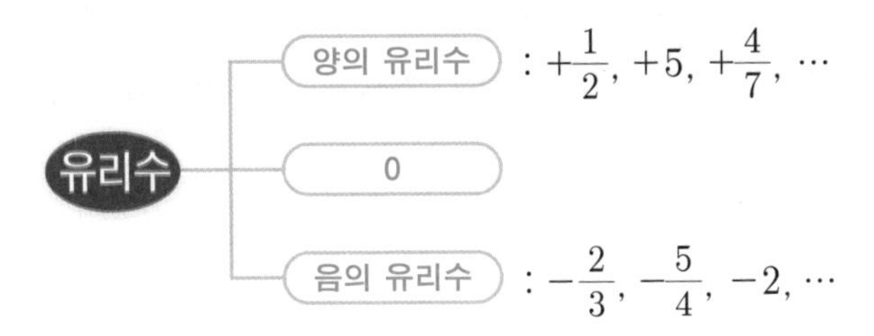

위의 그림에서 양의 유리수는 양수가, 음의 유리수는 음수가 붙는 것을 확인할 수 있다. 그런데 양의 유리수에 $+5$가 있다. 여기에서 양의 정수를 떠올린다면 여러분의 수학적 재능을 자랑해도 된다.

$+5$는 분모가 $+1$, 분자가 $+5$로 되어 유리수 형태로 나타내면 $+\frac{5}{1}$이다. 이를 $+5$로 나타낸 것이므로 유리수가 된다. 물론 양의 정수도 된다.

음의 유리수에 -2가 있는 것도 $-\frac{2}{1}$, $-\frac{4}{2}$, $-\frac{6}{3}$ …등 약분하기 전의 유리수로 나타낼 수 있다. 따라서 -2도 음의 유리수이며 음의 정수도 된다. 그런데 유리수를 분류할 때는 0을 꼭 포함해야 한다. 이것은 아주 중요한 사실이니 꼭 기억해 두자.

유리수를 좀 더 세분화하면 다음과 같다.

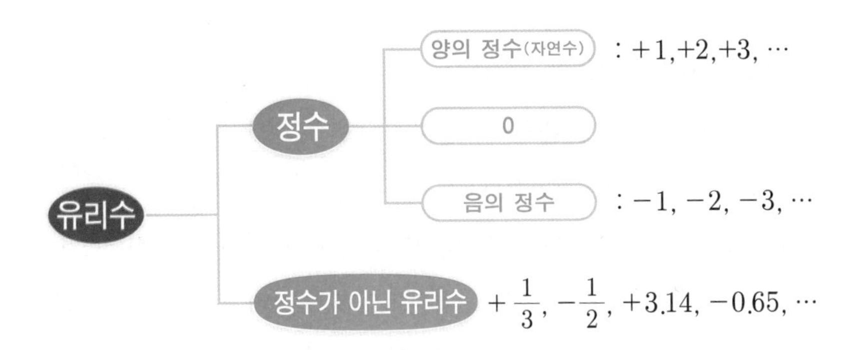

유리수 안에는 정수와 정수가 아닌 유리수가 있다. 정수가 아닌 유리수는 말 그대로 약분을 하여도 유리수 형태로 남아 있는 수를 말한다.

양수와 양의 정수(자연수)

간혹 양수와 양의 정수를 혼동할 때가 많다. 양수는 양(+)의 부호를 가지는 수로써 $+1$, $+2$, $+3$, …외에도 $+\frac{3}{2}$, $+\frac{9}{19}$, $+\sqrt{3}$, …과 같은 유리수와 무리수(중3 수학에서 시작함)를 말한다. 하지만 양의 정수는 자연수로, $+\frac{3}{2}$, $+\frac{9}{19}$, $+\sqrt{3}$, …은 자연수가 아니므로 포함하지 않는다. 따라서 양수는 양의 정수보다 범위가 크다.

음수와 음의 정수

음수는 음(−)의 부호를 가진 수이며 $-\frac{3}{2}$, $-\frac{9}{19}$, $-\sqrt{3}$, … 과 같은 수를 말한다. 음의 정수는 -1, -2, -3 , … 으로 $-\frac{3}{2}$, $-\frac{9}{19}$, $-\sqrt{3}$, …은 음의 정수가 아니다.

따라서 음수는 음의 정수보다 범위가 크다.

수직선과 거리를 나타내는 절댓값

원점에서 어떤 수에 대응되는 점의 거리를 나타낸 것을 절댓값이라 한다. 그 거리는 숫자로 나타낸다.

절댓값의 기준은 원점과 거리를 나타내기 때문에 원점과 얼마나 떨어져 있는가가 중요하다. 1은 원점과 1만큼 떨어져 있으므로 절댓값이 1이다. −1은 원점에서 왼쪽으로 1만큼 떨어져 있다. 따라서 절댓값은 1이다.

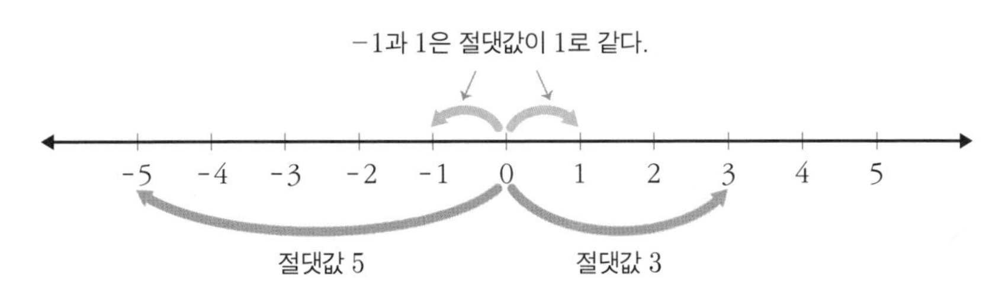

절댓값은 항상 원점이 기준이므로 음수가 될 수 없다.

그렇다면 절댓값이 0일 때가 있을까? 절댓값이 0인 경우는 점이 원점에 위치할 때이다. 또 절댓값은 거리이기 때문에 음수가 될 수 없다.

수와 문자의 등호와 부등호

어떤 두 수 또는 세 수 이상을 비교할 때 부등호不等號를 사용해 대소를 비교하게 된다. '5가 3보다 크다'는 $5>3$으로 표기하면 된다. $-1<1$일 때도 양의 정수는 음의 정수보다 크므로 대소 관계가 된다. 마찬가지로 양수는 항상 음수보다 크므로 부등호를 잘 사용하면 수의 대소 관계를 금방 알 수 있다.

중학교 수학부터는 문자를 많이 쓰므로 'a가 b보다 크다'는 $a>b$로 쓰면 수학적 약속이 된다. 따라서 앞으로 내용을 전개할 때 자주 보게 될 등호와 부등호를 다음과 같이 소개한다.

a와 b를 비교할 때,

$a > b$: a는 b보다 크다.

$a = b$: a와 b는 같다.

$a < b$: a는 b보다 작다.

$a \geq b$: a는 b보다 크거나 같다.

$a \leq b$: a는 b보다 작거나 같다.

a, b, c를 비교할 때,

c는 a보다 크고 b보다 작다 : $a < c < b$

c는 a보다 크거나 같고 b보다 작거나 같다 : $a \leq c \leq b$

c는 b보다 크고 a보다 작다 : $b < c < a$

c는 b보다 크거나 같고 a보다 작거나 같다 : $b \leq c \leq a$

이때의 부등호 $>$는 초과, $\geq$는 이상, $<$는 미만, $\leq$는 이하로도 읽는다.

정수와 유리수의 사칙연산

수의 사칙연산은 덧셈, 뺄셈, 곱셈, 나눗셈이 있다. 기호는 $+$, $-$, $\times$ $\div$ 이다. 두 수가 있을 때 덧셈은 오른쪽으로 이동하고 뺄셈은 왼쪽으로 이동하면 된다. $2+3$은 $+2+3$으로 나타내도 결과는 5이다. 이것을 수직선 위에 나타내면 2에서 오른쪽으로 3만큼 이동하면 $2+3=5$가 된다.

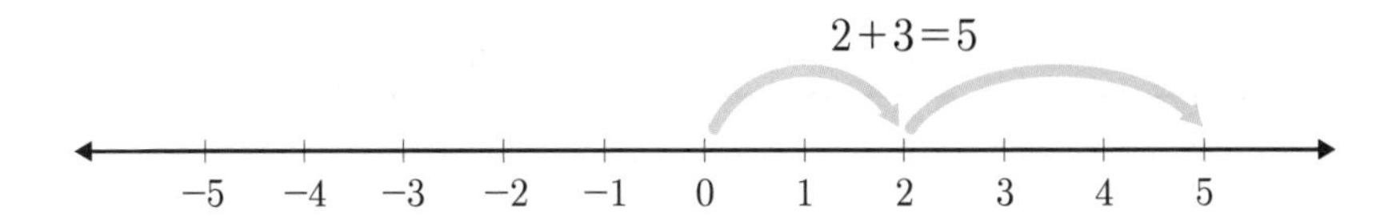

양(+)의 부호는 오른쪽으로 이동한 것을 나타낸다. 이는 사과 2개를 구매했더니 누군가 사과 3개를 더 주어 5개가 된 것과 같다.

$(-2)+(-3)$은 어떻게 될까? 이것도 수직선을 그려 생각하면,

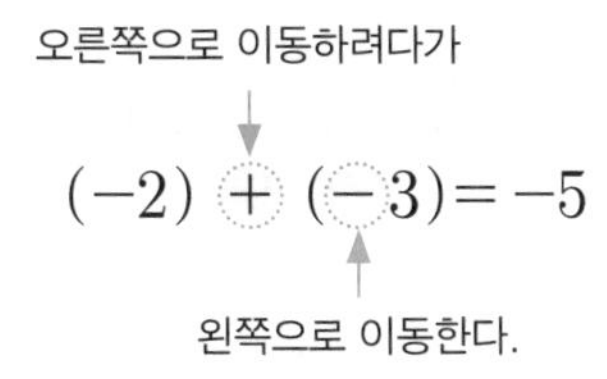

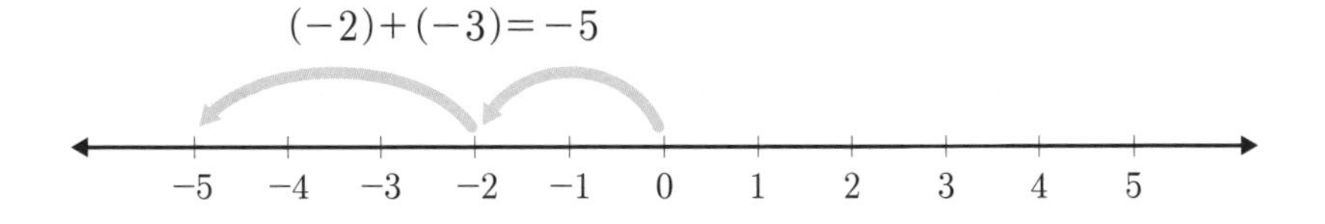

그림처럼 $(-2)+(-3)=-5$이다. -2와 -3 사이의 양(+)의 부호는 이동에 영향을 주지 않고 왼쪽으로 2만큼 이동한 후 계속해서 같은 방향으로 3만큼 이동한다. 이는 사과 2개를 빌렸지만 사과 3개가 더 필요해 5개를 꾼 것과 같은 이치이다.

다음으로 뺄셈을 해 보자. $2-3$을 수직선으로 나타내면 다음과 같다.

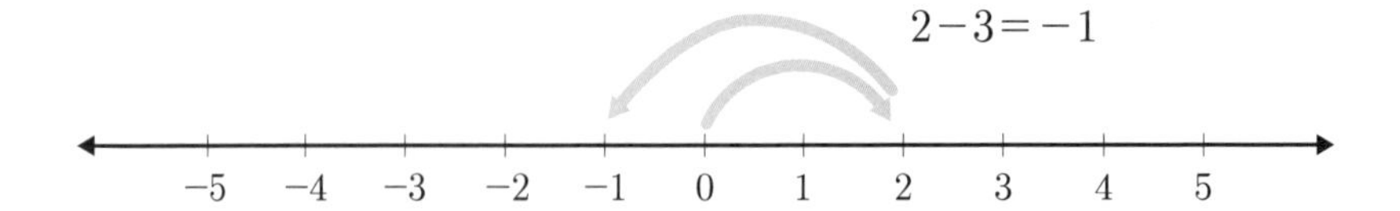

2−3은 0에서 시작하여 오른쪽으로 2만큼 이동했다가 왼쪽으로 3만큼 이동한다. 따라서 2−3=−1이다. 이것은 사과 2개를 구매했는데 필요한 사과는 3개이므로 1개가 모자라는 만큼 −1이 된다.

계속해서 (−2)−(−3)을 알아보자. 여기서 기억할 것은 음(−)의 부호가 2개일 때는 양(+)의 부호가 되는 것이다.

$$(-2)-(-3)=1$$

음(−)의 부호가 두 개이므로 양(+)의 부호가 된다.

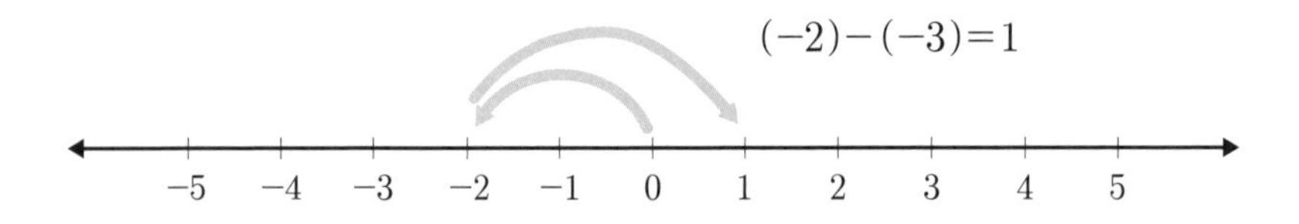

(−2)−(−3)=(−2)+3=1로, 음의 부호가 두 개이면 양의 부호가 됨을 꼭 기억해야 한다.

이번에는 곱셈을 해 보자. 곱셈에 의한 부호의 변화를 보도록 하자.

(+)×(+)=(+)　　예 $2\times2=4$

(+)×(−)=(−)　　예 $2\times(-2)=-4$

(−)×(+)=(−)　　예 $(-2)\times2=-4$

(−)×(−)=(+)　　예 $(-2)\times(-2)=4$

두 수를 곱할 때 어느 한 수가 음의 부호를 가진다면 그 결과는 음의 부호를 갖는다. 하지만 음의 부호끼리의 곱은 양의 부호가 된다.

그러면 이번에는 세 수 이상의 경우를 살펴보자.

양의 부호를 가진 수는 수없이 곱해도 양의 부호가 된다. 그러나 음의 부호는 개수가 홀수 개인지 짝수 개인지에 따라 결과가 다르다.

$(+)\times(-)\times(+)=(-)$ …①

$(-)\times(+)\times(-)=(+)$ …②

①과 ②를 비교하면 ①은 음의 부호가 한 개, ②는 음의 부호가 두 개이다. 따라서 음의 부호가 홀수 개이면 음의 부호를, 짝수 개이면 양의 부호를 가진다.

나눗셈도 부호의 변화가 곱셈과 같다. 따라서 곱셈을 기억하면 나눗셈은 쉽게 이해가 된다.

$(+)\div(+)=(+)$ 예 $2\div2=1$

$(+)\div(-)=(-)$ 예 $2\div(-2)=-1$

$(-)\div(+)=(-)$ 예 $(-2)\div2=-1$

$(-)\div(-)=(+)$ 예 $(-2)\div(-2)=1$

이번에는 덧셈과 뺄셈, 곱셈과 나눗셈이 혼합되어 있을 때 계산하는 방법에 대해 알아보자.

곱셈과 나눗셈을 먼저 계산하고 괄호가 있으면 괄호부터 풀어보는 것이 기본 순서이다.

$11-\{4\div(2\times4\div2)+1\}$를 계산해 보자.

$$11-\{4\div(2\times4\div2)+1\}$$

가장 먼저 계산한다.

$$=11-\{4\div4+1\}$$

괄호 안을 계산한다.

$$=11-2$$

$$=9$$

혼합계산이라도 계산 순서는 동일하다는 것을 알 수 있다.

역수

2에 어떤 수를 곱하여 1이 되려면 $\frac{1}{2}$을 곱하면 된다. -8에 어떤 수를 곱하여 1이 되게 하려면 $-\frac{1}{8}$을 곱하면 된다. 이처럼 어떤 수를 곱하여 1이 되게 하는 수를 역수逆數라 한다. 역수는 암산으로 구하려다 틀리는 경우가 많으므로 꼭 써가며 풀어볼 것을 권한다.

$$\frac{b}{a} \quad (\text{단 } a\neq0,\ b\neq0)$$

분모 a와 분자 b를 서로 바꾸면

$$\frac{a}{b}$$

$\frac{b}{a}$의 역수를 구하려면 분모와 분자를 바꾸어 $\frac{a}{b}$를 만든다. $\frac{b}{a}\times\frac{a}{b}$

$=1$이므로 역수가 된다. 예를 들어 $\frac{4}{7}$의 역수는 $\frac{7}{4}$이다. -2의 역수를 구하려면 $-2=-\frac{2}{1}$로 바꾼 후 분모와 분자를 바꾸면 $-\frac{1}{2}$이 역수이다.

가분수로 답 표기하기

초등 수학과 중학 수학의 차이점은 대분수를 거의 사용하지 않는다는 것이다. 따라서 $5\frac{1}{2}$은 $\frac{11}{2}$로, $-2\frac{4}{7}$는 $-\frac{18}{7}$로 표기한다. 그러나 시각을 나타낼 때는 예외이다. 만약 3시 $\frac{279}{5}$분으로 쓴다면 알아보기 어렵지만 3시 $55\frac{4}{5}$분으로 표기한다면 3시 55분과 3시 56분 사이의 시각임을 알 수 있다.

교환법칙과 결합법칙

교환법칙과 결합법칙은 자연수뿐 아니라 정수와 유리수에 필요한 연산법칙이다. 두 개의 법칙을 통해 수의 성질과 규칙을 알 수 있으며 숫자를 직접 넣어보면서 증명하면 더 빠르다.

교환법칙

교환법칙은 수 또는 식의 순서를 바꾸어도 결과가 같은 법칙을 말한다. $2+3=3+2$는 둘 다 5이므로 식에 대한 계산은 성립한다. 2에 3을 더하나 3에 2를 더하나 마찬가지이다. 하지만 $2-3\neq3-2$이다. $2-3=-1$이고 $3-2=1$이기 때문이다. $2\times3=3\times2$는 성립한다. 그러나 $2\div3\neq3\div2$이다. $2\div3=\frac{2}{3}$이고 $3\div2=\frac{3}{2}$이기 때문이다.

따라서 교환법칙은 덧셈과 곱셈만 성립한다는 것을 알 수 있다.

결합법칙

연산의 순서를 바꿀 때 괄호를 이용한 법칙을 결합법칙이라 한다. $(1+2)+3$은 $1+(2+3)$과 계산 결과가 6으로 같다. 이것은 괄호의 위치를 바꾸어 순서대로 계산을 하여도 마찬가지라는 뜻이다. 따라서 다음과 같이 정리할 수 있다.

$$(a+b)+c=a+(b+c)$$

빼셈에도 적용이 되는지 확인하려면 $(7-5)-4$와 $7-(5-4)$를 비교해본다. 좌변은 -2, 우변은 6이 되므로 성립하지 않는다.

$$(a-b)+c \neq a-(b+c)$$

곱셈의 경우도 확인해 보자.

$(3\times2)\times4$와 $3\times(2\times4)$는 24가 되므로 결합법칙이 성립한다.

$$(a\times b)\times c=a\times(b\times c)$$

$(2\div1)\div3$과 $2\div(1\div3)$을 계산해 나눗셈도 확인해 보자.

계산결과가 좌변은 $\frac{2}{3}$, 우변은 6으로 같지 않다. 따라서 나눗셈은 결합법칙이 성립하지 않는다.

$$(a\div b)\div c \neq a\div(b\div c)$$

따라서 결합법칙도 교환법칙과 같이 덧셈과 곱셈만 성립한다.

일차방정식

문자식

문자식이란 숫자와 문자가 함께 사용된 수식을 말한다. 초등학교 때 $4+\square=10$인 문제는 $\square=6$이라고 풀었다. 여기서 □는 어떤 수 또는 네모라 불렀다.

$4+\square=10$에서 □ 대신 x를 써 넣으면 여러분은 방정식의 세계에 발을 디딘 것이다. x는 미지수이며 아직 구하지 않은 것을 수학 기호로 나타냈다.

$$4+\square=10$$

□ 대신 x로 바뀜

$$4+x=10$$

중학 수학부터는 x를 구하게 되는 것이다. 따라서 $x=6$으로 쓰면 된다. 그리고 $4+x=10$에서 10 대신 y를 놓으면 $4+x=y$가 된다.

위의 식을 풀면 $x=1$일 때 $y=5$이고, $x=2$일 때 $y=6$, …으로 무수히 많은 숫자를 넣어도 정해지는 답이 없다는 것을 알 수 있다. x, y처럼 변하는 수 값을 나타내는 문자를 변수variable라 한다.

보통 $2\times x$라는 문자식이 있을 때 x를 두 배 한다는 것을 알 수 있는데 여기서 2는 변하지 않는 일정한 수이다. 이 일정한 수를 상수constant라 한다. 원주(원의 둘레)를 구할 때의 공식 '지름×3.14'를 기억할 것이다. 이때 지름의 길이가 변해도 3.14를 곱하는 것은 변함이 없다. 원주율을 π(파이)라 하며 이것도 상수이다.

그렇다면 왜 문자식을 쓰는 것일까? 그것은 다양한 식을 나타내기 위해서이다. 식은 방정식, 부등식, 함수 등 여러 대수학에 쓴다.

문자식에서 곱셈 기호의 생략

문자식을 나타낼 때 네 가지 규칙에 따라 표기한다.

(1) 문자와 숫자의 곱에서 숫자를 문자 앞에 쓴다. 그리고 곱하기는 생략한다.

예를 들어 $a\times7=7a$, $-29\times b=-29b$로 나타낸다. 답을 표기할 때나 간단히 할 때는 보통 곱하기를 생략한다. 계산 과정에서 곱하기가 필요하다면 나중에 정리하면서 곱하기를 생략하면 된다.

(2) 문자끼리의 곱은 알파벳 순으로 쓴다.

예를 들어 $a\times b\times c=abc$, $x\times a\times b=abx$로 나타낸다.

(3) 같은 문자의 곱은 거듭제곱의 형태로 쓴다.

$b\times b\times b\times b=b^4$, $a\times a\times a\times c\times c=a^3c^2$으로 나타낸다.

(4) 1은 보통 생략한다.

$x\times(-1)=-x$, $y\times1=y$처럼 수학에서 1은 대부분 생략한다. 밑이 x이고 지수가 1일 때도 x^1이 아니라 x로 나타낸다.

문자식에서 나눗셈 기호의 생략

혼합계산에서는 ÷ 기호를 생략한다. $a\div b=\frac{b}{a}$로, 구체적으로 숫자를 넣어보면 $-3\div2=-\frac{3}{2}$ 이고, $x\div2=\frac{1}{2}x$ 또는 $\frac{x}{2}$이다. $(x+y)\div3=\frac{1}{3}(x+y)$ 또는 $\frac{x+y}{3}$로 표기한다. 이처럼 ÷ 기호는 답을 쓸 때 정리하여 생략한다.

대입

대입代入은 문자식에서 그 문자식에 어떤 수가 주어졌을 때 그 수를 식에 넣는 것을 말한다. $x+y=1$에서 x가 1이면 식은 $1+y=1$이 된다. y는 주어지지 않았으므로 $1+y=1$이 되는 것이다. y가 0으로 주어지면 $1+0=1$이다. 대입은 문자식에서 대단히 중요하며 주어진 숫자가 무엇이냐에 따라 그 값이 달라지는 것도 꼭 기억해 두어야 한다.

$3x+2$라는 문자식을 보자. x가 무엇인지 모르기 때문에 값을 구할 수 없다. 하지만 x가 2로 주어지면 x 대신 2를 대입하여 $3\times2+2=8$이 된다. 8은 식의 값이다. 사다리꼴 공식을 통해 좀 더 자세히 살펴보자.

사다리꼴 공식은 (윗변+아랫변)×높이÷2이다.

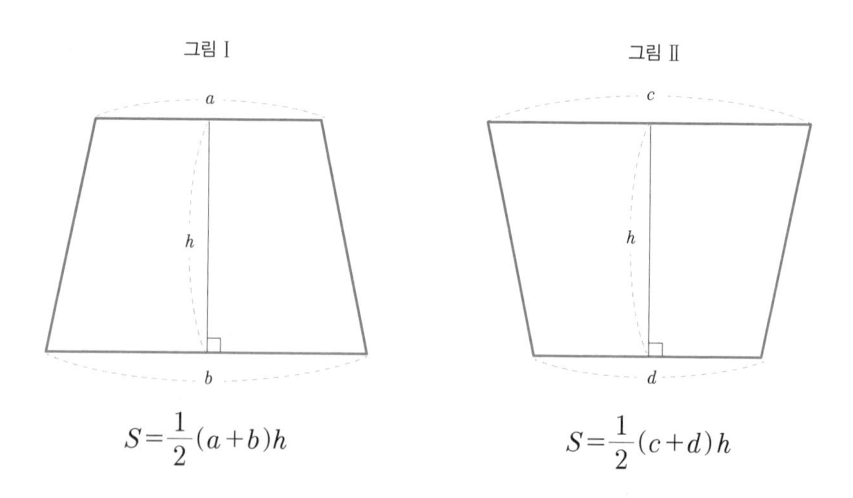

만약 그림 Ⅰ처럼 윗변을 a, 아랫변을 b, 높이를 h로 한다면 넓이는 $(a+b)\times h\div2$인데 이를 간단히 하여 $S=\frac{1}{2}(a+b)h$로 나타낸다.

S는 도형의 넓이를 나타내는 기호이다. $a=2$, $b=3$, $h=5$이면,

$a=2$ 대입 $h=5$ 대입

$$S=\frac{1}{2}(a+b)h=\frac{1}{2}(2+3)\times 5=\frac{25}{2}$$

$b=3$ 대입

$S=\frac{25}{2}$가 된다.

그림 Ⅱ처럼 윗변을 c, 아랫변을 d, 높이를 h로 할 때의 넓이는 $(c+d)\times h\div 2$이며 $S=\frac{1}{2}(c+d)h$이다.

$c=3$, $d=6$, $h=10$일 경우,

$c=3$ 대입 $h=10$ 대입

$$S=\frac{1}{2}(c+d)h=\frac{1}{2}(3+6)\times 10=45$$

$b=6$ 대입

$S=45$가 된다.

다음은 사다리꼴과 함께 많이 사용하는 도형의 넓이 공식을 그림과 정리한 것이다.

삼각형

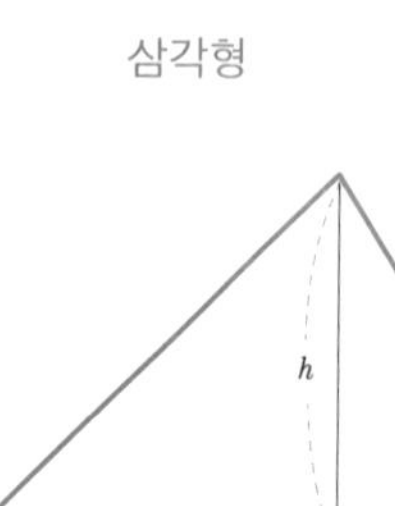

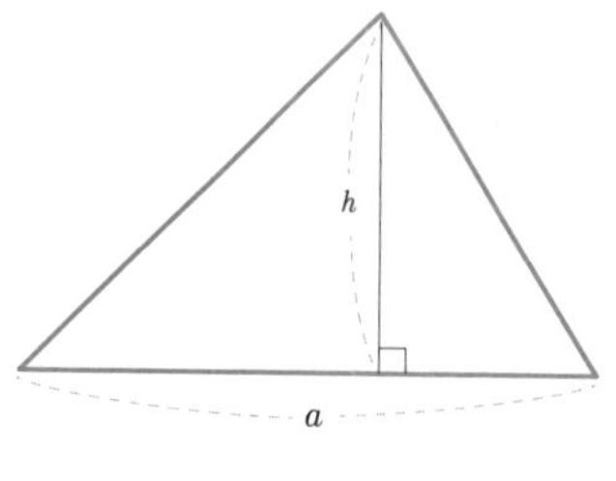

$$S=\frac{1}{2}ah$$

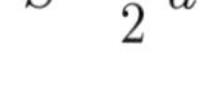

평행사변형

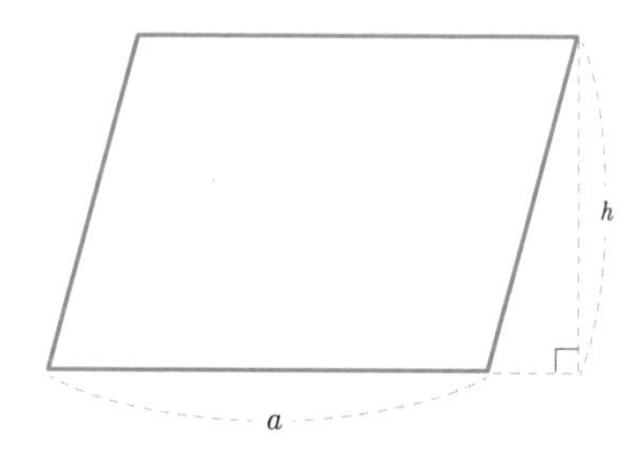

$$S=ah$$

직사각형

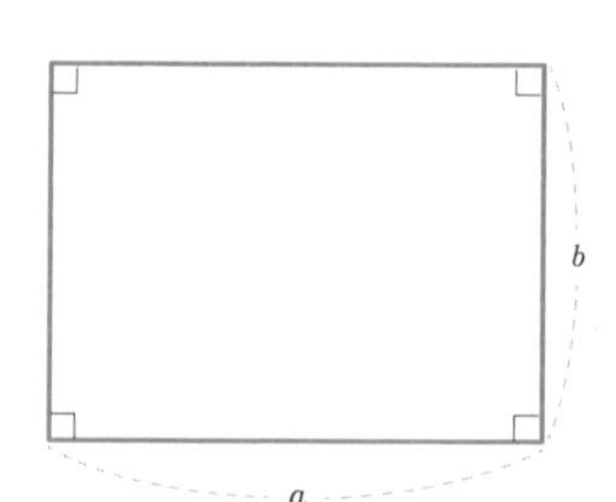

$$S=ab$$

마름모

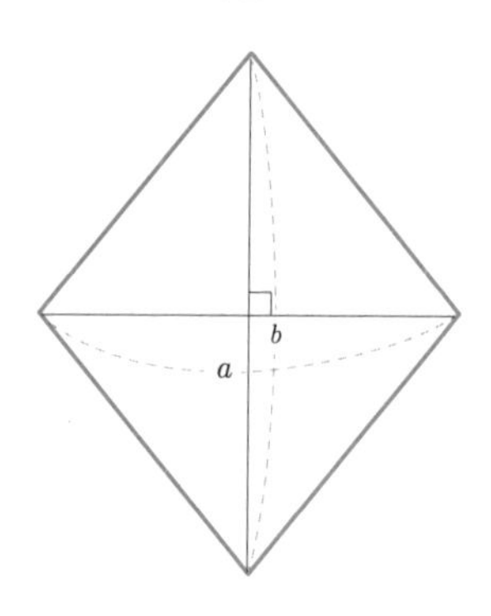

$$S=\frac{1}{2}ab$$

정사각형

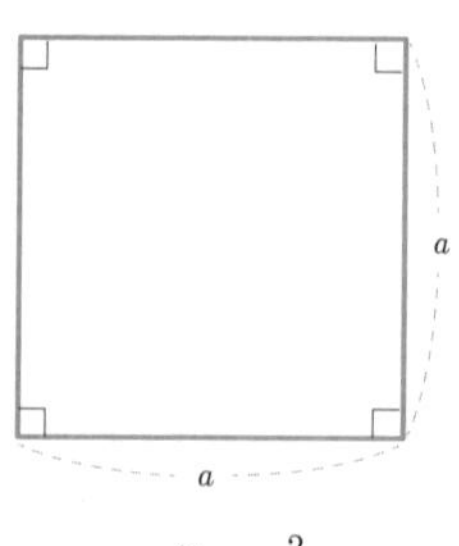

$$S=a^2$$

원

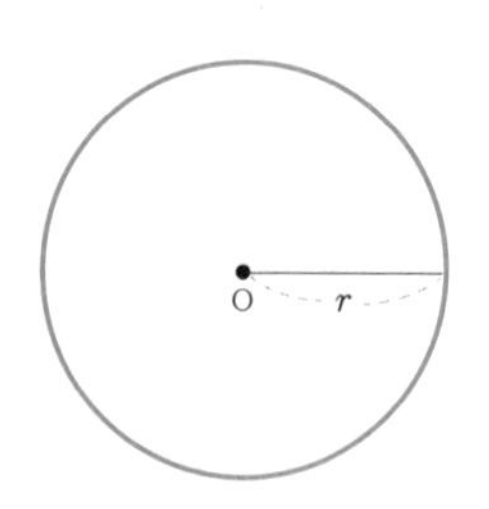

$$S=\pi r^2$$

단항식과 다항식

항은 문자식을 이루는 가장 작은 단위이다. $2x$와 $4y$, 7처럼 하나의 항으로 이루어진 식을 단항식單項式, $3x+7$, $7y+6$, $4x+7y+8z+26$ 등과 같이 항이 두 개 이상인 식을 다항식多項式이라 한다. $5x^2y$나 $4x^3y^5z^2$도 하나의 문자식으로 보아야 하므로 단항식이다.

다항식 $2x+5$를 살펴보자. x 앞의 숫자 2는 계수係數라 한다. 즉 문자 앞의 숫자는 계수이다. $4y$ 같은 단항식에도 y의 계수는 4가 된다. 그렇다면 $4x+9$에서 9는 무엇일까? 9는 상수항常數項이라 한다. 한자어 그대로 상수는 항상 숫자라는 의미이므로 숫자로 된 항이다.

차수

차수次數는 단항식이나 다항식이 몇 차인지를 나타내는 지수이다. x^2+x+3은 x의 차수가 가장 높은 것이 2이므로 x에 관한 이차식이다. y^3+4y+5는 y의 삼차식이 된다. x^5+y^2+5y+5은 x에 관한 오차식이며 y에 관한 이차식이 된다. 조금 어려워지지만 x^2y+8은 x가 이차이고 y가 일차이므로 차수를 합쳐서 삼차식이 된다.

$ax+b$에서 a가 0이 아니면 이 문자식은 x에 관한 일차식이 된다. $\frac{a}{x}+b$는 x가 분모에 있으므로 일차식이 아니다. x가 분자에 있어야 차수를 따질 수 있으니 항상 기억해 두자.

동류항

$2x$와 $3x$는 x의 계수가 다르지만 x에 관한 일차식이다. $5y$와 $6y$도 y의 계수가 5와 6으로 다르지만 y에 관한 일차식이다. 이처럼 동류항同類項은 문자와 차수가 같은 항을 말한다.

그렇다면 동류항은 왜 중요할까? 그것은 연산을 하기 위해서이다. $3x+4x$는 $7x$가 된다. 이것은 $3\times\square+4\times\square=7\times\square$가 되는 것과 같은 논리이다. x가 3개인 것과 x가 4개인 것의 합은 x가 7개인 것이 된다. 그리고 $2y-4y$는 간단히 하면 $-2y$가 된다.

$$ax+bx=(a+b)x$$

$$ay-by=(a-b)y$$

동류항은 계수끼리 합과 차를 계산하면 된다.

일차식의 사칙연산

동류항을 알면 일차식의 사칙연산을 이해하기 쉽다.

$3x+6y+7x+3y+8$을 간단히 해 보자.

동류항끼리 더해 $9y$

$$3x+6y+7x+3y+8=10x+9y+8$$

동류항끼리 더해 $10x$

동류항끼리 계산하면 $3x$와 $7x$의 합을, $6y$와 $3y$의 합을 구한다. 8은 상수항으로 동류항이 없으므로 그대로 쓴다.

이번에는 뺄셈을 보자.

$4a+3b-(9a+2b)$를 간단히 해 보자.

$$4a+3b-(9a+2b)$$
$$=4a+3b-9a-2b$$
$$=4a-9a+3b-2b$$
$$=-5a+b$$

동류항끼리 모으면 연산은 간단하다.

일차식의 곱셈은 분배법칙을 이해했으면 간단하게 할 수 있다. $3(x+2)=3x+6$, $-2(2y+3)=-4y-6$이다. 나눗셈은 $(x+2)\div 7=\frac{x+2}{7}$이다. 계산을 하고 결과를 나타내려면 괄호는 생략한다.

연산을 정확히 하기 위해 중간 계산 과정에 괄호를 써넣으면 계산 실수를 줄일 수 있다. 그러나 답을 쓸 때는 생략한다.

문자식의 통분

정수에 관한 문자식은 통분이 없어서 계산의 오류가 적지만 유리식에 관한 문자식은 보통 부호가 틀리거나 통분이 잘 이루어지지 않아서 틀리는 경우가 많다.

$$\frac{x+1}{2}-\frac{2x+3}{4}$$

분자에 2를 곱한다.

분모에 2를 곱한다.

$$=\frac{2(x+1)}{4}-\frac{2x+3}{4}$$

$$=\frac{2x+2}{4}-\frac{2x+3}{4}$$

전개할 때 부호를 주의한다.

$$=\frac{2x}{4}+\frac{2}{4}-\frac{2x}{4}-\frac{3}{4}$$

동류항끼리 모은다.

$$=\frac{2x}{4}-\frac{2x}{4}+\frac{2}{4}-\frac{3}{4}$$

$$=-\frac{1}{4}$$

등식, 방정식, 항등식

등식等式은 등호(=)를 사용하여 나타낸 식이다. $2+2=4$, $x+5=9$와 같은 식은 등호를 사용한 식이므로 등식이다. 방정식方程式은 x의 값에 따라 참, 거짓을 판단할 수 있는 등식이다. $2+x=6$에서 $x=4$를 대입하면 참임을 알 수 있다. 하지만 $x=3$을 대입하면 거짓인 방정식이 된다. 방정식의 목적은 참인 x값을 찾는 것이다.

항등식恒等式은 방정식을 항상 참이 되게 하는 등식이다. $2x-x=x$를 보자. $2x-x$는 계산결과가 x이다. x에 어떠한 값을 대입해도 항상 같다. 이것이 항등식이다.

그러면 등식, 방정식, 항등식에서 쓰이는 용어를 알아보자. $x+5=7$에서 등호의 왼쪽에 있는 $x+5$를 좌변, 7을 우변이라고 한다. 그리고 좌변과 우변을 함께 양변이라 한다.

$$x+5=7$$

좌변 우변

양변

방정식의 해

방정식 $x+2=9$를 풀면 $x=7$이다. 이때 7을 해解 또는 근根이라 한다. 일차방정식에서 해라고 더 많이 불리며, 이차방정식부터 근이라고 더 많이 부른다. 그러나 해 또는 근 둘 중의 하나를 부른다고 틀린 것은 아니니 선택해서 부르도록 한다. 문제에도 해 또는 근을 구하라고 하므로 같은 의미로 알면 된다.

등식의 성질

등식의 성질을 배우는 이유는 등식을 포함하여 방정식을 풀기 위한 것이다. 따라서 저울의 무게를 재는 실험으로 등식의 성질을 이해하면 된다. 등식의 성질은 네 가지가 있다.

(1) $A=B$이면 $A+C=B+C$이다.

양팔저울이 수평상태일 때 무게가 같은 물체를 올려놓아도 그 무게는 평형을 유지한다.

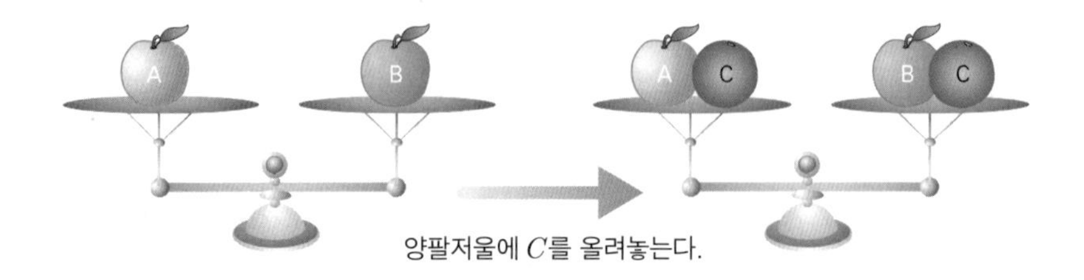

양팔저울에 C를 올려놓는다.

(2) $A=B$이면 $A-C=B-C$이다.

양팔저울이 수평상태일 때 같은 무게만큼 덜어도 평형을 유지한다.

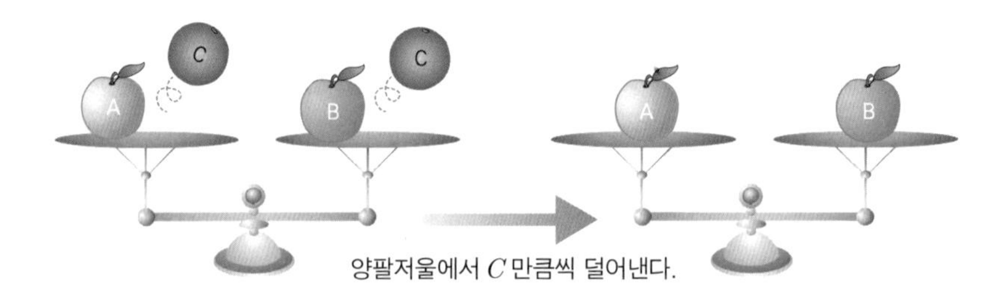

양팔저울에서 C 만큼씩 덜어낸다.

(3) $A=B$이면 $A\times C=B\times C$이다.

양팔저울이 수평상태일 때 무게를 배로 늘려서 올려놓아도 그 무게는 평형을 유지한다.

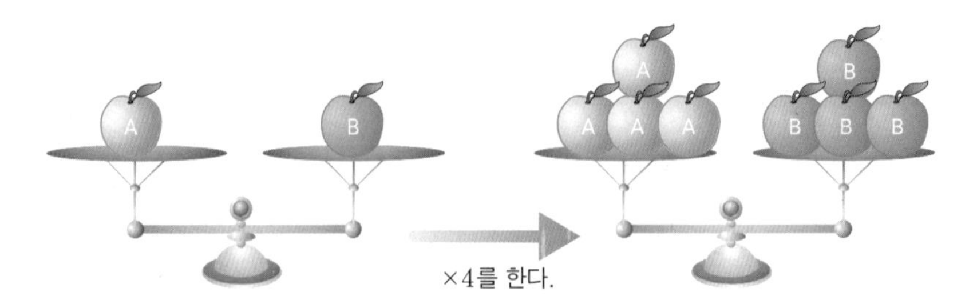

×4를 한다.

그림에서 $A=B$이면 각각 4배 늘려도 저울은 평형을 유지한다(유리수이어도 가능하다).

(4) $A=B$이면 $\frac{A}{C}=\frac{B}{C}$이다. 단 $C\neq 0$이다.

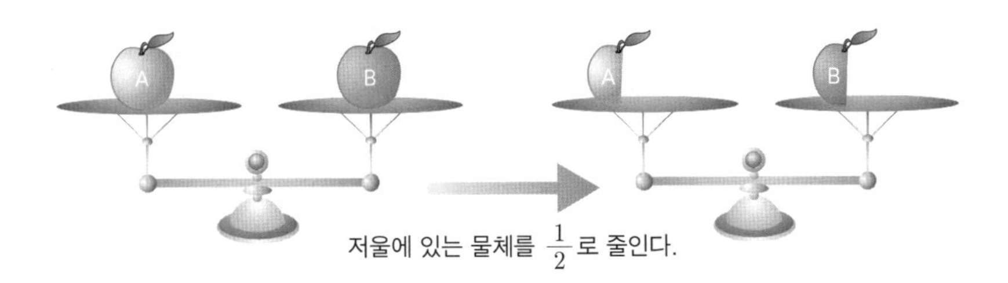

저울에 있는 물체를 $\frac{1}{2}$로 줄인다.

그리고 등식의 대표적 성질은 아니지만 방정식을 풀 때 많이 쓰이는 성질이 있다. (5), (6)이 그 예이다.

(5) $A=B$이면 $B=A$이다.

양팔저울이 수평을 이룰 때 저울의 위치를 서로 바꾸어도 평형이다. 이는 우변과 좌변의 위치를 바꾸어도 평형을 유지하는 것과 같다.

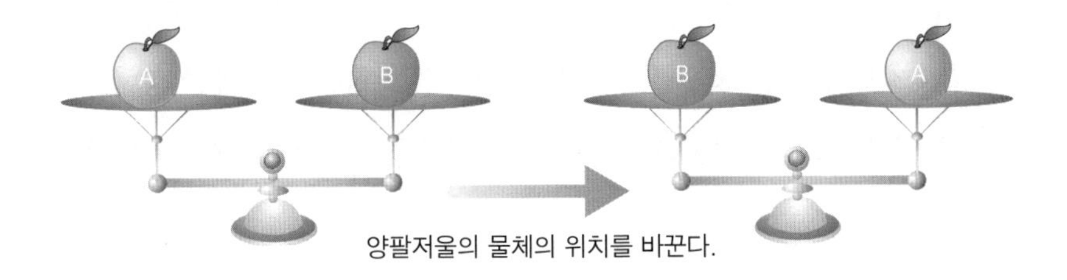

양팔저울의 물체의 위치를 바꾼다.

$3x+4=2x+8$이나 $2x+8=3x+4$나 양변의 위치를 서로 바꾸어

도 같은 식이 된다.

(6) $A=B$, $B=C$이면 $A=C$이다.

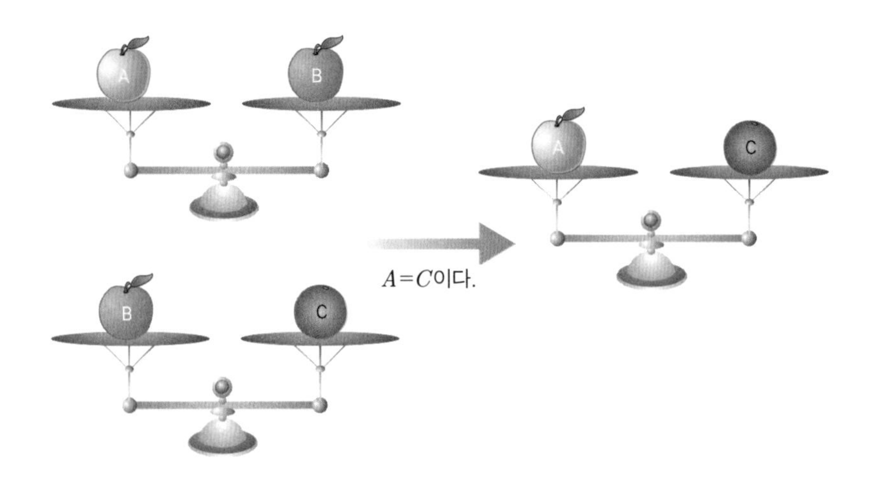

이 등식의 성질은 A가 B가 되고 B가 C가 되므로 A가 곧 C인 것인데 등식에서 자주 나오며 방정식의 증명과 성질, 풀이에서 중요한 부분을 차지한다.

일차방정식의 풀이방법

일차방정식을 푸는 방법은 등식의 성질을 이용하는 방법과 이항하는 방법이 있다. 여기에서는 등식의 성질과 이항을 같이 이용하여 일차방정식을 푸는 것을 소개한다.

$6x+5=4x+9$를 등식의 성질과 이항을 이용해 풀어보자.

$$6x+5=4x+9$$

양변에 5를 빼면

$$6x+5-5=4x+9-5$$

$$6x=4x+4$$

우변의 $4x$를 좌변으로 이항하면

$$6x-4x=4$$

$$2x=4$$

양변을 2로 나누면

$$\therefore x=2$$

답이 나왔다면 검토하는 것도 잊지 말자. $x=2$를 방정식 $6x+5=4x+9$에 대입하는 것이다.

$$6x+5=4x+9$$

$x=2$를 대입

$$6\times2+5=4\times2+9$$

$$17=17$$

$x=2$를 대입했더니 성립했다. 검토 끝!

이번에는 이항을 주로 이용해 푸는 방법이다.

$$6x+5=4x+9$$

$4x$를 좌변으로 이항하고 5를 우변으로 이항한다.

$$6x-4x=9-5$$

$$2x=4$$

$$\therefore x=2$$

동류항끼리 모아서 계산을 하는 방법이다. 여기서 기억할 것은 이항할 때 양(+)의 부호는 음(−)의 부호로, 음(−)의 부호는 양(+)의 부호로 바뀌는 것이다.

일차방정식의 유형과 풀이

일차방정식은 문제 유형이 괄호, 소수, 유리수, 특수한 해를 가지는 네 가지로 나뉜다. 네 가지 유형은 일차방정식을 풀 때 자주 나온다.

1) 괄호가 있는 일차방정식

일차방정식 $3(x+4)=4(x+2)$가 있다고 하자. 괄호가 있는 일차방정식은 괄호를 먼저 풀어야 하는데 분배법칙이 적용된다.

$$3(x+4)=4(x+2)$$

좌변과 우변을 전개하면

$$3x+12=4x+8$$

동류항끼리 모으기 위해 이항하면

$$3x-4x=8-12$$

$$-x=-4$$

양변에 -1을 곱하면

$$\therefore x=4$$

풀이방법처럼 분배법칙을 알면 괄호를 푸는 것을 알게 되고 이항을 이용하여 문제 해결을 할 수 있다. 괄호가 많아서 일차방정식이 복잡하면 분배법칙을 가장 먼저 생각하여 해결하자.

2) 소수가 있는 일차방정식

등식의 성질에서 세 번째 법칙은 양변에 어떤 수를 곱해도 그 등식은 성립한다고 설명했다.

일차방정식 $0.3x+0.6=0.2x+0.9$가 있다. 일차방정식을 풀기 위해서 양변에 10을 곱하면 계산이 수월해진다.

$$0.3x+0.6=0.2x+0.9$$

양변에 10을 곱하면

$$3x+6=2x+9$$

동류항끼리 모으기 위해 이항하면

$$3x-2x=9-6$$

$$\therefore\ x=3$$

소수가 있는 일차방정식은 x의 계수가 소수이므로 양변에 정수를 곱해 정수에 관한 일차방정식으로 바꾼 후 계산을 하기 위한 것이다. 물론 계수가 소수인 일차방정식을 풀고 난 후 양변에 정수를 곱하여 계산하는 방법도 있다.

$$0.3x+0.6=0.2x+0.9$$

동류항끼리 모으기 위해 이항하면

$$0.1x=0.3$$

양변에 10을 곱하면

$$\therefore\ x=3$$

먼저 푼 방법보다 나중에 푼 방법이 더 빠른 방법일 수도 있다. 그러나 먼저 푼 방법은 소수가 있는 일차방정식의 올바른 방법이다. x계수의 소수점을 먼저 없애고 정수에 관한 일차방정식으로 푸는 것이 더 빠르고 정확할 때가 많다. 예를 들어 $0.007x+0.21=0.78x-0.89$를 보면 양변에 1000을 곱하여 정수에 관한 일차방정식으로 푸는 것이 더 빠르다는 것을 알게 될 것이다. 먼저 이항부터 하면 여전히 x계수가 소수이고 복잡하다.

3) 유리수가 있는 일차방정식

소수가 있는 일차방정식과 마찬가지로 분모에 있는 수들의 최소공배수를 양변에 곱해 푸는 방법이다.

$\frac{7}{6}x+\frac{3}{2}=\frac{4}{7}x+8$을 풀어보자. 유리수의 분모를 보면 6, 2, 7이므로 최소공배수는 42이다.

$$\frac{7}{6}x+\frac{3}{2}=\frac{4}{7}x+8$$

양변에 42를 곱하면

$$49x+63=24x+336$$

동류항끼리 모으기 위해 이항하면

$$49x-24x=336-63$$

$$25x=273$$

양변을 25로 나누면

$$\therefore x=\frac{273}{25}$$

유리수의 분모를 보면서 최소공배수를 곱하는 것을 생각하면 되는 방법이다.

4) 특수한 해를 가지는 일차방정식

일차방정식이 특수한 해를 가지는 경우는 두 가지이다. 첫 번째는 해가 없는 경우이고, 두 번째는 해가 무수히 많은 경우이다. 보통 일차방정식을 풀 때 해가 한 개만 나올 것이라 생각하고 그 해를 구하기 위해 등식의 성질과 이항을 이용해 푼다. 이렇게 해도 해가 없는 경우와 해가 무수히 많은 경우가 나온다.

$2x+5=2x+4$를 풀어보자.

$$2x+5=2x+4$$

동류항끼리 모으기 위해 이항하면

$$2x-2x=4-5$$

$$0\times x=-1$$

$\therefore$ x는 없다.

0에 어떤 수를 곱하여 -1을 나오게 하는 수는 없다. 0은 어떤 수를 곱해도 값을 0으로 만든다. 그러면 x는 없으므로 해가 없다. 이것은 만족하는 해를 구할 수 없다고 하여 불능不能이라고도 한다.

두 번째 경우를 생각해 보자. 항등식을 생각하면 된다.

항등식 $2x+1=2x+1$을 풀어보자.

$$2x+1=2x+1$$

동류항끼리 모으기 위해 이항하면

$$2x-2x=1-1$$

$$0\times x=0$$

$\therefore$ x는 무수히 많다.

0에 어떤 수를 곱하여 0이 되게 하는 수는 무수히 많다. 어떤 수를 대입해도 성립하는 것이다. 따라서 해는 무수히 많다. 이것을 해를 정하지 못한다고 하여 부정不定이라고도 한다.

일차방정식의 활용

일차방정식의 활용문제를 푸는 단계는 다음과 같다.

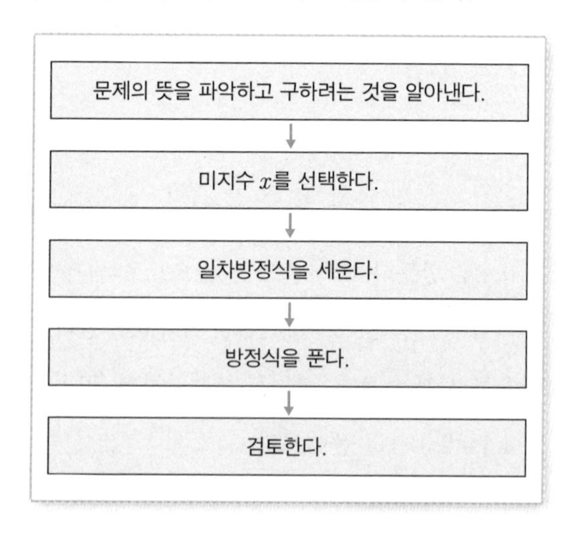

일차방정식의 활용문제는 나이, 도형, 가격, 수, 시계, 농도, 거리, 속력, 시간, 인구 비율 등 다양한 활용문제가 있다. 지금부터 차례대로 살펴보자.

1) 나이에 관한 일차방정식의 활용문제

나이에 관한 문제는 두 사람 혹은 세 사람의 나이를 비교하여 미래의 나이를 예상하는 문제가 많다. 철규는 12살, 철규 아버지는 40살이라 하자. 몇 년 후에 철규 아버지의 나이가 철규 나이의 2배가 될까?

먼저 몇 년 후를 x년 후로 정하고 철규 아버지와 철규 나이를 표로 작성해 나타낸다.

	철규 아버지	철규
현재 나이	40	12
미래 나이	$(40+x)$살	$(12+x)$살

미래 나이는 x년 후의 나이를 나타낸다.

일차방정식을 문제에 맞게 세우면,

$$40+x=2(12+x)$$

$$\therefore\ x=16$$

16년 후에 철규 아버지는 56살, 철규는 28살로, 철규 아버지가 철규 나이의 2배가 된다.

2) 도형에 관한 일차방정식의 활용문제

도형에 관한 활용문제는 가로의 길이 또는 세로의 길이를 미지수 x로 정한 후 문제에 맞게 풀면 된다. 도형의 길이와 넓이에 관한 문제가 주로 구성되어 있으므로 처음에 미지수를 어떻게 결정할지가 가장 중요하다.

가로의 길이가 세로의 길이보다 두 배가 길다. 둘레가 24이면 가로의 길이와 세로의 길이는 각각 몇일까? 여러분이 여기서 한번 짚어볼 것은 초등 수학은 단위를 꼭 쓰지만 중학 수학은 단위가 생략된 문제가 종종 있다는 점이다.

세로의 길이를 x로 하면, 가로의 길이는 2배이므로 $2x$로 한다.

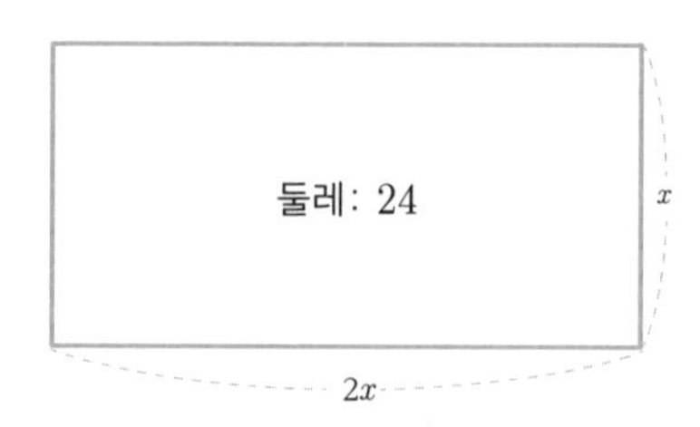

일차방정식을 세우면,

$$(2x+x)\times 2=24$$

$$\therefore\ x=4$$

가로의 길이는 $2x$이므로 x에 4를 대입하면 8, 세로의 길이는 x이므로 4이다.

이번에는 넓이에 관한 문제를 풀어보자.

가로의 길이가 14, 세로의 길이가 24인 직사각형이 있다. 세로의 길이를 조금 늘렸더니 넓이가 448이 되었다. 세로의 길이를 얼마만큼 늘린 것인가?

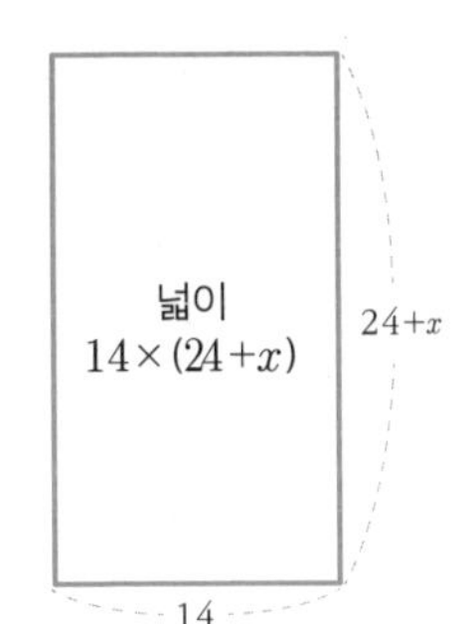

이 문제는 가로와 세로의 길이가 주어졌으므로 처음 넓이는 $14 \times 24 = 336$임을 먼저 알아야 한다. 가로의 길이는 변화가 없다. 세로의 길이가 24인데 x만큼 늘렸으므로 $(24+x)$가 된다.

일차방정식을 세우면 처음 넓이는 $14 \times (24+x) = 448$

$\therefore\ x = 8$

세로의 길이를 8만큼 늘리면 직사각형의 넓이가 448이 되므로 성립한다.

3) 가격에 관한 일차방정식의 활용문제

400원짜리 껌을 20% 싸게 샀다면 $400 \times (1-0.2)$원이므로 $400 \times 0.8 = 320$원이 되어 80%에 껌을 산 것이 된다. 1,000원짜리 공책을 30% 싸게 샀다면 $1000 \times (1-0.3) = 700$원에 산 것이 된다.

두 개의 공통점은 가격을 할인받았기 때문에 원가에 (1－할인비율)을 곱하면 그 물건의 구입액이 된다는 것이다.

어느 상인이 10,000원에 물건을 들여와서 12,000원에 팔아 2,000원의 이익을 얻었다면 $\dfrac{12000-10000}{10{,}000} \times 100(\%) = 20\%$의 이익이다.

따라서 정가＝원가＋이익, 이익률＝$\dfrac{\text{판매가격}-\text{원가}}{\text{원가}}$이다.

4) 수에 관한 일차방정식의 활용문제

1, 2, 3 또는 4, 5, 6을 미지수 x를 사용하여 나타내려면 $x-1$, x, $x+1$ 또는 x, $x+1$, $x+2$로 나타낼 수 있다. 미지수 x를 어떤 수(처음 수 또는 중간에 있는 수)로 정하는지에 따라 약간의 차이가 있을 수는 있으나 일차방정식의 결과는 같다. 즉 해는 같은 것이다.

연속하는 세 수의 합이 21일 때, 연속하는 세 정수를 $x, x+1, x+2$로 정하여 일차방정식을 세우면 $x+(x+1)+(x+2)=21$

$\therefore\ x=6$

따라서 연속하는 세 정수는 6, 7, 8이다.

계속해서 이번에는 연속하는 세 정수를 $x-1, x, x+1$로 하자.

$$(x-1)+x+(x+1)=21$$

$$\therefore\ x=7$$

마찬가지로 연속하는 세 정수는 6, 7, 8이다.

수에 관한 문제에 대해 자주 나오는 것을 정리하면 다음과 같다.

1. 연속하는 두 정수 x, $x+1$ 또는 $x-1$, x
2. 연속하는 세 정수 x, $x+1$, $x+2$ 또는 $x-1$, x, $x+1$
3. 연속하는 세 홀수 $x-2$, x, $x+2$ 또는 x, $x+2$, $x+4$
4. 연속하는 세 짝수 $x-2$, x, $x+2$ 또는 x, $x+2$, $x+4$

연속하는 세 홀수와 세 짝수는 2씩 차이가 나서 $x-2$, x, $x+2$ 또는 x, $x+2$, $x+4$로 나타낸다.

일의 자릿수는 8로 주어지고, 십의 자릿수는 어떤 수인지 모르는 두 자릿수가 있다. 각 자릿수를 더한 수에 3배를 하면 원래 수보다 2가 크다. 이에 해당하는 두 자릿수를 구하는 문제가 있다면,

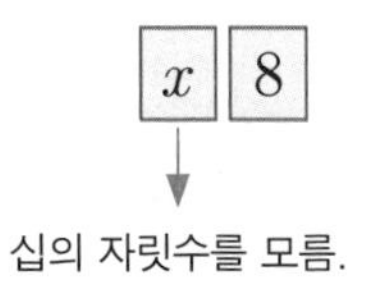

십의 자릿수를 x, 일의 자릿수를 8로 하여 $10x+8$로 나타낸다. 예를 들어 x가 1이면 $10\times1+8=18$, x가 2이면 $10\times2+8=28$이 된다.

예제에 관해 일차방정식을 세우면,

십의 자릿수와 일의 자릿수 합의 3배.

$$10x+8=(x+8)\times3-2$$

원래 수

원래 수보다 2가 크므로
2를 빼야 등식이 성립한다.

$\therefore\ x=2$

두 자릿수는 28이다.

5) 시계에 관한 일차방정식의 활용문제

시각을 읽을 때 시침과 분침으로 몇 시 몇 분을 읽는다. 시침은 짧은 바늘로 몇 시인지를 나타내며 분침은 긴 바늘로 몇 분인지를 나타낸다.

그리고 시침은 분침보다 느리게 움직인다.

한 시간(60분)을 기준으로 시침은 30° 씩 움직인다. 60분에 30°, 즉 1분에 0.5° 씩 움직인다.

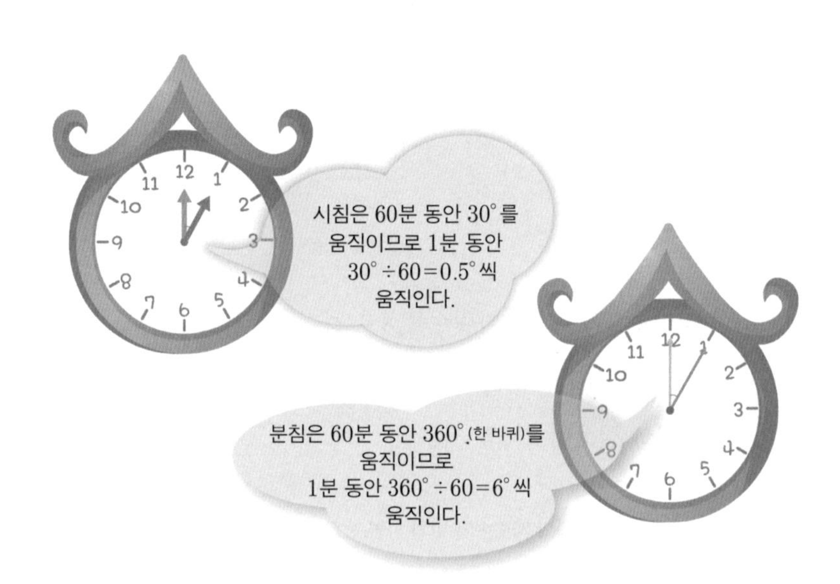

분침은 한 시간을 기준으로 360° ÷ 60 = 6° 씩 움직인다. 그래서 일차 방정식을 세울 때 x분 동안 시침은 $0.5x$, 분침은 $6x$로 움직이는 것을 생각한다.

이제부터 2시와 3시 사이에 시침과 분침이 180°를 이룰 때의 시각을 알아보자.

그림을 그린 후 식을 세우면,

$$6x-(60+0.5x)=180$$

$$\therefore\ x=43\frac{7}{11}$$

2시와 3시 사이에 180°를 이루는 시각은 2시 $43\frac{7}{11}$분이 된다. 2시 43분과 2시 44분 사이의 시각이다.

6) 농도에 관한 일차방정식의 활용문제

농도에 관한 일차방정식의 활용문제는 $\text{농도}=\frac{\text{소금의 양}}{\text{소금물의 양}}\times 100(\%)$의 공식을 기억하면 된다. 농도는 소금물 전체에 얼마만큼 소금이 녹아 있는지를 나타내는 정도를 백분율로 나타낸 것이다. 즉 소금의 농도가 높을수록 소금이 많이 녹아 있다.

소금물 100g에 소금이 20g이 녹아 있으면 $\text{농도}=\frac{20}{100}\times 100=20\%$가 된다.

농도의 공식은 $\text{소금의 양}=\frac{\text{농도}}{100}\times\text{소금물의 양}$을 식으로 이끌어 해결할 수 있다.

소금물이 200g, 농도가 7%이면 $\text{소금의 양}=\frac{7}{100}\times 200=14\text{g}$이다.

농도가 10%인 소금물 200g에 물을 부어서 8%의 소금물을 만든다면 물을 얼마만큼 부어야 할까? 이때도 그림을 그리면 식을 세울 때 도움이 된다.

농도(%)	10		0 (물이기 때문에 농도가 0%이다)		8
소금물의 양(g)	200		x (x는 소금물의 양이 아닌 붓는 물의 양)		$200+x$
소금의 양(g)	$\frac{10}{100}\times 200$	+	0 (물이기 때문에 소금의 양은 0이다)	=	$\frac{8}{100}\times(200+x)$

소금의 양을 기준으로 일차방정식을 세우면,

$$\frac{10}{100}\times 200=\frac{8}{100}\times(200+x)$$

$$\therefore\ x=50$$

문제를 통해 10%의 소금물 200g에 50g의 물을 부으면 8%의 농도로 묽어진다는 것을 알 수 있다.

7) 거리, 속력, 시간에 관한 일차방정식의 활용문제

거리=속력×시간이다. 이 식을 통해 속력$=\frac{\text{거리}}{\text{시간}}$, 시간$=\frac{\text{거리}}{\text{속력}}$를 유도할 수 있다.

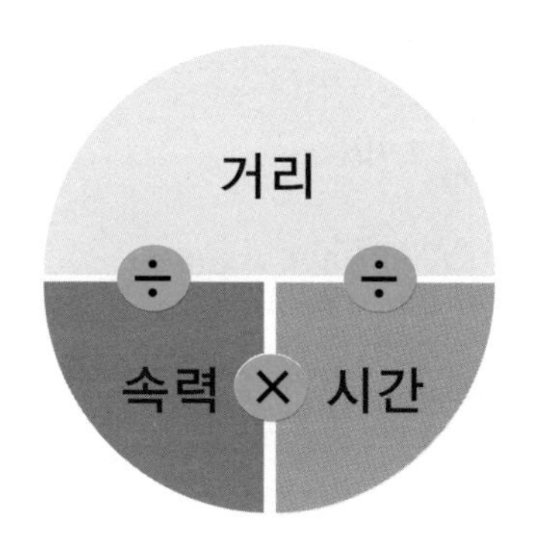

유찬이는 민현이를 만나러 집에서 3km 떨어진 공원까지 40m/m로 걸어가다가 약속시간이 늦을 거 같아서 200m/m로 뛰어갔다. 집에서 공원까지 가는 데 걸린 시간은 40분이다. 뛰어간 거리를 구해 보자.

예제에서 쓰는 단위는 m와 분이다. 식을 세우기 위해 km는 m로 통일한다. 걸어간 거리를 $(3000-x)$m로 나타내면 뛰어간 거리는 xm이다. 시간은 $\frac{거리}{속력}$이므로, 걸어간 시간$=\frac{3000-x}{40}$분, 뛰어간 시간$=\frac{x}{200}$분이 된다.

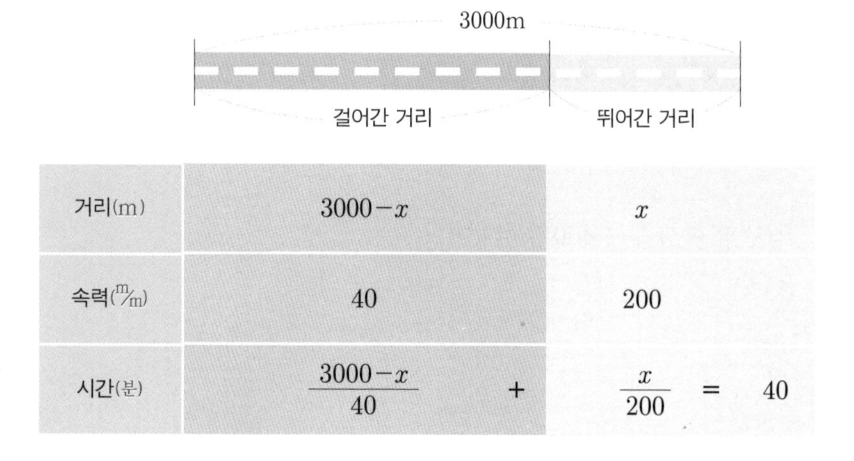

거리(m)	$3000-x$	x
속력(m/m)	40	200
시간(분)	$\frac{3000-x}{40}$ +	$\frac{x}{200}$ = 40

시간에 대해 식을 세우면,

$$\frac{3000-x}{40}+\frac{x}{200}=40$$

$$\therefore\ x=1750$$

걸어간 거리는 1250m, 뛰어간 거리는 1750m이다.

8) 증감율에 대한 일차방정식의 활용문제

$$\text{처음에 주어진 양 } a\text{에 대해}\begin{cases} x\%\ \text{증가한 후의 양은 } a\times\left(1+\dfrac{x}{100}\right) \\ x\%\ \text{감소한 후의 양은 } a\times\left(1-\dfrac{x}{100}\right) \end{cases}$$

올해는 작년에 비교해 학생 수가 10% 증가해 440명이 되었다고 하자. 작년 학생 수를 구하고자 한다면, 작년의 학생 수를 x명으로 하여 일차방정식을 세운다.

$$x\times\left(1+\frac{10}{100}\right)=440$$

$$\therefore\ x=400$$

작년의 학생 수는 400명이다.

9) 의자에 대한 일차방정식의 활용문제

의자의 개수와 의자에 앉은 사람의 수가 주어지면 그림을 그려 문제를 풀어볼 수 있다. 예를 들어 의자의 개수를 x개로 하자. 한 의자에 5명씩 앉히면 3명이 의자에 앉지 못하게 된다. 한 의자에 6명씩 앉히면 의자는 한 개가 남고 마지막 의자에 한 명이 더 앉을 수 있는 자리가 남는다. 의자의 개수를 구해 보자.

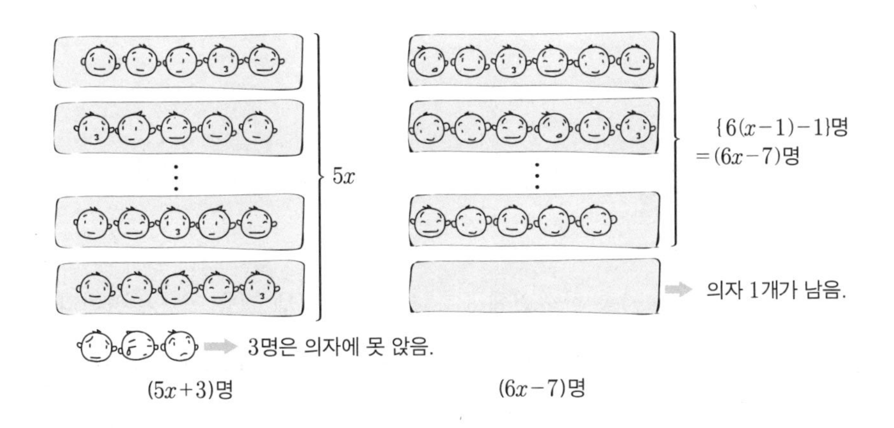

일차방정식을 세우면,

$$5x+3=6x-7$$

$$\therefore\ x=10$$

의자의 개수는 10개이다. 그리고 좌변의 $5x+3$ 또는 우변의 $6x-7$에 $x=10$을 대입하면 사람의 수는 53명으로 구해진다.

그래프와 비례

좌표평면

순서쌍 (x, y)를 한꺼번에 x축, y축에 나타낸 것을 좌표평면이라 한다. A(-1)이나 B(3), C(5)는 그림처럼 x축 위에 표시할 수 있다.

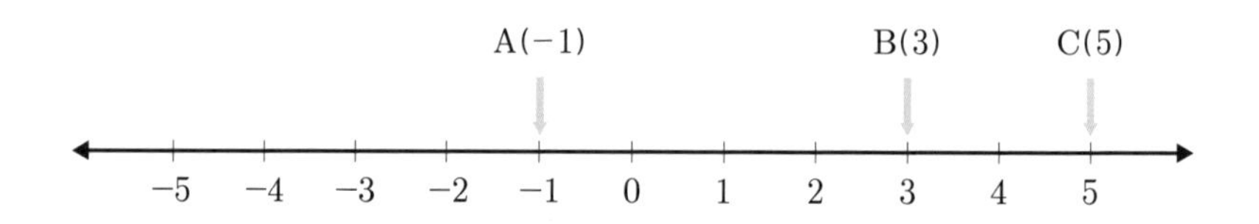

그렇다면 D$(-1, 3)$, E$(5, 6)$, F$(-2, -6)$, G$(3, -4)$도 나타낼 수 있을까? x축 위에는 y좌표를 나타낼 수 없다. 따라서 좌표평면을 사용해 다음처럼 나타낸다.

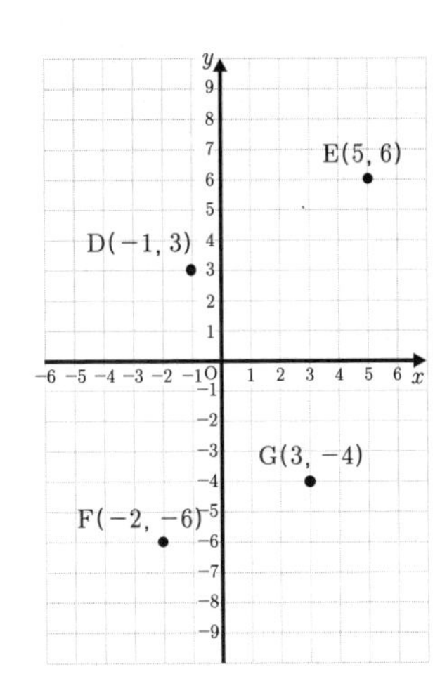

가로축은 x축, 세로축은 y축을 사용해 점의 좌표를 나타낼 수 있다. 그리고 좌표평면에서 모눈종이를 사용한 것은 점의 위치를 정확하게 나타내기 위한 것이다. 여기서 명칭을 조금 더 알아야 하는데,

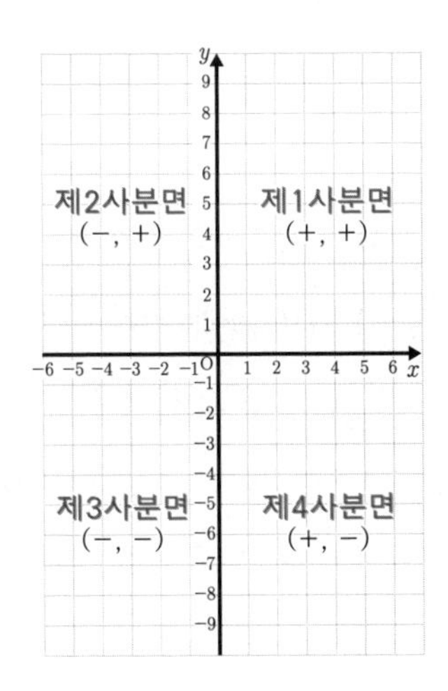

점의 좌표에서 제1사분면은 x, y 모두 양수이다. 제2사분면은 x는 음수, y는 양수이다. 제3사분면은 x, y 모두 음수이다. 제4사분면은 x는 양수, y는 음수이다.

그렇다면 원점 O와 점 $(-5, 0)$, 점 $(0, 3)$, 점 $(1, 0)$, 점 $(0, -4)$는 몇 사분면일까? 좌표들을 좌표평면 위에 나타내면 다음과 같다.

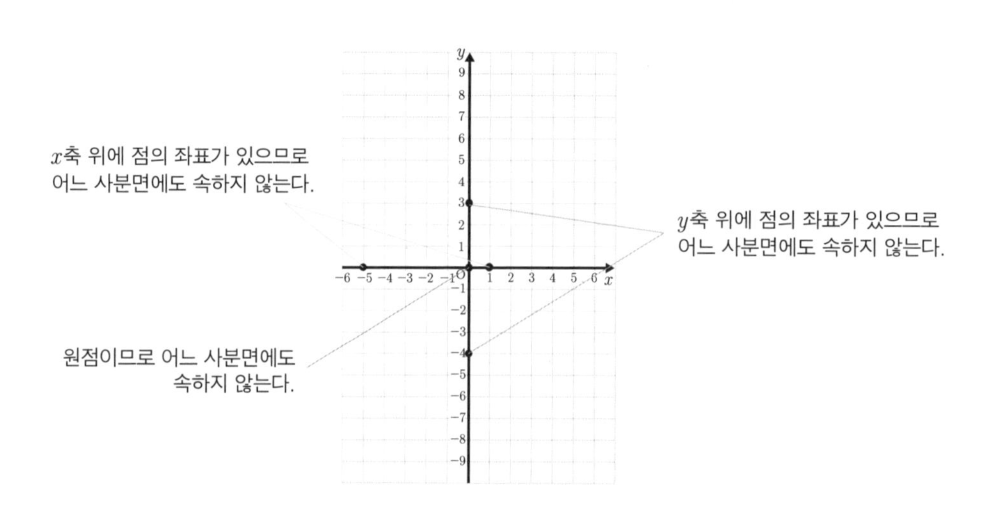

점 $(0, 3)$과 점 $(0, -4)$가 y축 위에 있으며 어느 사분면에도 속하지 않는다. 점 $(-5, 0)$과 점 $(1, 0)$도 x축 위에 존재해 어느 사분면에도 속하지 않는다. 원점 O는 점 $(0, 0)$을 말하며 유일하게 x축과 y축이 만나는 점으로 역시 어느 사분면에도 속하지 않는다. 따라서 만약 원점을 지난다는 조건이 주어지면 점 O를 지나는 것으로 이해하면 된다.

좌표평면에 점의 좌표를 나타내는 것과 좌표평면의 종류에 대해서는 프랑스의 수학자 데카르트와 페르마Pierre de Fermat, 1601~1665가 정리했다.

점의 대칭이동

여러분은 미술시간에 도화지에 물감을 묻혀서 다른 쪽에 똑같이 찍어 같은 그림을 표현하는 데칼코마니decalcomanie를 해봤을 것이다. 같은 원리로 점이나 선의 대칭도 어느 축을 중심으로 이동했느냐에 따라 재미있는 그림이 나온다. 점 (1, 2)를 x축을 중심으로 대칭이동하면 (1, −2)가, y축을 중심으로 대칭이동하면 점 (−1, 2)가, 원점을 중심으로 대칭이동하면 점 (−1, −2)가 된다.

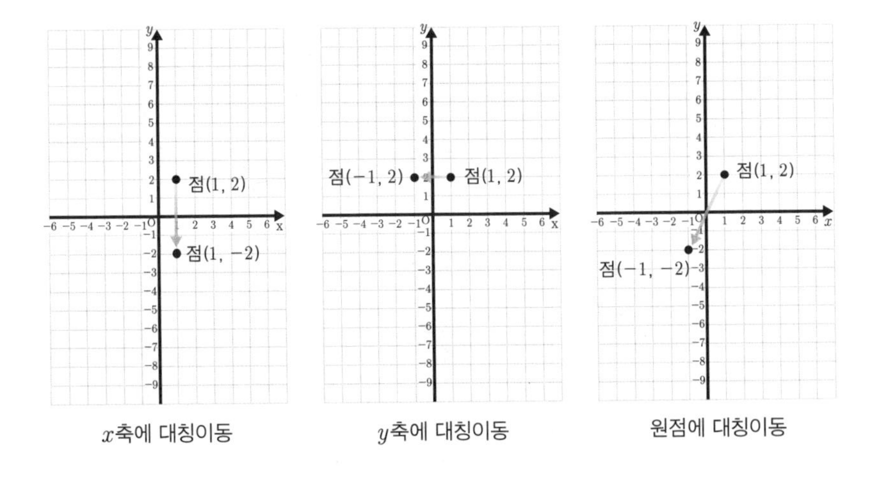

x축에 대칭이동 y축에 대칭이동 원점에 대칭이동

점의 대칭이동은 x축에 대칭이동, y축에 대칭이동, 원점에 대칭이동의 세 가지가 있고 일반 형태로 나타내면 다음과 같다.

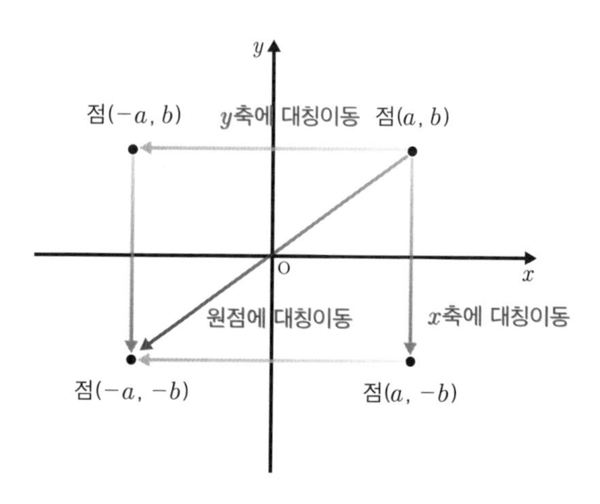

그래프 분석

그래프는 x값이 증가할 때 y값이 어떻게 변화하는가를 보아야 한다. x값이 오른쪽으로 이동할 수록 증가하며, y값은 위쪽으로 이동할 수록 증가한다. 그러면 아래 그래프를 보자.

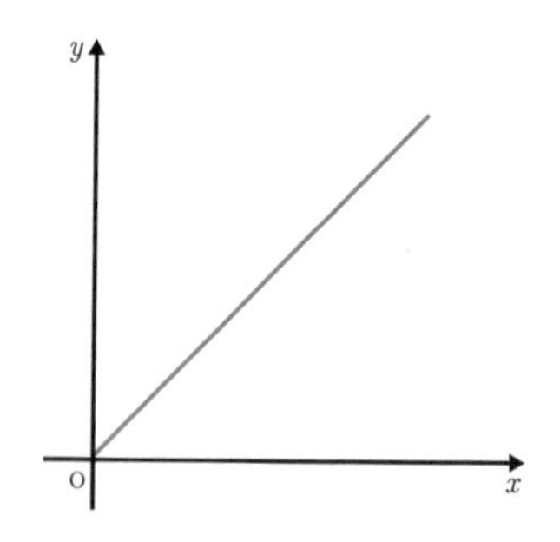

이 그래프는 x값이 증가할수록 y값이 증가한다. x와 y 대신 각각 시간과 속력을 써보면,

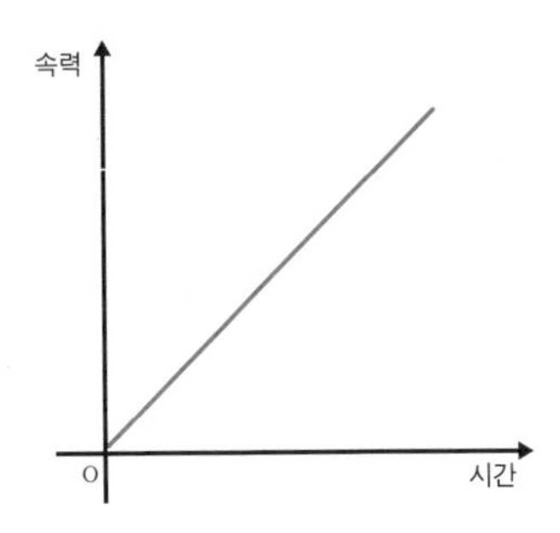

'시간이 지남에 따라 속력도 같이 증가한다'로 분석된다. 즉, 상승하는 그래프이다. 아래 그래프는 어떨까?

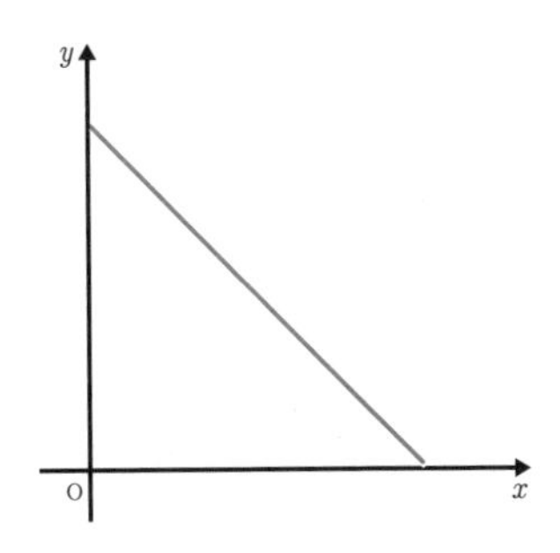

x값이 증가할수록 y값은 감소한다. 즉 하락하는 그래프이다. 또한 아래 그래프를 보자.

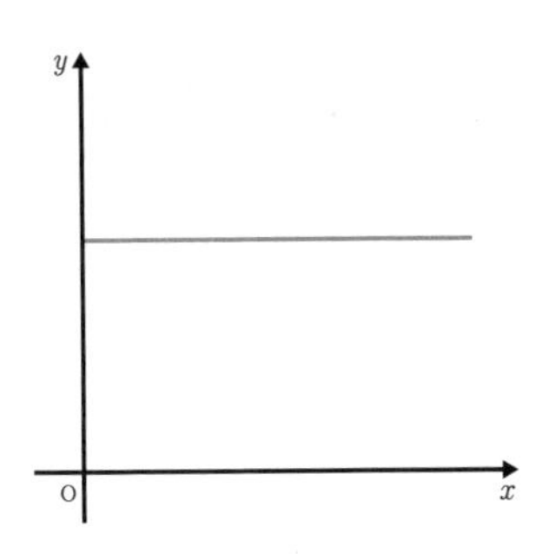

x값이 증가할수록 y값은 일정하다. 즉 변화가 없는 그래프이다.

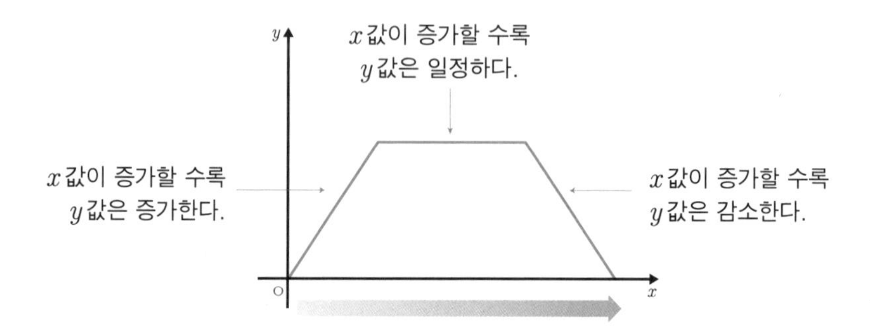

위 그래프는 x값이 증가할수록 y값이 어떻게 변화하는지 나타낸다. 처음에는 x값이 증가해도 y값은 함께 증가한다. 그러다가 x값이 증가하지만 y값은 일정하다. 그리고 마지막으로 x값이 증가할수록 y값은 감소한다.

이를 더 구체적으로 그래프로 나타내보자. 자동차가 달리는 모습을 연상하면 더 나은 예가 될 것이다.

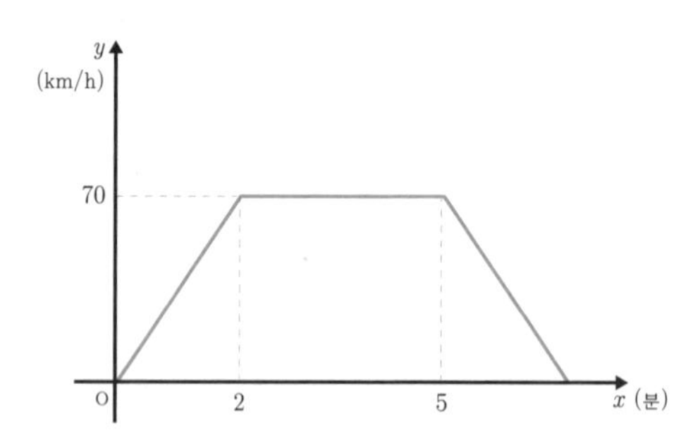

자동차가 주행할 때 처음부터 2분까지는 시간에 지남에 따라(x값이 증가할수록) 속력도 같이 증가한다. 2분에서 5분 사이는 속력이 일정하다. 3분 동안 70(km/h)로 주행한 것이다. 그리고 5분 이후로 서서히 감속한 것을 알 수 있다.

한편 이런 그래프 유형도 있다. x값이 증가할 때 y값도 증가하는데, 직선의 그래프가 아닌 곡선의 그래프인 경우이다. 많이 쓰이는 그래프는 두 가지 유형이 있다.

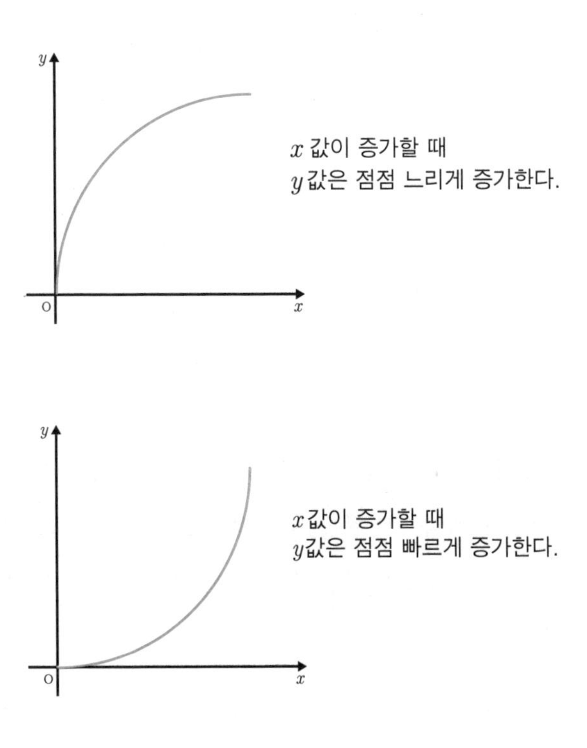

또한 x값이 증가할 때 y값이 감소하는 곡선의 그래프는 두 가지 유형이 있다.

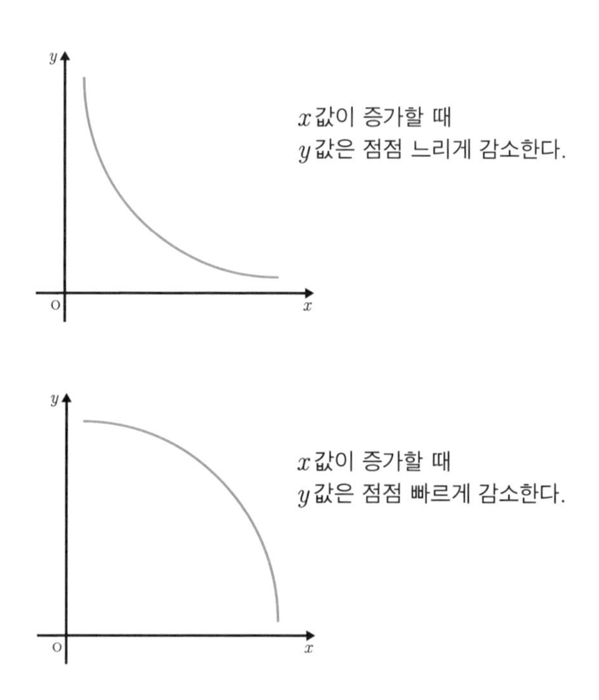

윤오는 저녁 7시만 되면 동네 근처에 있는 공원을 산보한다. 출발점 A에서 출발해 반시계 방향으로 둥글게 한 바퀴를 돌며 그 거리는 1km이다. 윤오는 이 거리를 항상 일정한 속도로 걷는다. 이것을 그림과 그래프로 나타내면 다음과 같다.

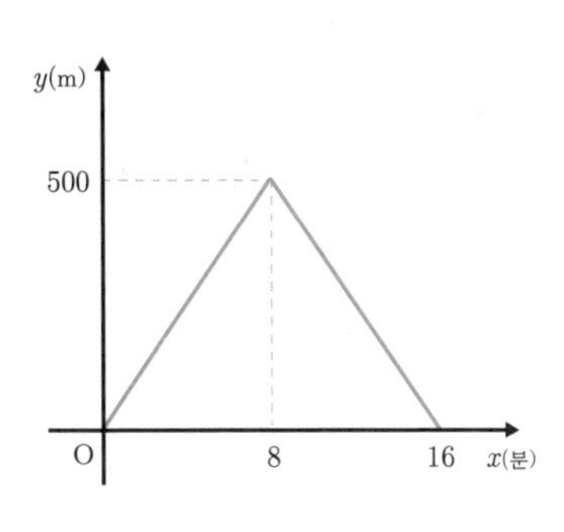

이 그래프에서 시간에 따른 거리의 변화를 알 수 있는데, 윤오가 8분을 걸으면 출발점 A에서 가장 먼 500m에 도달한 것이다. 즉 B지점이다. 그리고 출발한 후 16분 후에는 다시 출발점으로 오게 되어 한 바퀴를 돌게 된다. 윤오가 4바퀴를 산보한다면 아래 그래프같은 형태를 가질 것이다.

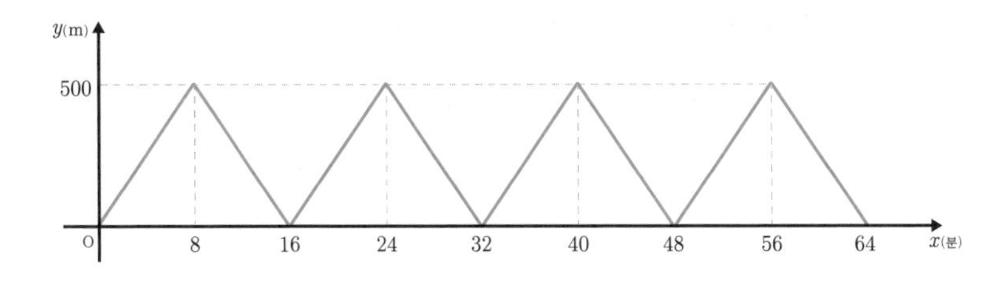

같은 모양의 그래프가 여러 번 그려있다면 반복적으로 움직인 것이다.

정비례 관계와 반비례 관계

정비례 관계

정비례 관계는 두 변수 x, y의 비의 값이 일정한 값을 가질 때 성립하는 관계를 뜻한다.

비는 $\frac{\text{비교하는 양}}{\text{기준량}}$이다. 3:4이면 비는 $\frac{3}{4}$으로 나타낸다. 정비례는 $\frac{y}{x}$로 나타내면 x는 기준량, y는 비교하는 양이 된다. 이 비가 상수 a에 일정할 때 $\frac{y}{x}=a$가 되며 다시 정리하면 $y=ax$가 된다. 따라서 정비례 관계는 $y=ax$로 나타낸다(단 $a\neq0$).

예를 들어 $y=3x$를 보자.

점의 위치를 나타내고 그래프를 그려보기 전에 $y=3x$의 대응표를 만든다.

x	…	−3	−2	−1	0	1	2	3	…
y	…	−9	−6	−3	0	3	6	9	…

(x, y)를 나타낸 것을 순서쌍이라 한다. $(x, y)=(-3, -9)$, $(-2, -6)$, $(-1, -3)$, $(0, 0)$, $(1, 3)$, $(2, 6)$, $(3, 9)$으로 순서쌍을 더 만들어 좌표평면에 표시하면 그래프는 더 정확해진다.

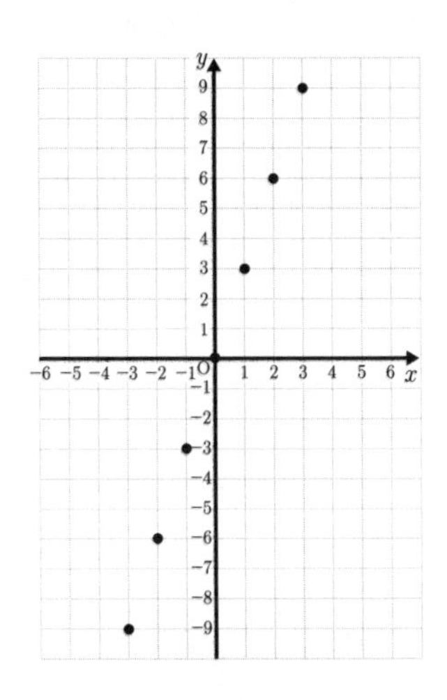

순서쌍으로 나타낸 좌표 일곱 개를 점으로 표시했다. 대응표에는 여러 순서쌍이 더 있지만 무한개의 순서쌍을 전부 표시하기는 어렵다. 무수히 많은 x, y값이 존재하기 때문이다. 이제 점을 하나의 직선으로 연결한다.

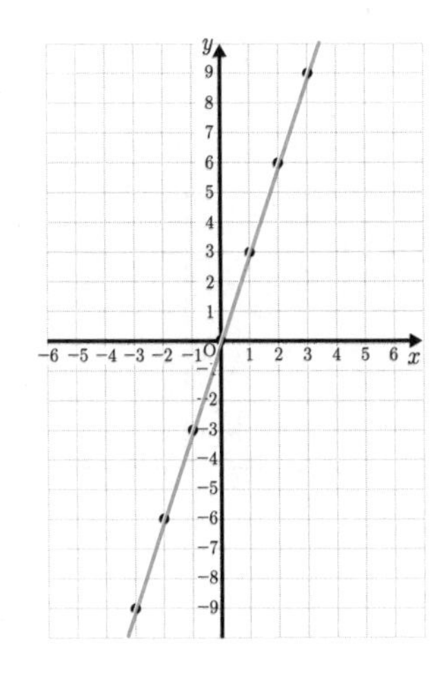

$y=3x$의 그래프가 완성되었다. 그림에서 보이듯이 x에 대응하는 y값은 무수히 많다.

이번에는 조금 빠르게 그래프를 그리는 방법을 알아보자. 원점과 다른 순서쌍을 지난다는 것만 알고도 그래프를 그릴 수 있다. $y=-2x$의 그래프를 그려보자. 여기서 $a=-2$임을 알 수 있다. 대응표를 그려보자.

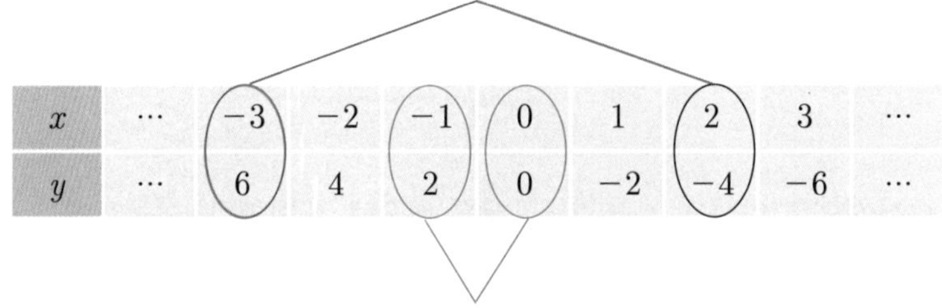

x	⋯	-3	-2	-1	0	1	2	3	⋯
y	⋯	6	4	2	0	-2	-4	-6	⋯

대응표의 점에서 점 $(-1, 2)$와 원점 $(0, 0)$을 고른 후 좌표평면에 나타내면 다음과 같다.

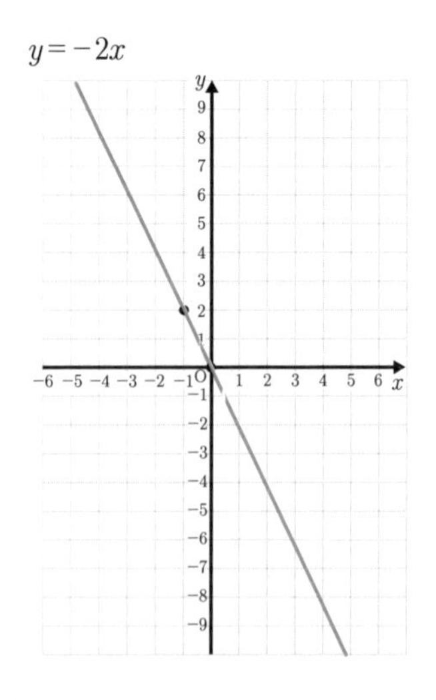

두 개의 순서쌍으로도 그래프를 그릴 수 있는 것이다. 또한 점 $(-3, 6)$과 점 $(2, -4)$로도 그래프를 그릴 수 있다.

정비례의 관계의 기울기

정비례 $y=ax$에서 a는 기울기를 나타낸다. 기울기는 $\frac{y\text{변화량}}{x\text{변화량}}$을 나타내며 x가 증가 또는 감소하는가에 따라 y값이 증가 또는 감소하는지를 나타낸다.

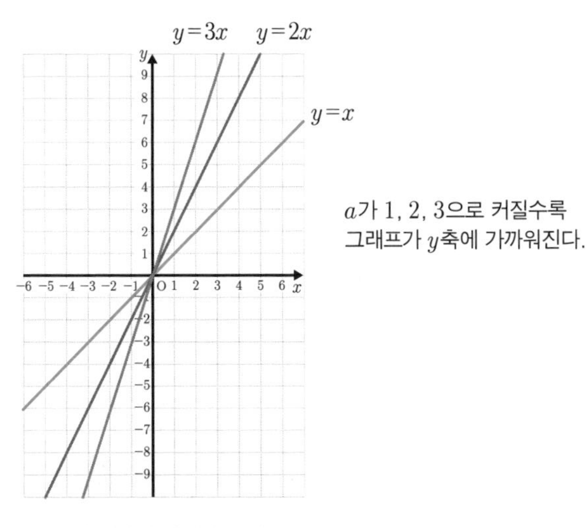

$a>0$인 정비례 관계의 그래프

$a>0$일 때는 a가 커질수록 그래프는 y축에 가까워진다. 그리고 제1사분면과 제3사분면을 지난다.

반면 $a<0$일 때는 a가 커질수록 x축에 가까워진다.

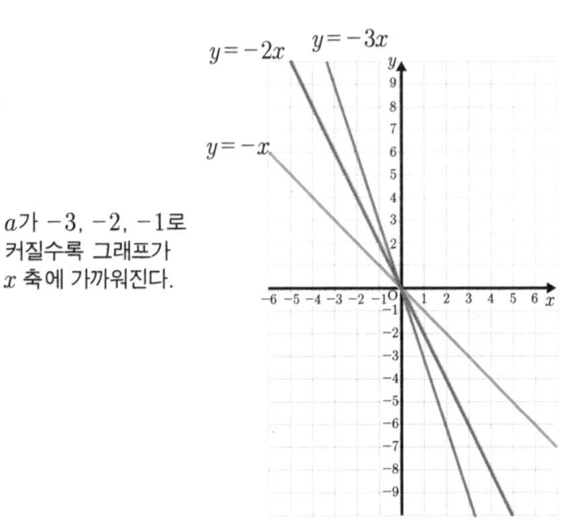

$a<0$인 정비례 관계의 그래프

$a<0$일 때 a가 커질수록 x축에 가까워진다. 그리고 항상 제2사분면과 제4사분면을 지난다.

두 정비례 관계 직선의 기울기의 곱

이번에는 두 정비례 관계인 직선의 기울기 곱에 관해 알아보자.

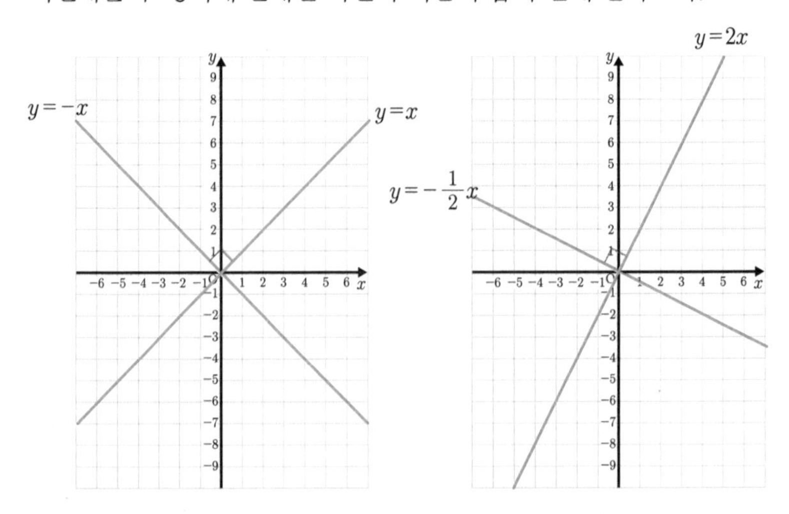

왼쪽 그래프를 보면 $y=x$와 $y=-x$의 두 직선은 수직이다. 오른쪽 그래프도 $y=2x$와 $y=-\frac{1}{2}x$는 수직이다. 아래의 $y=\frac{1}{3}x$와 $y=-3x$ 그래프를 보면 두 직선도 수직인 것을 알 수 있다.

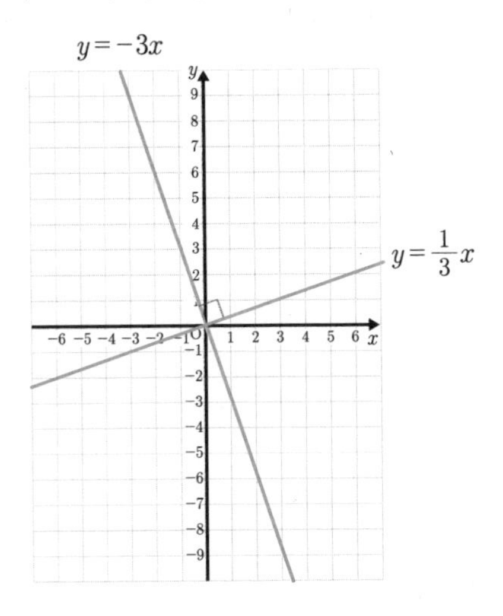

이 세 그래프는 두 정비례 관계 직선의 기울기의 곱이 -1이다. 따라서 $y=ax$의 그래프와 $y=bx$ 그래프의 기울기의 곱 ab가 -1이면 수직이라는 것을 알 수 있다.

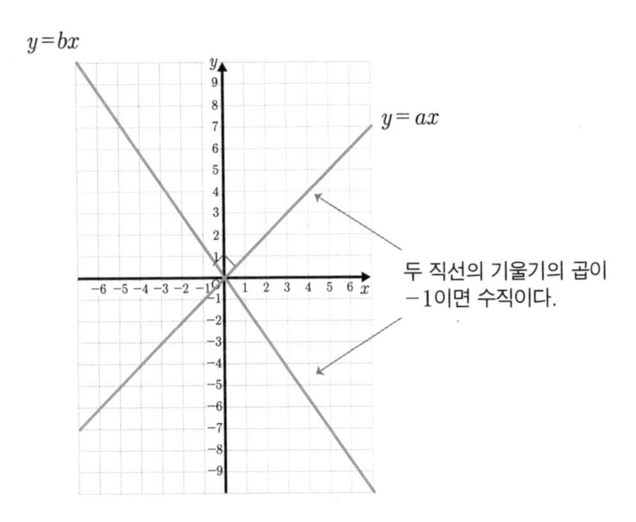

반비례 관계

x, y의 관계가 일정한 비의 값을 가지면 정비례 관계이다. 이와 반대의 관계를 반비례 관계라고 한다. $xy=a$로 나타내며 a는 0이 아닌 일정한 상수이다. 그리고 일반적으로 $y=\frac{a}{x}$로 나타낸다.

$a>0$일 때 반비례의 그래프는 두 쌍의 곡선 그래프가 그려진다. $a<0$일 때도 마찬가지이다.

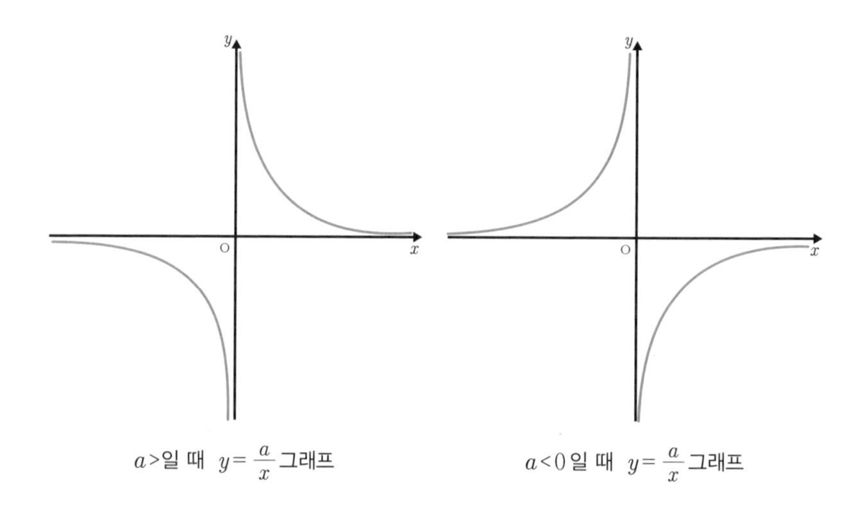

$a>$일 때 $y=\frac{a}{x}$ 그래프 $a<0$일 때 $y=\frac{a}{x}$ 그래프

반비례 관계는 정비례 관계와 마찬가지로 $a>0$일 때와 $a<0$일 때가 반대이다. 왼쪽 그림에서 $a>0$일 때 반비례는 제1사분면과 제3사분면을 지난다. 오른쪽 그림에서 $a<0$일 때 반비례는 제2사분면과 제4사분면을 지난다. 두 그래프의 공통점은 원점을 중심으로 대칭이며 **쌍곡선**雙曲線이다.

$a>0$일 때 x값이 증가하면 y값이 감소하지만, $a<0$일 때 x값이

증가하면 y값은 증가한다.

구체적으로 확인해보기 위해 $a=2$로 하고 반비례 그래프 $y=\frac{2}{x}$를 그려보자. 그래프를 그리기 전에 대응표를 그리는 습관을 가지면서 그리는 것이 정확하게 그리는 방법이니 귀찮더라도 꼭 해 보자.

x	$\cdots$	-3	-2	-1	1	2	3	$\cdots$
y	$\cdots$	$-\frac{2}{3}$	-1	-2	2	1	$\frac{2}{3}$	$\cdots$

대응표를 작성할 때 눈에 띄는 것이 있다. $x=0$일 때 y좌표이다. $y=\frac{2}{x}$에서 $x=0$을 대입하면 y는 존재하지 않는다. 분모가 0이 되면 y가 성립되지 않는 것이다. 따라서 반비례 관계에서 x값이 0일 때 y값이 존재하지 않으므로 원점을 지나지 않는 것을 기억하며 그래프를 그린다.

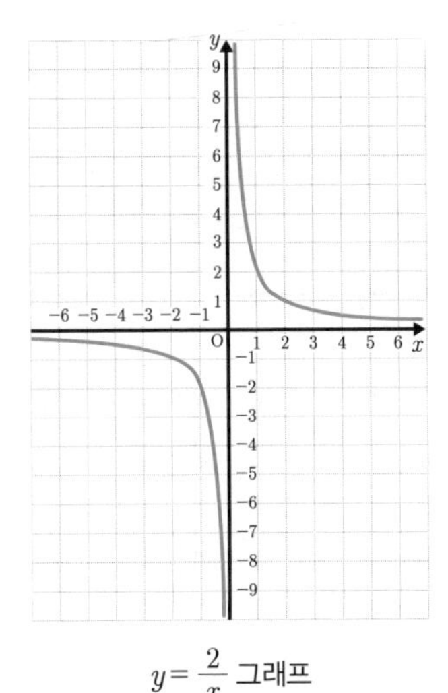

$y=\frac{2}{x}$ 그래프

반비례 관계는 곡선의 형태이기 때문에 기울기가 없다. 정비례 관계는 기울기를 구할 수 있지만 반비례 관계는 기울기를 구할 수 없는 것이다. 다만 a의 절댓값이 커질수록 원점에서 점점 멀어지는 그래프가 된다.

이번에는 $y=-\frac{2}{x}$ 그래프를 그려보자. $y=\frac{2}{x}$ 그래프와 반대의 그래프로 제2사분면과 제4사분면을 지난다.

x	$\cdots$	-3	-2	-1	1	2	3	$\cdots$
y	$\cdots$	$\frac{2}{3}$	1	2	-2	-1	$-\frac{2}{3}$	$\cdots$

위의 대응표도 $x=0$일 때를 표시할 필요가 없다.

그래프를 그리면 쌍곡선 형태임을 알 수 있다.

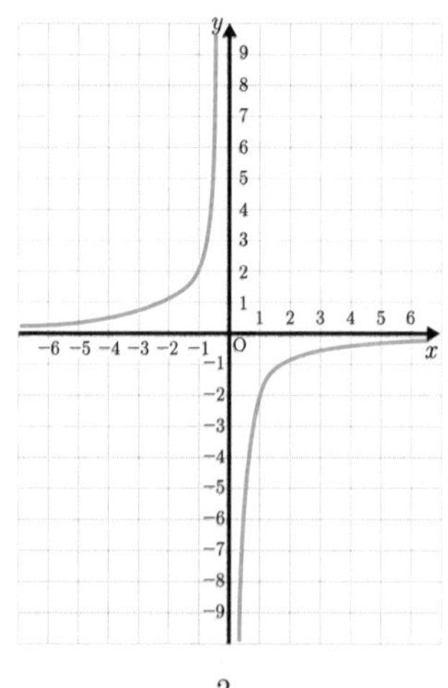

$y=-\frac{2}{x}$ 그래프

정비례 관계와 반비례 관계의 활용

이번에는 정비례 관계와 반비례 관계를 활용한 문제에 대해 접근해 보자.

두루미와 여우가 마셔야 할 병과 그릇이 있다. 병과 그릇은 밑면의 넓이와 높이가 다르다. 두 동물이 물을 채워서 마신다고 할 때 물의 양에 따른 높이의 변화를 그래프로 알아보자.

정비례 관계의 경우 $y=ax$에서 $a>0$이고 물의 양에 따른 높이의 변화를 나타내려면 제1사분면에서 그래프를 그린다.

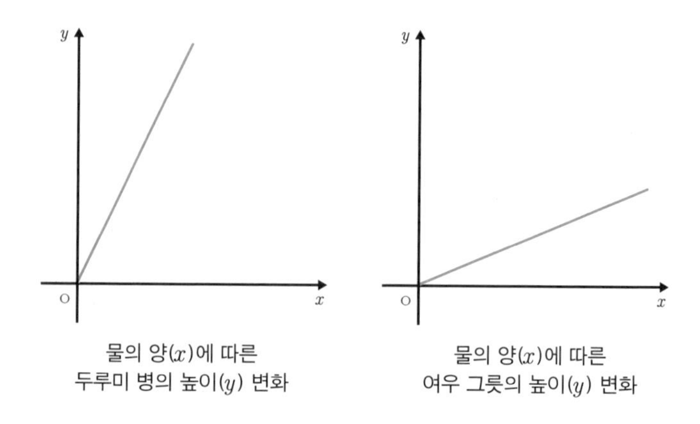

물의 양(x)에 따른
두루미 병의 높이(y) 변화

물의 양(x)에 따른
여우 그릇의 높이(y) 변화

물의 양을 x로, 병과 그릇의 높이를 y로 하면 두루미의 병과 여우 그릇의 높이 변화가 나타난다. 여우의 그릇 높이보다 두루미의 병의 높이가 변화율이 큰 것을 알 수 있다. 즉 기울기가 더 크다.

고속도로를 달리는 자동차가 있다. 이 자동차는 휘발유 1L로 60km를 주행할 수 있다. 따라서 휘발유 2L로는 120km를 주행한다. 그렇다면 5880km를 가려면 휘발유가 얼마나 필요할까?

$y=ax$를 이용하여 정비례 관계의 문제를 활용하려면 대응표를 먼저 작성한다.

x (휘발유 L)	1	2	3	···
y (거리 km)	60	120	180	···

x에 60배를 하면 y가 된다. 따라서 식은 $y=x\times60$의 식에 $x=1$, 2, 3, ···을 대입하면 $y=60$, 120, 180, ···임을 알 수 있다. 그 결과 $y=60x$에 $y=5880$을 대입하면 $x=98$이다.

계속해서 다른 예를 살펴보자.

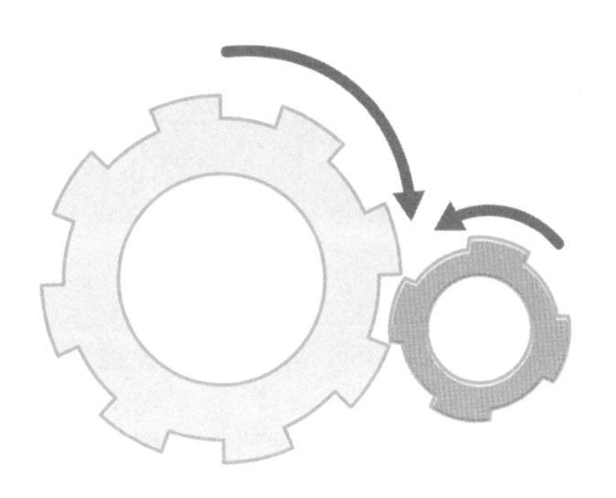

톱니 수 x	8(개)	4(개)
회전 수 y	1(바퀴)	2(바퀴)
톱니 수×회전 수 a	8×1	4×2

왼쪽 톱니는 8개, 오른쪽 톱니는 4개이며, 왼쪽 톱니가 1바퀴 회전할 때 오른쪽 톱니는 톱니 수가 $\frac{1}{2}$이므로 2바퀴를 회전한다. (톱니 수)×(회전 수)는 항상 일정하다. 반비례 관계라는 것을 이미 알아챘을 것이다. 이러한 원리를 이용하여 큰 톱니 수가 500개, 작은 톱니 수가 10개인 경우를 살펴보자.

큰 톱니가 한 바퀴 회전할 때 작은 톱니는 몇 바퀴를 회전할까?

큰 톱니 수×1회전 수=500×1=500이다. 여기서 $a=500$이 된다. 이에 따라 $y=\frac{a}{x}$에서 $y=\frac{500}{x}$이며, 작은 톱니 수는 10개이므로 x에 10을 대입하면 $y=50$이다. 따라서 큰 톱니가 1바퀴 회전할 때 작은 톱니는 50바퀴 회전한다.

기본 도형

도형의 기본요소

1) 점, 선, 면

도형은 점들의 모임이다. 점이 여러 개 모이면 선 또는 면이 된다.

때문에 도형의 위치나 좌표평면의 위치를 나타내는 가장 작은 요소는 바로 점이다. 점은 위치가 있지만 길이가 없다. 점이 두 개 이상 모이면 하나의 선을 그을 수 있다.

직선 곡선

선은 점이 여러 개 모여서 된 것이므로 무수한 점의 모임이다. 직선과 곡선이 있다.

선이 여러 개 모이면 면이 된다. 면도 평면과 곡면이 있다.

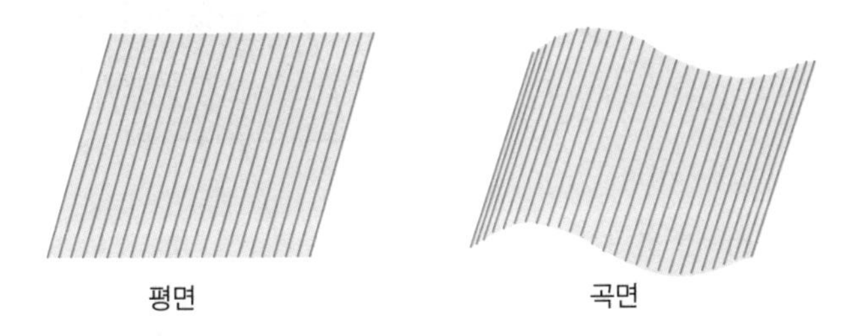

곡면은 평평한 면에 그린 그림이지만 입체도형 모양으로 보일 수 있다. 이것은 칠판에 분필로 입체도형을 그릴 수 있는 것과 같다고 생각하면 된다. 구부러진 면으로 보이는 것이다. 그리고 면이 여러 개 모이면 입체도형이 된다.

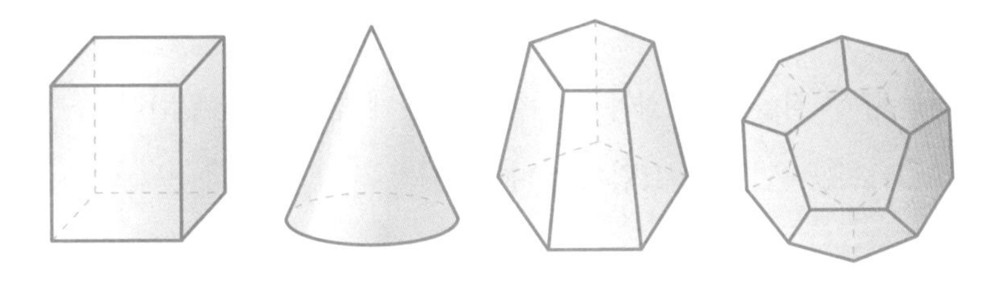

2) 교점과 교선

선과 선 또는 선과 면이 만나서 생기는 점을 교점이라 한다. 면과 면이 만나서 생기는 선은 교선이다.

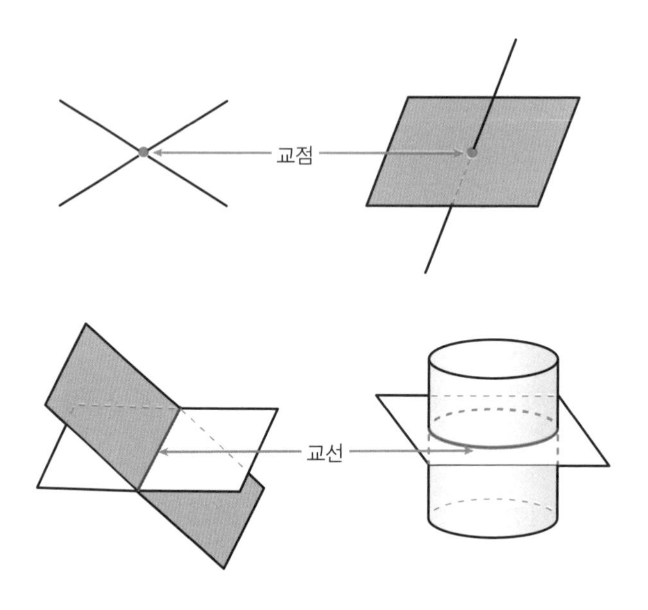

3) 직선, 반직선과 선분

직선은 두 점을 지나 양쪽으로 한없이 곧게 뻗은 선을 말한다. 두 점을 A, B로 한다면 아래 그림처럼 나타낸다.

기호는 $\overleftrightarrow{AB}$ 이다. 중요한 것은 직선의 길이는 무한대로 뻗어나가므로 잴 수 없고 구할 수도 없다. 따라서 직선의 길이는 구할 수 없다.

한 점 A에서 시작하여 점 B를 지나 한없이 뻗은 선을 반직선이라 한다. 한 점 B에서 시작하여 점 A를 지나 한없이 뻗은 선도 반직선이다.

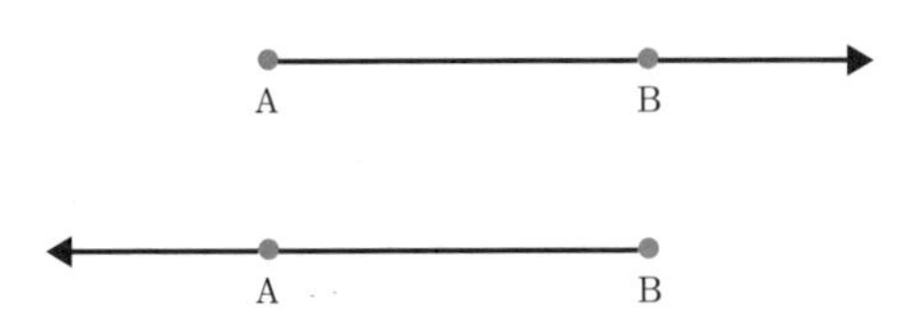

점 A에서 시작하여 점 B를 지나 한없이 뻗은 선은 $\overrightarrow{AB}$로 나타내고, 점 B에서 시작하여 점 A를 지나 한없이 뻗은 선은 $\overrightarrow{BA}$로 나타낸다. 이와 같은 반직선도 길이가 무한대이므로 구할 수 없다.

점 A와 점 B를 포함하여 점 A에서 점 B까지의 선은 선분 AB라 하고 $\overline{AB}$로 나타낸다.

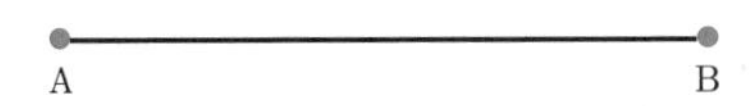

$\overline{AB}$의 길이는 두 점의 거리로 구할 수 있다. 그리고 $\overline{AB}$를 이등분하는 점 M을 $\overline{AB}$의 중점이라 한다. M은 중점을 의미하는 Midpoint의 약자로, 수학에서 중점을 나타낼 때 자주 쓰인다.

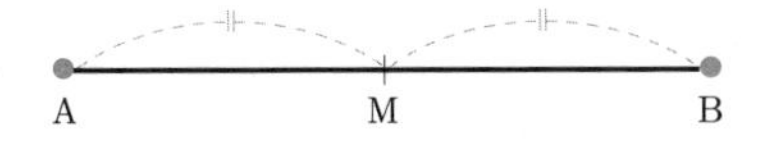

$$\overline{AM}=\overline{MB}=\frac{1}{2}\overline{AB}$$

4) 각

각angle은 한 점 O에서 시작하는 두 $\overrightarrow{OA}$, $\overrightarrow{OB}$로 이루어지는 도형이

다. 즉 두 개의 반직선 사이의 벌어진 크기이다.

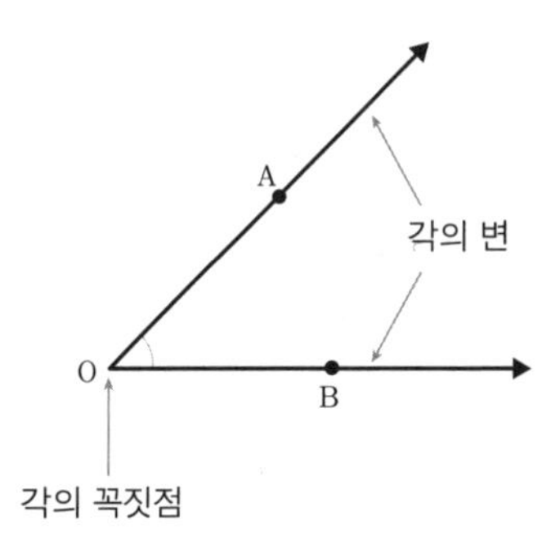

위의 각은 기호로 ∠AOB 또는 ∠O로 나타낸다.

각의 종류는 다음과 같다.

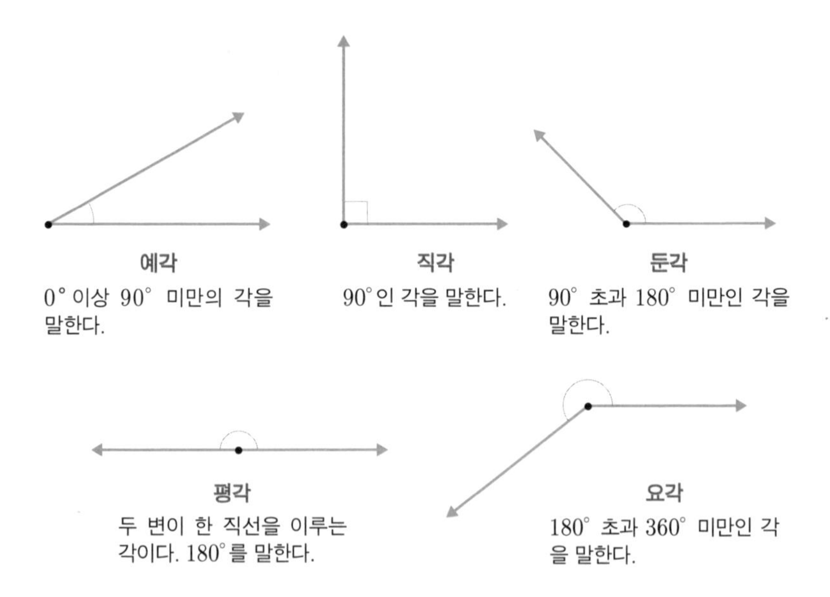

이 외에도 여각과 보각이 더 있는데 두 각의 합이 90°일 때 한 각이

$x°$이면 여각은 $(90-x)°$이고, 두 각의 합이 $180°$일 때 $x°$의 보각은 $(180-x)°$이다.

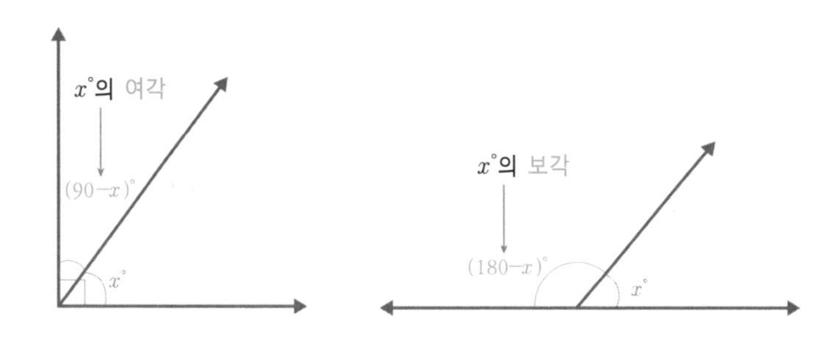

만약 $30°$의 여각을 구해야 한다면 $90°-30°=60°$가 된다. $30°$의 보각은 $180°-30°=150°$가 된다.

서로 다른 두 직선이 만나면 각이 생기는데 이것을 교각이라 한다. 그리고 두 직선이 만나면 네 개의 교각이 생긴다.

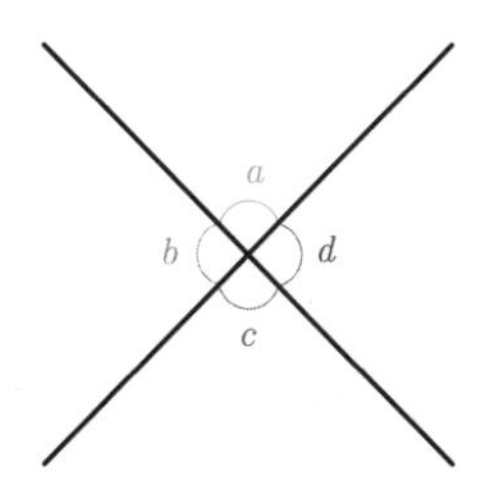

이때의 교각은 $\angle a$, $\angle b$, $\angle c$, $\angle d$이다.

또 두 직선이 한 점에서 만날 때 서로 마주보는 두 각을 맞꼭지각이라 한다. 위의 그림에서 $\angle a$와 $\angle c$, $\angle b$와 $\angle d$가 맞꼭지각이 된다. 그리고 맞꼭지각은 각의 크기가 서로 같다.

평면 위의 서로 다른 두 직선 l, m이 다른 한 직선 n과 만날 때 서로 같은 위치에 있는 두 각을 동위각, 서로 엇갈린 위치에 있는 두 각을 엇각이라 한다.

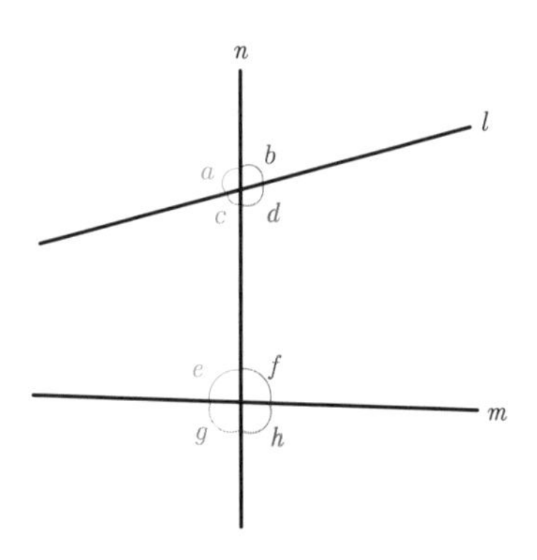

동위각은 $\angle a$와 $\angle e$, $\angle b$와 $\angle f$, $\angle c$와 $\angle g$, $\angle d$와 $\angle h$이다.

엇각은 $\angle c$와 $\angle f$, $\angle d$와 $\angle e$ 이다.

수직과 수선

두 $\overleftrightarrow{AB}$, $\overleftrightarrow{CD}$의 교각이 직각이면 두 직선은 서로 수직이라 한다. 수직은 직교라고도 하며 기호로 나타내면 $\overleftrightarrow{AB} \perp \overleftrightarrow{CD}$이다.

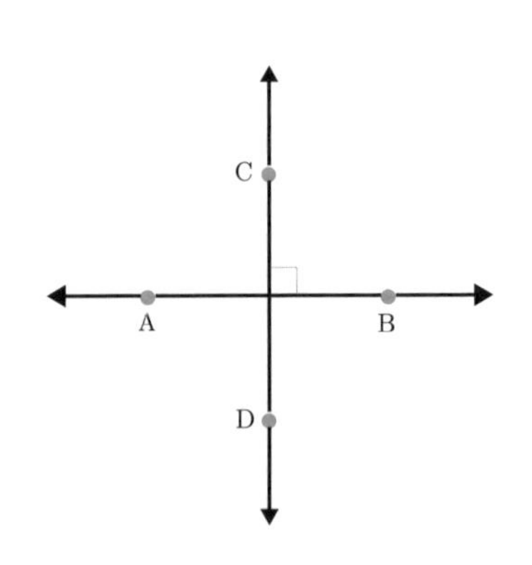

서로 수직인 두 직선에서는 한 직선이 다른 직선의 수선이 된다. 따라서 $\overleftrightarrow{AB}$의 수선은 $\overleftrightarrow{CD}$가 된다.

직선 l 위에 있지 않은 점 P에서 직선 l에 그은 수선과 직선 l의 교점 H는 수선의 발이라 한다.

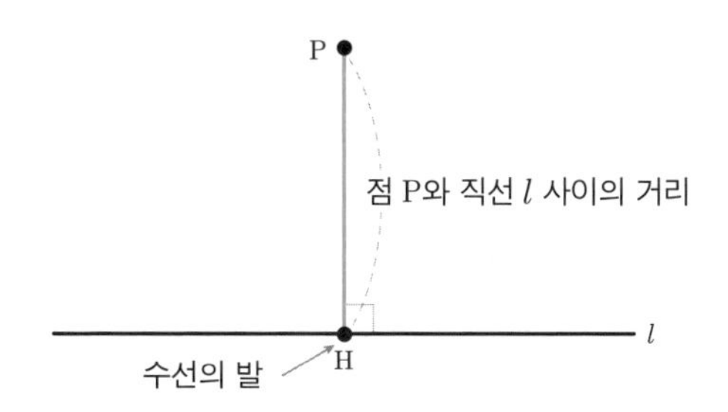

두 직선의 위치관계

점 A가 직선 l을 벗어나 있으면 점 A는 직선 l 위에 있지 않다고 하며, 직선 l에 속하면 점 A는 직선 l 위에 있다고 한다. 두 직선 l과 m의 관계는 한 점에서 만난다. 일치한다. 평행하다. 꼬인 위치에 있다. 의 4가지가 있다.

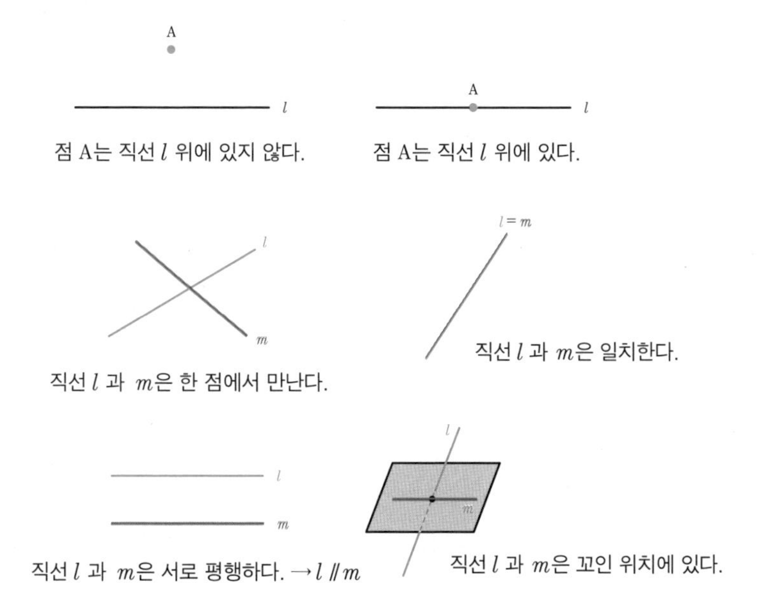

앞쪽의 설명이 다소 헷갈리거나 기억이 잘 안 날 때 이를 떠올릴 방법이 있다. 바로 정육면체를 그리면 된다. 물론 직육면체를 그려도 된다.

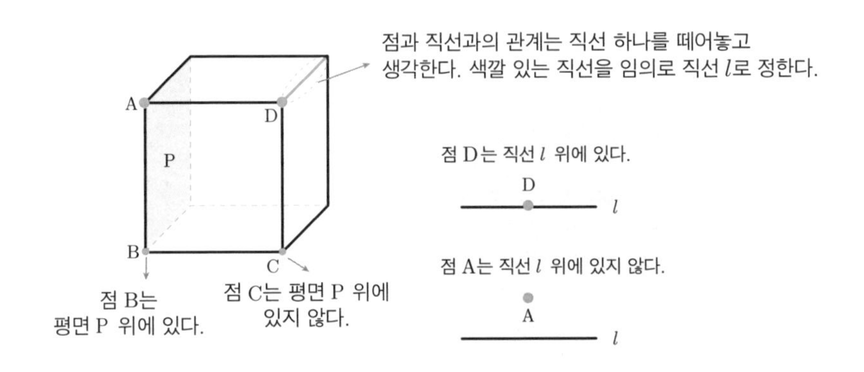

점과 직선의 위치관계, 점과 평면의 위치관계

직선 위에 있다는 말은, 한마디로 점이 위치 내에 존재한다는 것이다. 반대로 직선 위에 있지 않다는 것은 점과 직선이 떨어져 있다는 것이다. 직육면체를 그리면서 위치관계를 생각하면 더욱 쉽게 이해할 수 있을 것이다.

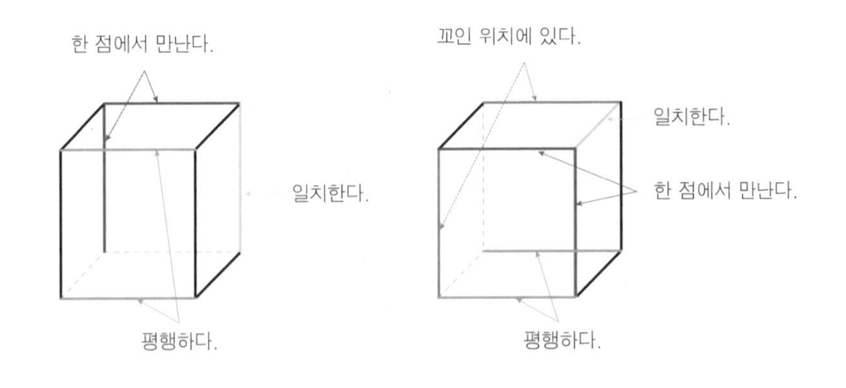

평면에서 두 직선의 위치관계

공간에서 두 직선의 위치관계

평면에서 두 직선의 위치관계와 공간에서 두 직선의 위치관계의 차이점은 꼬인 위치가 더 있다는 것이다. 꼬인 위치는 만나지도 평행하지도 않는 공간에서만 존재하는 위치관계이다.

두 점이 있으면 직선이나 선분을 만들 수 있다. 세 점이 있으면 평면이 만들어진다. 평면은 삼각형부터 만들어질 수 있는 것이다.

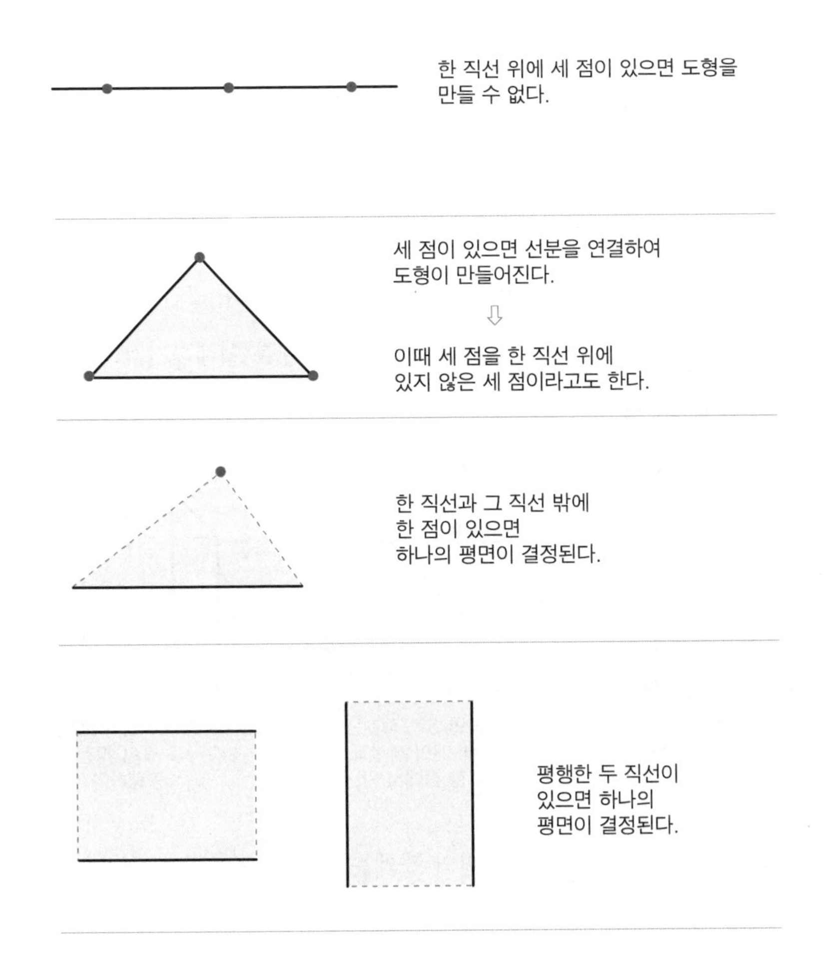

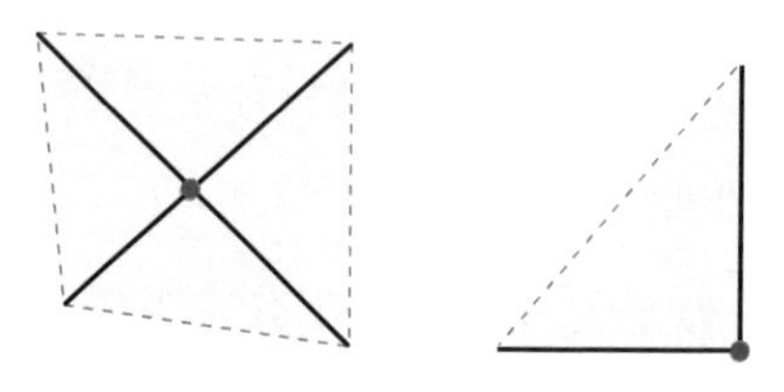

평면의 결정조건

평면이 결정되는 조건은 원리에 대한 이해이므로 지나치기 쉽지만 도형에 관한 문제를 푸는 데 필요한 만큼 중요한 부분이다.

공간에서 직선과 평면의 위치관계

이제까지 직육면체를 떠올려 공간을 생각해 보았다. 공간은 삼차원이지만 직육면체나 정육면체를 생각하면 위치관계를 이해하기가 조금 더 쉬워지기 때문이다.

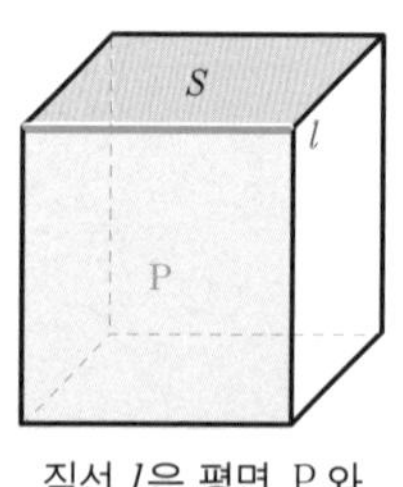

직선 l은 평면 P와 평면 S에 포함된다.

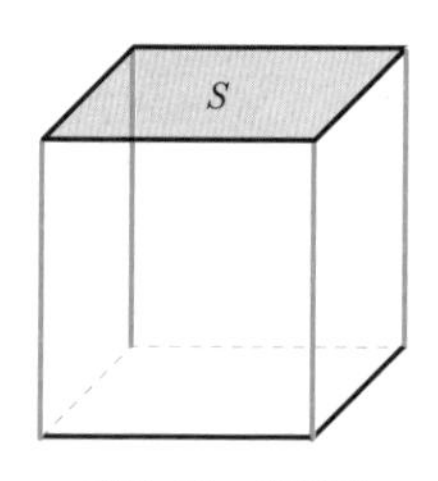

평면 S는 색칠된 네 개의 직선과 각각 한 점에서 만난다.

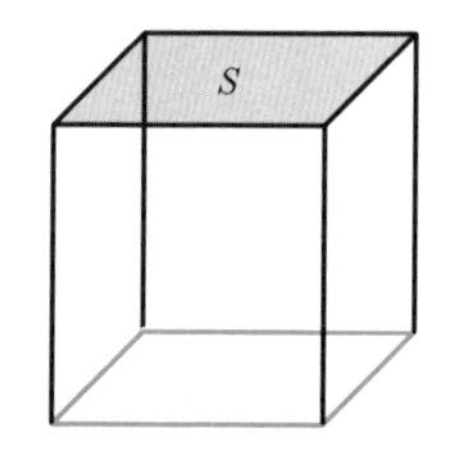

평면 S는 색칠된 네 개의 직선과 평행하다.

따라서 공간에서 직선과 평면의 관계는 평면에 포함된다, 한 점에서 만난다, 평행하다가 있다.

공간에서 평면과 평면의 위치관계

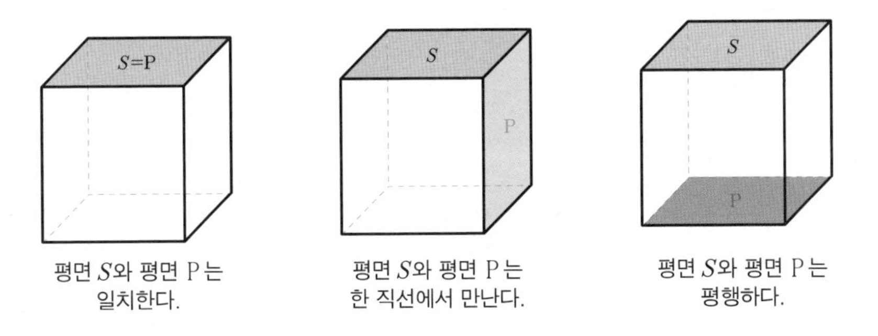

평면 S와 평면 P는 일치한다. 평면 S와 평면 P는 한 직선에서 만난다. 평면 S와 평면 P는 평행하다.

직육면체 그림을 직접 그려보면 공간에서 평면과 평면과의 관계는 위의 세 가지임을 확인할 수 있다. 가운데 그림에서 평면 S와 P가 이루는 각은 $90°$이다. 기호로는 $S \perp$ P로 나타낸다. 그리고 두 평면의 거리는 직육면체의 네 개의 굵은 선으로 나타낼 수 있지만 그림처럼 가운데 선으로 더 많이 나타낸다.

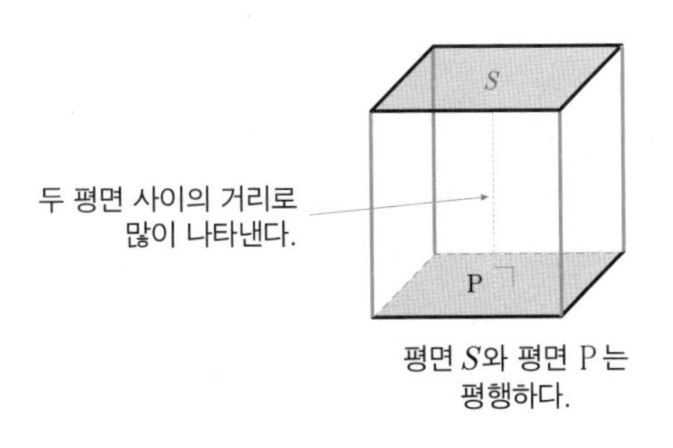

평면 S와 평면 P는 평행하다.

평면 사이의 거리는 수직일 때 가장 가까운 거리이다.

삼각형의 두 내각의 크기의 합과 한 외각의 크기

삼각형에서 두 내각의 크기의 합은 한 외각의 크기와 같다. 다음 그림을 통해 맞는지 확인해 보자.

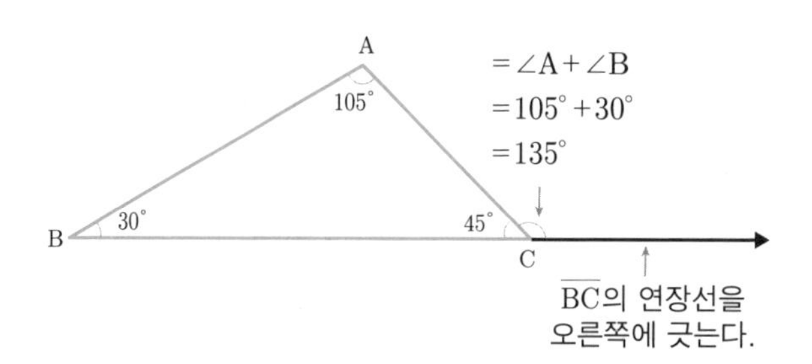

$\angle A+\angle B=135°$가 되어 $\triangle ABC$의 외각의 크기와 같음을 알 수 있다. 이것을 증명하려면 각의 크기를 숫자로 하는 것이 아니라 $\angle A$, $\angle B$, $\angle C$를 표시한 뒤 아래의 오른쪽 그림처럼 풀어준다.

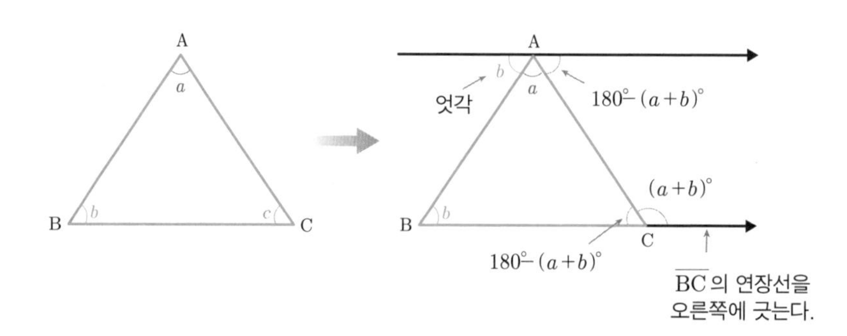

작도

작도는 눈금 없는 자와 컴퍼스만을 이용하여 도형을 그리는 것을 말한다. 작도는 고대 그리스부터 계속 연구해온 수학 분야이며 도형을 그리는 데 가장 기본적인 작업이다. 눈금 없는 자는 선분, 직선, 반직선을 잇거나 연장하는 데 쓰인다. 컴퍼스는 원을 그리는 기본 도구이지만 선분을 등분하거나 같은 길이의 직선을 옮기는 데 중요한 역할을 한다. 작도에 대해 이해하려면 직접 그려서 확인하는 것이 가장 빠르다.

1) 길이가 같은 선분의 작도

길이가 같은 선분의 작도는 자로 길이를 잴 수가 없으므로 컴퍼스의 벌린 길이를 그대로 $\overrightarrow{PS}$ 에 옮겨서 점 P를 중심으로 원을 그린다.

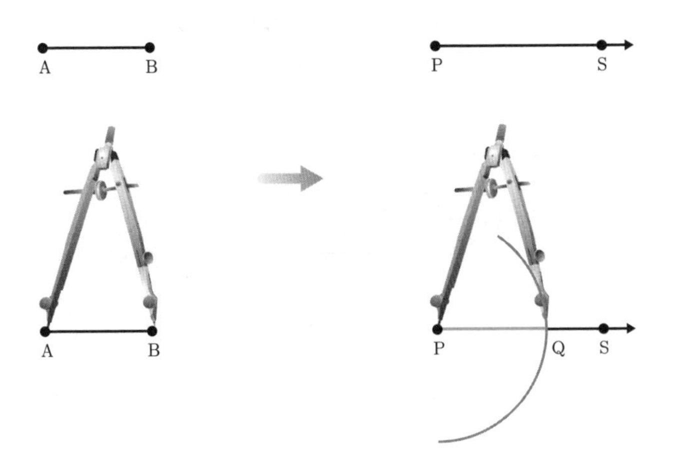

원과 $\overrightarrow{PS}$ 가 만나는 점 Q를 잡는다.

2) 각의 이등분선의 작도

각을 이등분하고 이등분하는 선을 나타내는 작도이다. 이 작도를 통해 각도가 주어지지 않아도 모든 각을 이등분할 수 있다.

① 점 O를 중심으로 원을 그려 $\overrightarrow{OA}$, $\overrightarrow{OB}$ 와 만나는 점을 각각 X, Y로 한다.

② 점 X와 Y에서 반지름의 길이가 같은 원을 그려 만나는 점을 C로 한다.

③ 점 O와 점 C를 연결하면 $\overrightarrow{OC}$ 가 ∠AOB의 이등분선이 되며 ∠AOC는 ∠BOC와 같다.

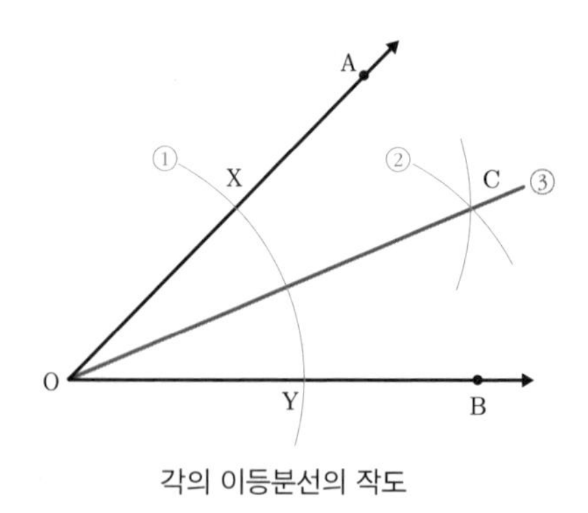

각의 이등분선의 작도

3) 선분의 수직이등분선의 작도

선분의 수직이등분선의 작도는 도형의 변을 수직으로 이등분할 때 많이 쓰인다. 선분의 수직이등분선의 작도는 다음 순서로 한다.

① 선분의 양 끝점 A와 B에 컴퍼스를 대고 원을 그리면 두 개의 교점이 생긴다. 이때 두 교점을 P, Q로 한다.
② 두 점 P와 Q를 지나는 직선을 그린다.

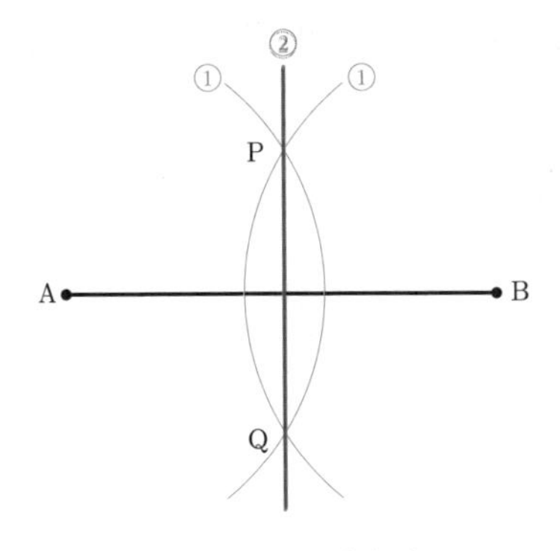

선분의 수직이등분선의 작도

선분의 수직이등분선 위에 한 점을 임의로 정하여 선분의 양 끝점을 이은 선분의 길이는 같다. 예를 들어 위의 그림에서 임의의 한 점을 P로 할 때 $\overline{AP}=\overline{BP}$가 된다.

4) 크기가 같은 각의 작도

크기가 같은 각의 작도는 각도기가 없어도 같은 각을 작도하는 것으로 다음의 순서대로 한다.

① $\angle XOY$에서 점 O에 컴퍼스를 대고 원을 그린다. 원과 $\overrightarrow{OX}$ 가 만나는 점을 P, $\overrightarrow{OY}$ 가 만나는 점을 Q로 한다. 이때 $\overline{OP}$와 $\overline{OQ}$는 반지름의 길이다.

② $\overrightarrow{OY}$ 를 연장한 선에서 점 A를 정하고 $\overline{OP}$의 길이를 반지름으로 하는 원을 그리고 $\overrightarrow{AB}$ 와 만나는 점을 C로 한다.

③ $\overline{PQ}$의 길이만큼 컴퍼스를 벌린 후 점 C를 중심으로 원을 그리면 ②와 교점이 생기는데 점 D로 한다.

④ 점 A와 D를 이은 직선을 그리면 크기가 같은 각의 작도가 완성된다.

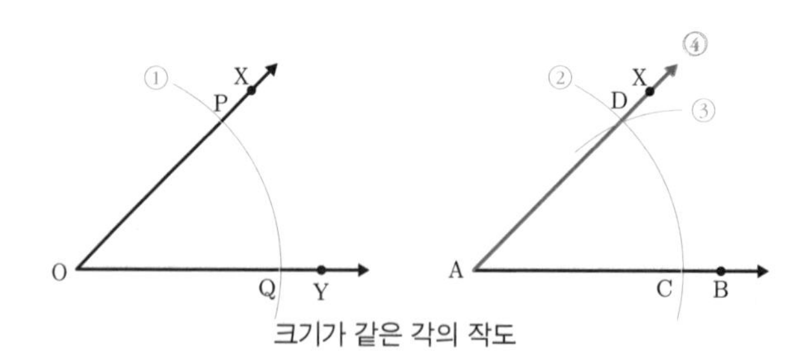

크기가 같은 각의 작도

5) 수선의 작도

수선의 작도는 다음 순서로 한다.

① $\overleftrightarrow{XY}$ 위에 점 O를 중심으로 하여 원을 그려 $\overleftrightarrow{XY}$와 만나는 두 점을 각각 A, B로 한다.

② 두 점 A, B를 중심으로 ①에서 그린 원보다 크게 그려 만난 교점을 P로 한다.

③ $\overleftrightarrow{OP}$는 $\overleftrightarrow{XY}$의 수선이 된다.

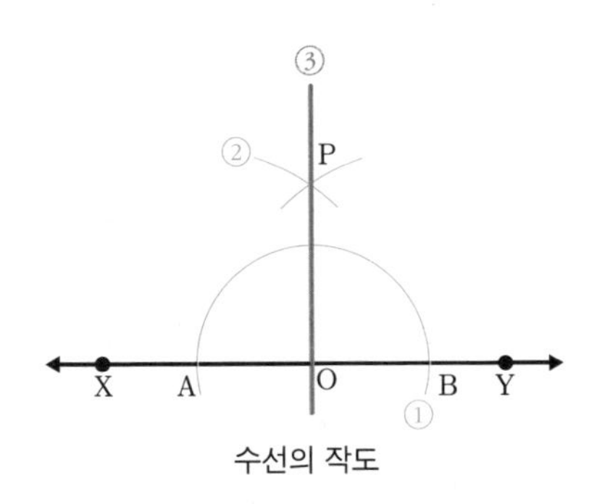

수선의 작도

수선을 작도하면 $90°$를 작도할 수 있다. 그리고 각의 이등분선의 작도로 $45°$와 $22.5°$를 할 수 있다. 보통 작도가 가능한 각은 15의 배수에 해당하는 각이다. $22.5°$는 15의 배수가 아니지만 작도가 가능한 각이다.

삼각형의 합동조건

모양과 크기가 같아서 완전히 포갤 수 있는 두 도형을 합동이라 한다. 합동은 기호 ≡로 나타내며, □ABCD와 □EFGH가 합동이면 □ABCD≡□EFGH이다.

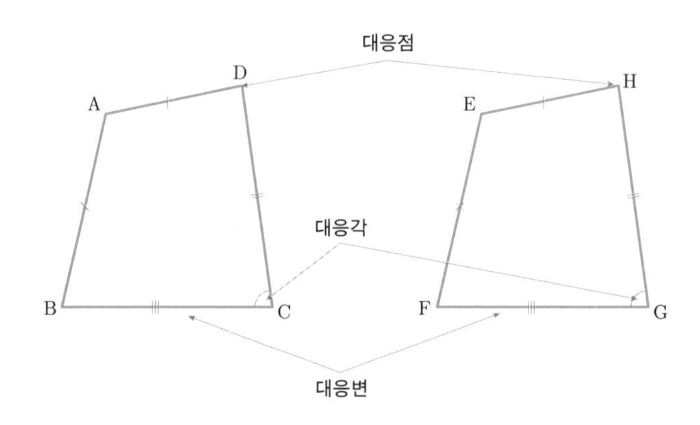

합동인 두 도형에서 서로 포개어지는 꼭짓점을 대응점, 변을 대응변, 각을 대응각이라 한다. 따라서 합동인 두 도형은 변의 길이가 같고, 대응각의 크기가 같고, 넓이가 같다.

여기서 한 가지 중요한 점이 있다. 합동이면 넓이가 같다. 위의 그림을 봐도 알 수 있다. 그러나 넓이가 같다고 합동은 아니다.

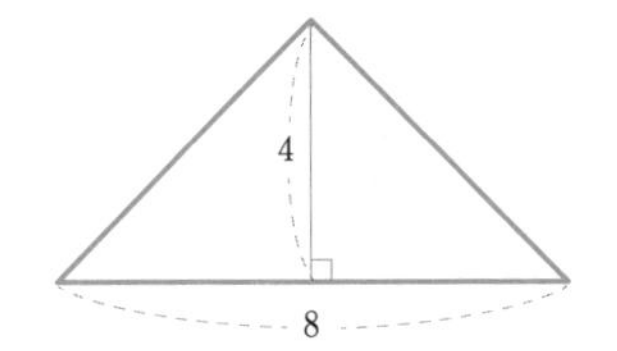

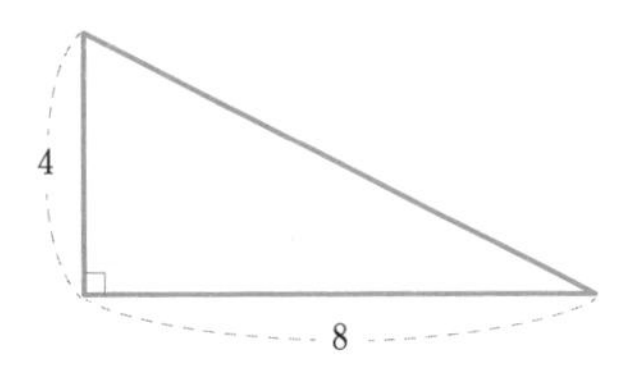

두 삼각형은 넓이가 16으로 같으나 합동은 아니다.

변은 영어로 Side이므로 수학 기호로 S를 사용한다. 각은 Angle이므로 A이다. 빗변은 Hypotenuse이므로 H를 사용한다. 삼각형의 합동조건은 세 가지가 있다.

SSS 합동조건에서 대응하는 세 변의 길이(3S)가 같은 두 삼각형은 합동이다.

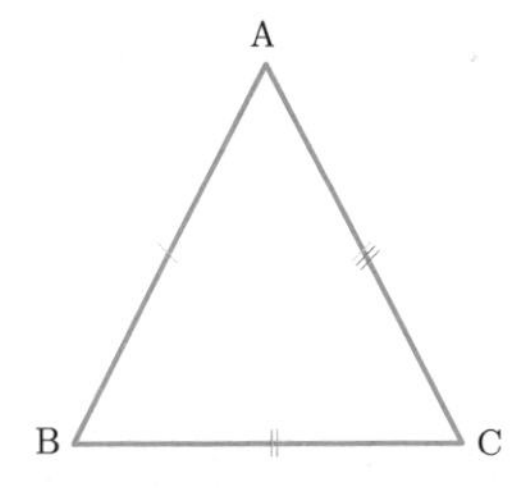

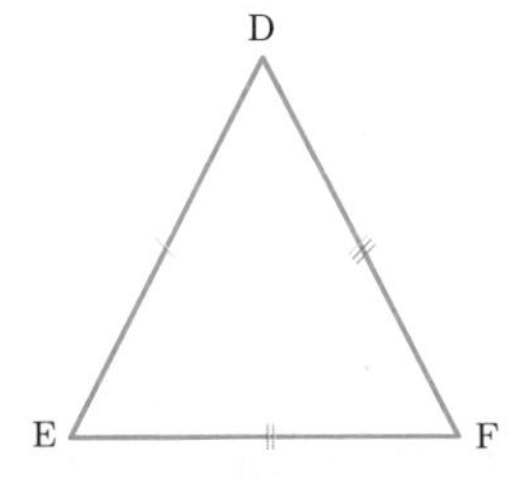

$\overline{AB}=\overline{DE}$, $\overline{BC}=\overline{EF}$, $\overline{AC}=\overline{DF}$이므로 세 변의 길이가 각각 대응한다.

SAS 합동조건에서 대응하는 두 변의 길이(2S)가 같고 끼인각의 크기(A)가 같은 두 삼각형은 합동이다.

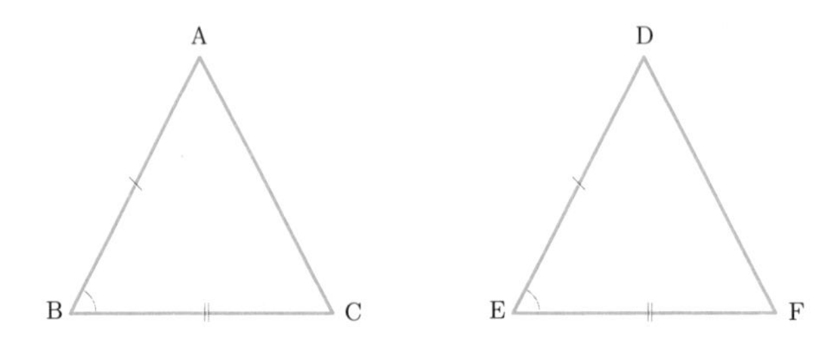

두 쌍의 변이 대응하여 $\overline{AB}=\overline{DE}$, $\overline{BC}=\overline{EF}$이 성립하며, 끼인각 $\angle B=\angle E$이다.

ASA 합동조건에서 대응하는 한 변의 길이(S)가 같고 양 끝각의 크기가 같은 두 삼각형은 합동이다.

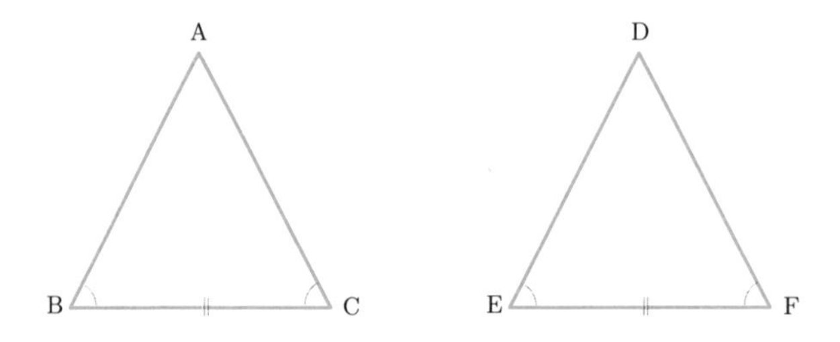

대응하는 한 변 $\overline{BC}=\overline{EF}$가 성립하며, 양 끝각 $\angle B=\angle E$, $\angle C=\angle F$이다.

평면도형

다각형

점이 두 개 이상의 선분부터는 도형으로 부른다. 그렇다면 세 개 이상의 선분으로 둘러싸인 도형은 무엇일까? 바로 다각형이다. 그리고 삼각형부터 다각형이다.

다각형을 이루는 선분을 변邊이라고 한다. 변의 개수를 n으로 할 때 n의 개수에 따라 n각형으로 부른다. 꼭짓점은 여러분이 초등학교 때부터 부른 명칭이지만 정의는 다각형을 이루는 선분의 끝점이다.

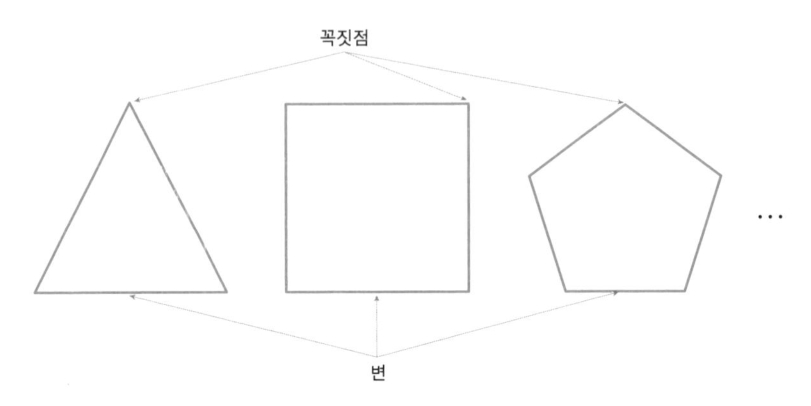

다각형에서 두 개의 이웃한 변으로 만들어진 각을 내각이라 하고, 다각형의 각 꼭짓점에서 한 변과 그 변에 이웃하는 변의 연장선이 이루는 각을 외각이라 한다. 내각과 외각의 크기의 합은 항상 180°이며, 따라서 다각형의 내각을 알면 외각을 알 수 있고, 외각을 알면 내각을 알게 되어 어떤 도형인지 알 수 있다. 다각형에서 모든 변의 길이가 같고 모든 내각의 크기가 같은 다각형을 정다각형이라 한다.

다각형의 대각선

대각선은 다각형에서 이웃하지 않는 두 꼭짓점을 연결한 선분을 말한다.

삼각형은 한 점에서 그을 수 있는 대각선이 없다. 사각형은 1개, 오각형은 2개, 육각형은 3개가 되며 n각형일 때는 $(n-3)$개이다.

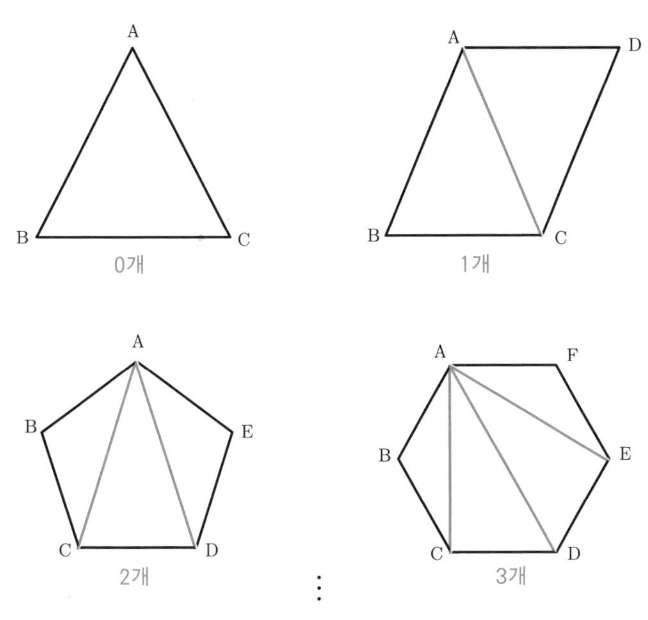

한 꼭짓점에서 그을 수 있는 대각선의 개수

그렇다면 다각형의 꼭짓점의 개수와 한 점에서 그을 수 있는 대각선의 개수를 곱하면 어떻게 될까? 식은 $n(n-3)$이다.

그런데 사각형일 때는 $n=4$를 대입하면 4개가 된다. 왜 그럴까?

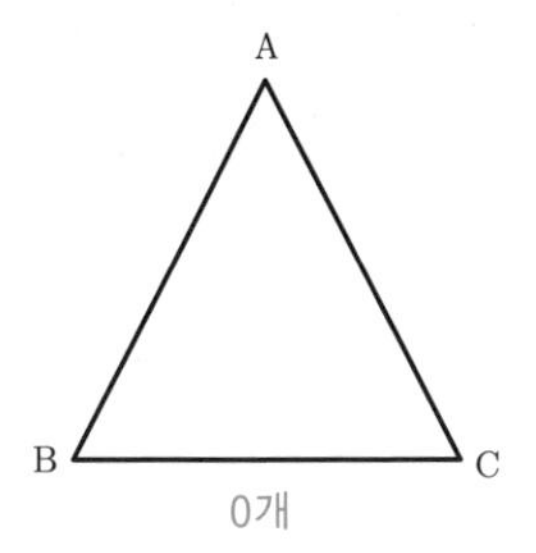

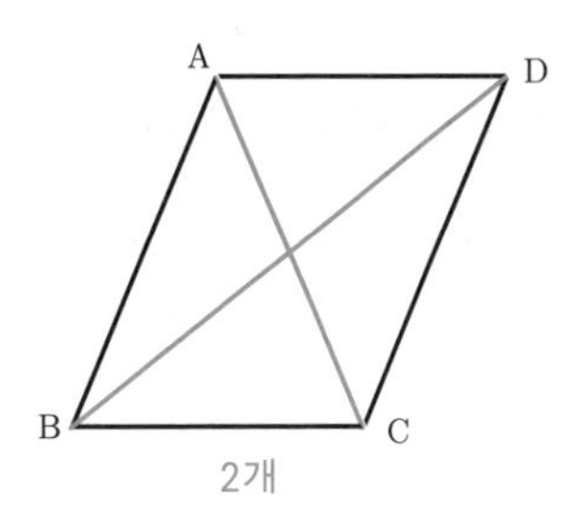

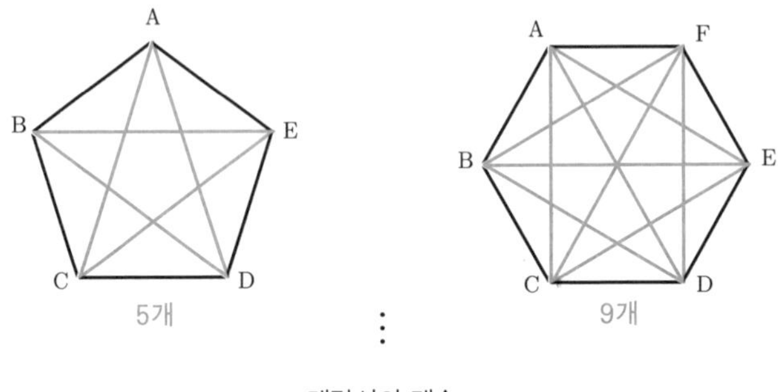

⋮

대각선의 개수

그 이유는 점 A에서 점 C에 그은 대각선과 점 C에서 점 A에 그은 대각선은 중복된 것으로 두 개가 아닌 한 개이기 때문이다. 마찬가지로 점 B와 점 D의 대각선도 한 개이므로 사각형의 대각선의 개수는 2개이다. 이에 따라 대각선의 개수 공식은 $\frac{n(n-3)}{2}$개이다. 이것은 모든 다각형에 적용되는 공식이다.

다각형의 내각과 외각

다각형의 내각에서 가장 기본 도형은 삼각형이며 세 내각의 크기의 합은 $180°$이다. 사각형은 $360°$, 오각형은 $540°$인 것을 여러분도 이미 알고 있을 것이다. 그러나 육각형부터는 조금씩 헷갈리기 시작한다. 그렇다면 다각형의 내각의 크기의 합을 공식처럼 알 수 있을까?

삼각형이 몇 개인지를 찾아보는 것으로 그 방법을 소개하려고 한다.

n각형의 한 꼭짓점에서 대각선을 그어 만들어지는 삼각형의 개수를 알아보자.

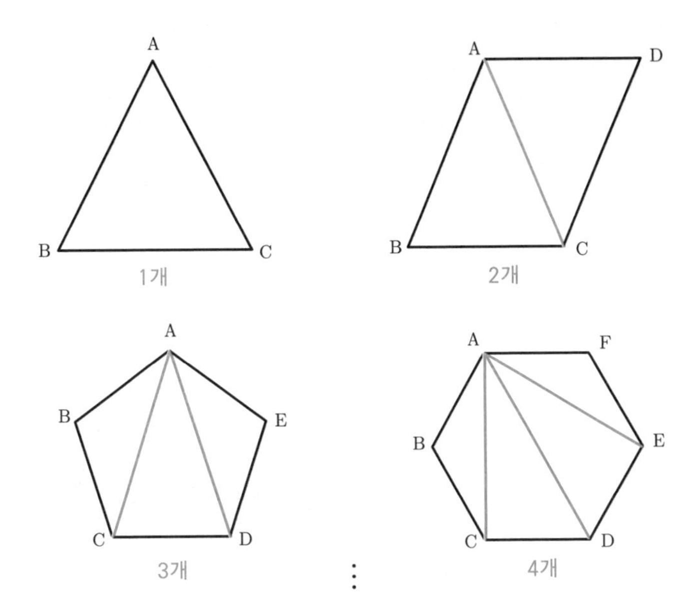

한 꼭짓점에서 대각선을 그었을 때 만들어지는 삼각형의 개수

그림처럼 한 꼭짓점에서 대각선을 그었을 때 만들어지는 삼각형의 개수는 $(n-2)$개이며 삼각형의 세 내각의 크기의 합과 곱한 $180° \times (n-2)$는 n각형의 내각의 크기의 합이 된다. 만약 여러분이 100각형의 내각이 궁금하다면 100각형을 그리기는 어렵지만 내각의 크기의 합이 $180 \times (100-2) = 17640°$라는 것은 쉽게 알 수 있다.

그리고 정100각형의 한 내각의 크기는 내각의 크기의 합을 100으로 나눈 $17640° \div 100 = 176.4°$이다.

즉 정n각형의 한 내각의 크기는 $\dfrac{180° \times (n-2)}{n}$이다.

이번에는 다각형의 외각에 대해 알아보자.

삼각형의 세 내각의 크기의 합은 180°이다. 그렇다면 삼각형의 외각을 살펴보자. 삼각형에 변을 연장하여 외각을 그리면 세 개의 외각이 만들어진다. 삼각형의 세 내각을 $\angle a$, $\angle b$, $\angle c$로 하고, 세 외각을 $\angle d$, $\angle e$, $\angle f$로 하자.

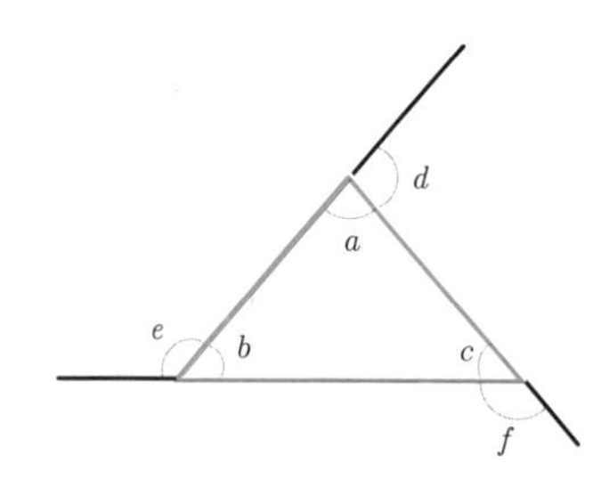

$$\angle a+\angle b+\angle c+\angle d+\angle e+\angle f$$

$\angle a+\angle b+\angle c=180^\circ$를 대입하면

$$=180^\circ+\angle d+\angle e+\angle f=540^\circ$$

$$\therefore\ \angle d+\angle e+\angle f=360^\circ$$

따라서 외각의 크기의 합은 360°인 것이 증명이 된다. 사각형, 오각형, …으로 해봐도 다각형의 외각의 크기의 합은 360°임을 증명할 수 있다. 그런데 외각은 위의 삼각형처럼 나타내야만 할까? 그렇지 않다.

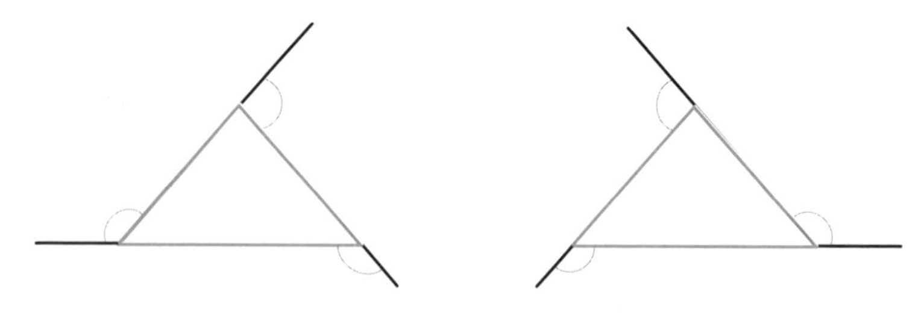

외각은 두 가지로 표시할 수 있다. 문제를 해결할 때 어느 하나를 선택해도 무관하다.

다음은 다각형의 외각형의 크기의 합이 항상 360° 임을 나타낸 그림이다. 그리고 정 n각형의 한 외각의 크기는 $\frac{360°}{n}$ 이다.

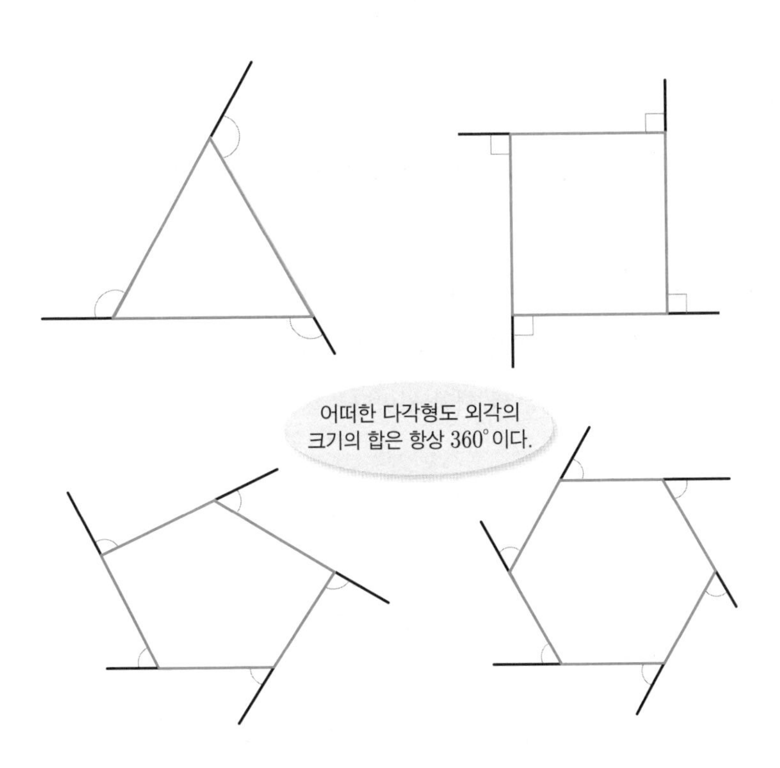

원과 부채꼴

원은 평면 위의 한 점 O에서 일정한 거리에 있는 점들의 모임을 말한다. 그렇다면 한 점에서 일정한 거리는 무엇을 의미할까? 그것은 반지름이다. 반지름의 정의는 원의 중심과 원 위의 한 점을 이은 선분이며 radius의 약자인 r로 표시한다.

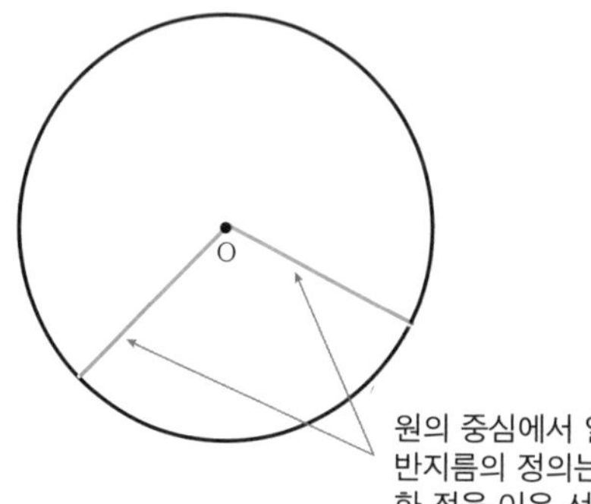

원의 중심에서 일정한 거리는 반지름이다.
반지름의 정의는 원의 중심과 원 위의
한 점을 이은 선분이다.

컴퍼스로 한 점을 고정하고 한 바퀴 돌리면 원이 만들어진다. 이는 반지름의 길이가 항상 일정하기 때문이다. 한편 부채꼴은 원의 일부분으로 따라서 부채꼴이 가장 클 때가 원이다.

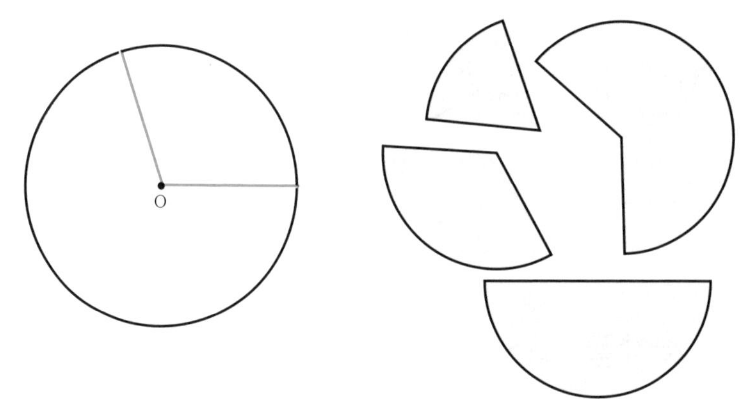

부채꼴은 원의 일부이다. 모양도 다양하다.

부채꼴의 모양은 중심각이 결정하는데 중심각이 0°에 가까우면 ▽모양에 가깝고 360°에 가까우면 ◯ 모양에 가깝다.

부채꼴 외에 원을 통해 생기는 도형으로는 활꼴이 있다. 활꼴도 원의 일부분이다.

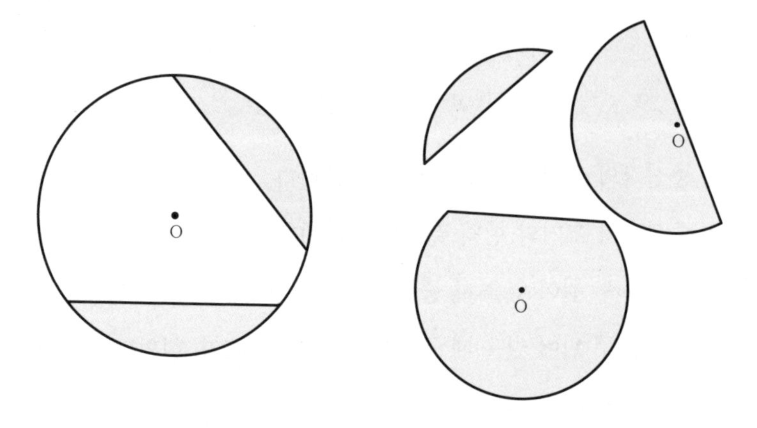

원 안에 부채꼴과 활꼴을 나타내면 부채꼴과 활꼴에서 곡선 모양의 부분이 보인다.

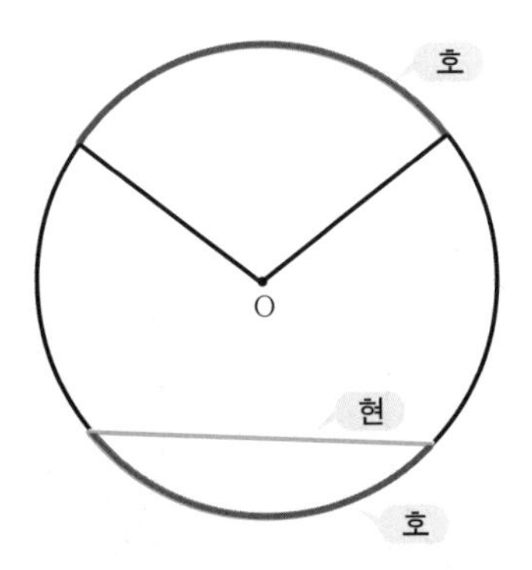

원 위의 두 점을 양 끝점으로 하는 원의 일부분을 호라고 한다. 호는 그림과 같다. 그리고 원 위의 두 점을 이은 선분은 현이다. 호와 현의 차이점은 곡선과 직선이며, 한 활꼴에 호와 현이 있을 때 현은 호보다 길이가 짧다. 부채꼴에서 반지름과 반지름이 이루는 각은 중심각이라고 한다. 이제부터 중심각의 크기와 호의 길이, 현의 길이의 특성을 알아보자.

(1) 중심각의 크기와 호의 길이는 비례한다.
(2) 중심각의 크기와 현의 길이는 비례하지 않는다.
(3) 합동인 두 원이 있을 때 중심각의 크기가 같으면 호의 길이가 같다.
(4) 합동인 두 원이 있을 때 중심각의 크기가 같으면 현의 길이가 같다.

네 가지 특성 중에서 조금 헷갈리는 것이 있다면 (1), (2)번이다. (1)번은 중심각의 크기가 커질수록 호의 길이가 비례하여 길어진다는 의미이다.

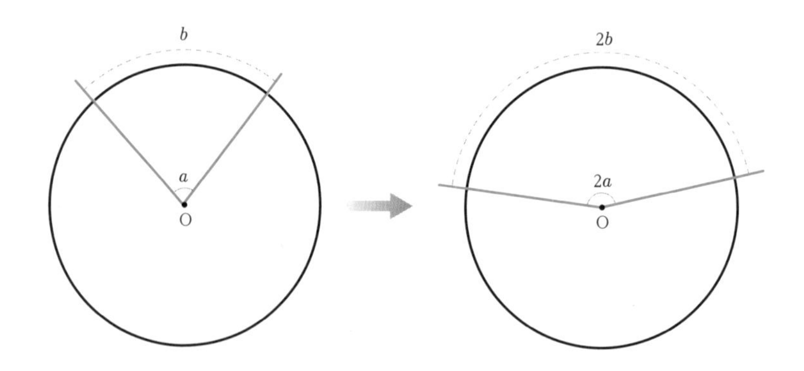

중심각의 크기가 $\angle a$에서 $2\angle a$로 두 배 늘어나면 호의 길이 역시 b에서 $2b$로 두 배가 늘어나게 된다. 이는 몇 배를 늘려도 마찬가지이다.

(2)번은 중심각의 크기가 커지면 현의 길이가 비례관계로 커지지 않는다는 것을 의미한다.

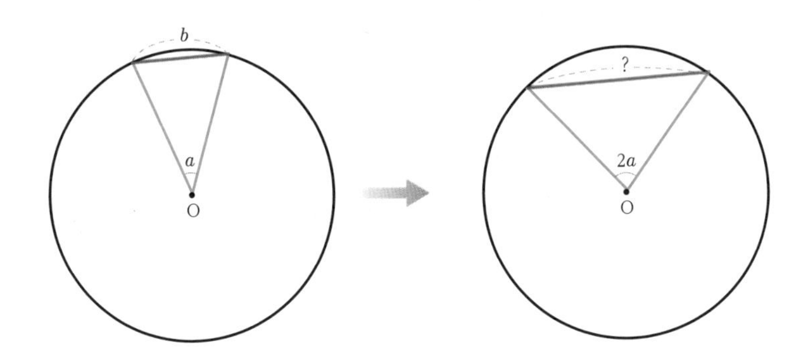

중심각의 크기가 $\angle a$에서 $2\angle a$로 커지더라도 현의 길이는 b에서 $2b$로 늘지 않는다. 또한 지금은 길이를 알 수 없으므로 구할 수 없다.

(3), (4)번은 한 원에서 합동인 부채꼴 두 개를 그린 후 비교하면 금방 이해할 수 있다.

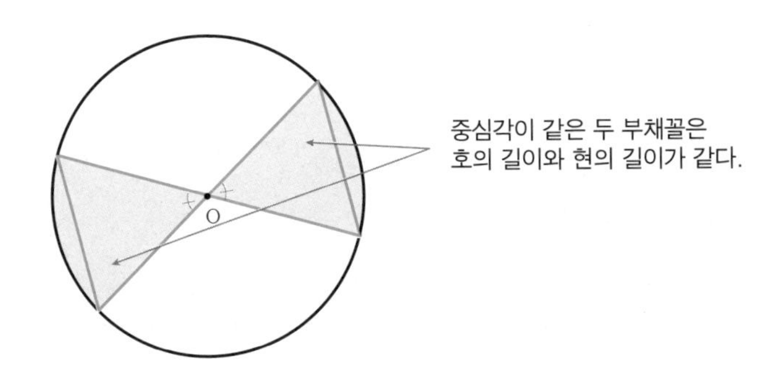

원 안에 삼각형부터 다양한 도형을 접하게 그리면 다음과 같다.

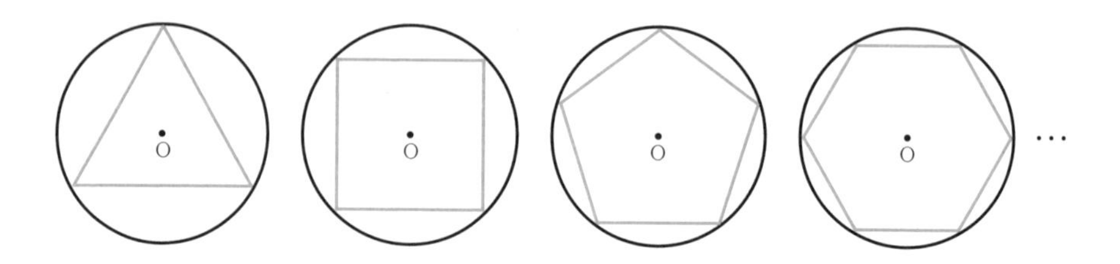

각의 개수가 많을수록 다각형은 원에 가까워짐을 알 수 있다. 그리고 한 내각의 크기는 점점 작아진다. 이처럼 다각형은 원에 대한 접근을 원활히 할 때 필요한 것이다.

원주와 원의 넓이

원주는 원의 둘레이다. 원주=지름×원주율로, 공식은 $l=2\pi r$이다. 초등학교 때는 원주를 지름×3.14로 나타냈지만 중학교부터는 $l=2\pi r$이다. 원주율은 반올림하면 3.14이지만 중학교 수학에서 3.14는 문자로 π가 된다.

반지름×반지름×3.14였던 원의 넓이는 이제 $r\times r\times \pi=\pi r^2$으로 나타낸다.

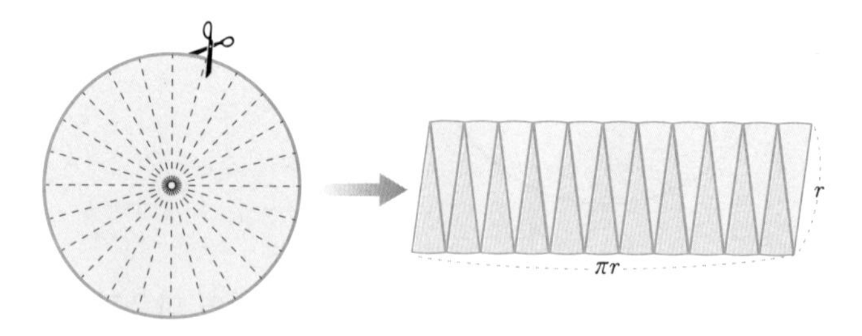

원을 매우 작은 부채꼴로 나눈 후 가위로 반지름을 잘라 늘어놓는다.

$$l=2\pi r$$
$$S=\pi r^2$$

부채꼴의 호의 길이와 넓이

부채꼴의 중심각 크기를 x로 하면, 부채꼴의 호의 길이는 원주 $\times\frac{x}{360}=2\pi r\times\frac{x}{360}$ 이다. 원주에서 차지하는 비율만큼 곱한 것이다. 부채꼴의 넓이도 원의 넓이$\times\frac{x}{360}=\pi r^2\times\frac{x}{360}$ 이다.

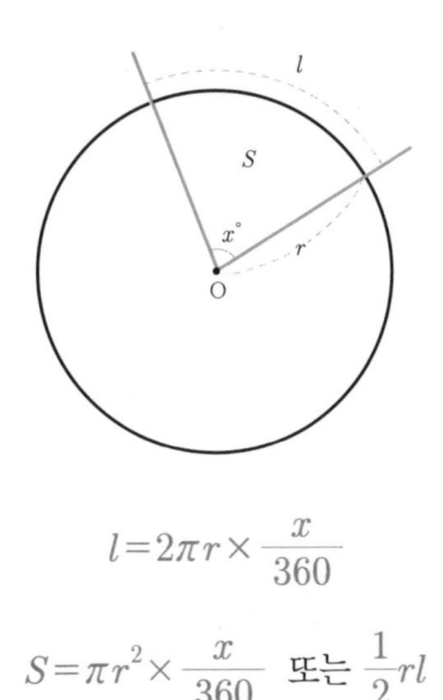

$$l=2\pi r\times\frac{x}{360}$$
$$S=\pi r^2\times\frac{x}{360}\ \text{또는}\ \frac{1}{2}rl$$

원과 직선의 위치관계

원의 중심에서 직선 l까지의 거리는 distance의 약자인 d로 표기한다. 원과 직선은 세 가지의 위치관계를 가진다. 첫 번째 관계는 원과 직선이 한 점에서 접한다. 차바퀴가 도로에 정지할 때를 떠올리면 이해가 될 것이다.

직선 l은 원의 접선이 된다. 원이 직선과 접한다는 것은 한 점에서 만난다는 것이다. 그리고 중요한 것은 원의 중심 O와 직선 l이 한 점에서 만나면 수직을 이룬다는 것이다.

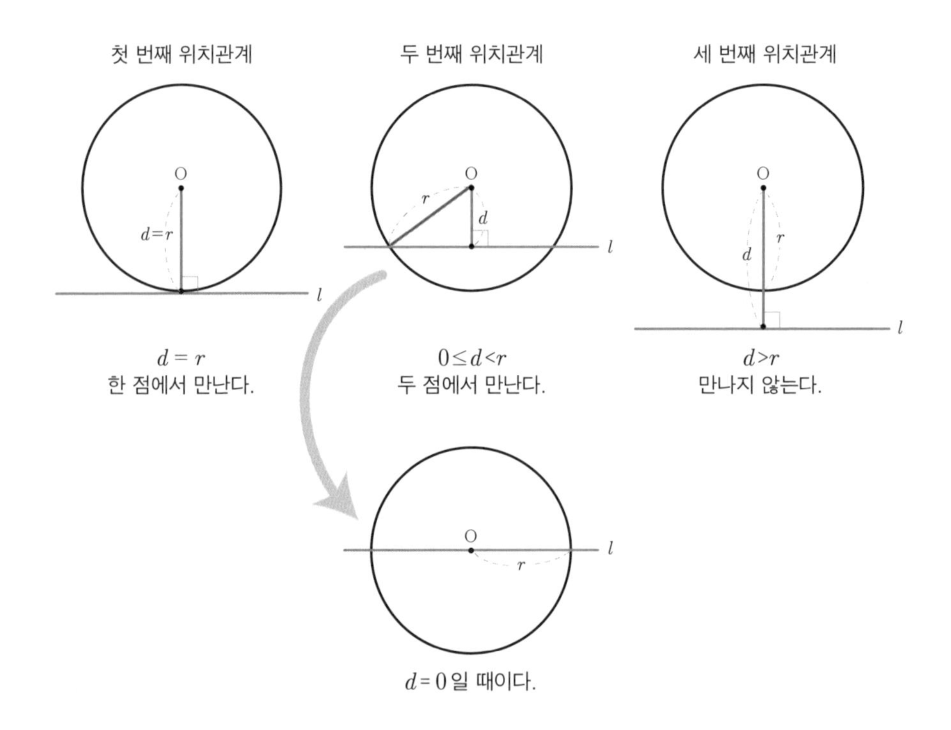

두 번째 위치관계는 원과 직선이 두 점에서 만날 때이다. 이를 '두 점에서 만난다'라고 한다. 이때 직선 l을 할선割線이라 한다. 할선은 원을 자르는 선이다. 세 번째 위치관계는 만나지 않는다이다. 원과 직선이 떨어져 있기 때문에 접점도 없고 d가 r보다 크다.

두 원의 위치관계

반지름이 다른 두 원의 반지름은 r과 r'로 각각 나타낼 수 있다. 물론 a, b로 나타내어도 무관하다. 두 원의 중심도 O와 O′로 나타낸다.

두 원의 위치관계는 다섯 가지가 있다.

(1)에서 (3)까지는 두 원이 한 점 혹은 두 점에서 만날 때이다. (4)는 한 원이 다른 원 내부에 있다. (5)는 서로 떨어져 있을 때이다.

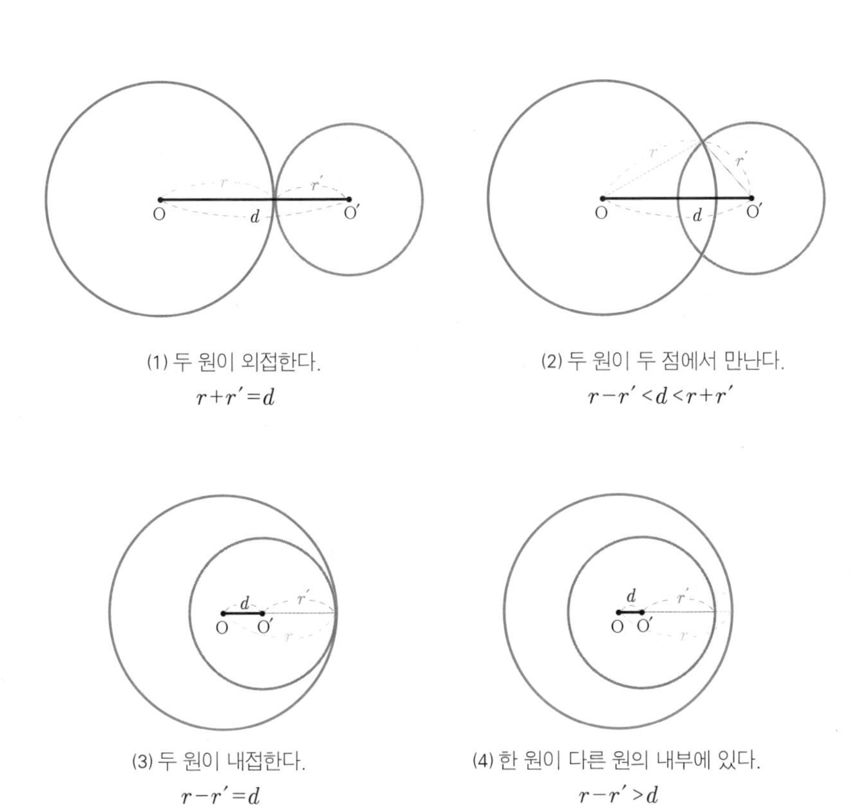

(1) 두 원이 외접한다.
$r+r'=d$

(2) 두 원이 두 점에서 만난다.
$r-r'<d<r+r'$

(3) 두 원이 내접한다.
$r-r'=d$

(4) 한 원이 다른 원의 내부에 있다.
$r-r'>d$

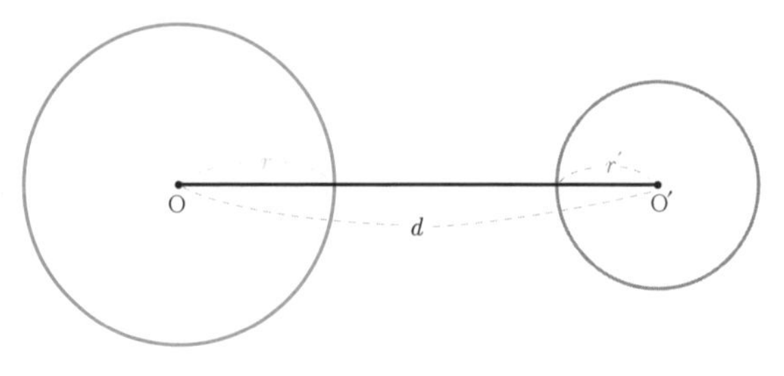

(5) 한 원이 다른 원의 외부에 있다.
$r+r'<d$

(2)는 그림처럼 어렵지는 않지만 d에 관한 범위를 부등호로 나타낼 때는 어렵게 느껴질 수 있다. $r-r'<d<r+r'$ 는 원의 중심거리는 두 원의 반지름의 차보다 크고 합보다 작다고 생각하면 된다. 그래서 범위를 항상 기억해야 한다. (4)는 그림을 보면 $r-r'>d$인데 종종 틀리는 경우가 있다. 그림을 잘못 그려 그럴 수도 있으므로 자세히 보길 바란다.

(1)에서 (4)번은 두 개의 혹성이나 세포가 충돌해서 접하다 안으로 들어가는 것으로 가정해 볼 수도 있다. (5)는 두 혹성이나 두 세포가 떨어져 있다고 생각해보면 이해가 쉬울 것이다.

그런데 (2)에서 하나 더 알아두어야 할 것이 있다. 공통현과 중심선에 대한 것이다.

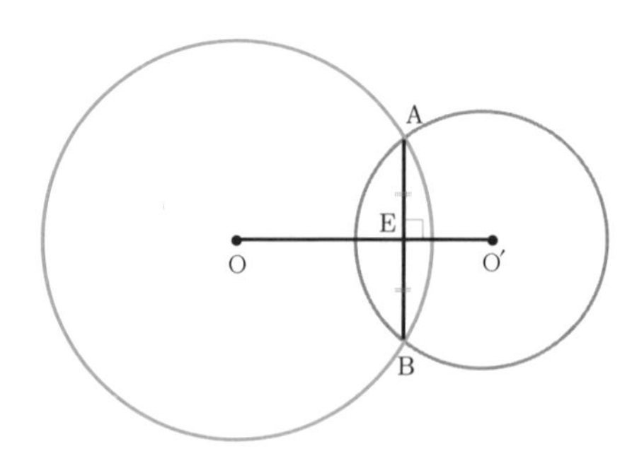

$\overline{AB}$는 공통현이고, $\overline{OO'}$은 중심선인데, $\overline{AB} \perp \overline{OO'}$이고, $\overline{AE} = \overline{BE}$이다.

공통접선

공통접선은 두 원에 동시에 접하는 접선을 말한다. 그림을 그리면 공통접선을 한 번에 알 수 있다.

두 원에서 보여지는 다섯 가지 공통접선은 다음과 같다.

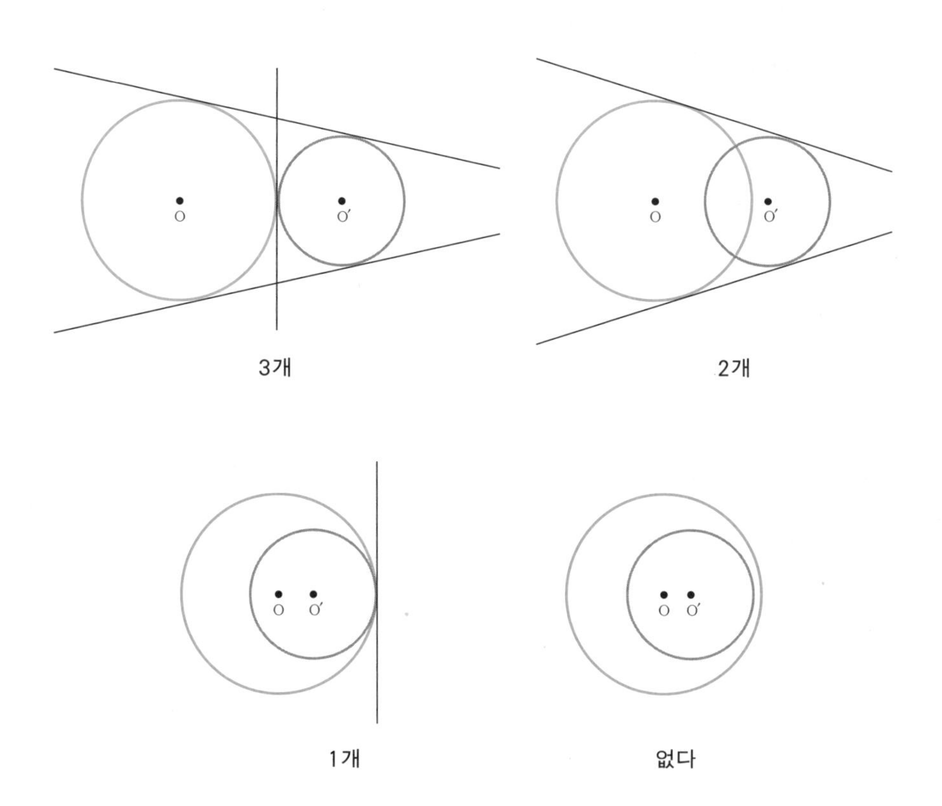

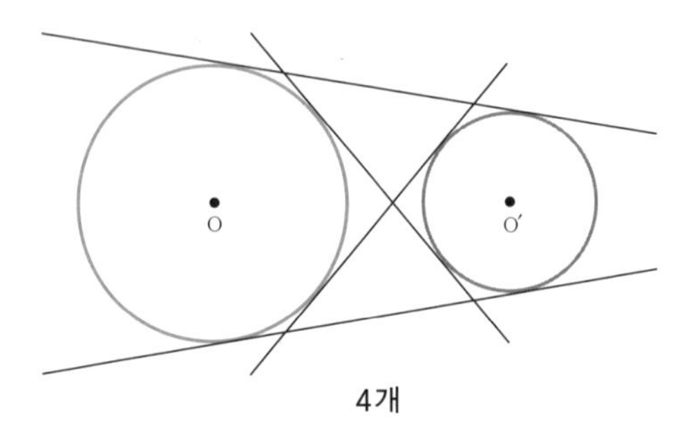

4개

공통접선이 없을 때부터 4개를 가질 때까지 다섯 가지 예가 있다. 공통접선은 두 개 원의 위치관계에 대해 파악한 후 그림으로 접선을 그리며 확인한다.

입체도형

이제까지 평면도형에 대해 알아보았다. 지금부터는 입체도형에 대해 알아볼 것이다. 초등학교 때 이미 입체도형을 배웠지만 입체도형의 명칭과 넓이, 부피 구하는 공식은 문자식으로 나타내어 어려운 부분도 있었을 것이다. 이 단원에서는 입체도형을 조금 더 자세히 알아볼 예정이다. 입체도형은 항상 겨냥도와 전개도를 생각하면서 문제를 풀면 빠르게 해결할 수 있다.

다면체

다면체는 다각형으로 이루어진 면으로 둘러싸인 입체도형이다. 때문에 어떠한 방향으로 보아도 다각형이어야 한다. 따라서 둘러싸인 면에 원이 있다면 다면체가 아니다.

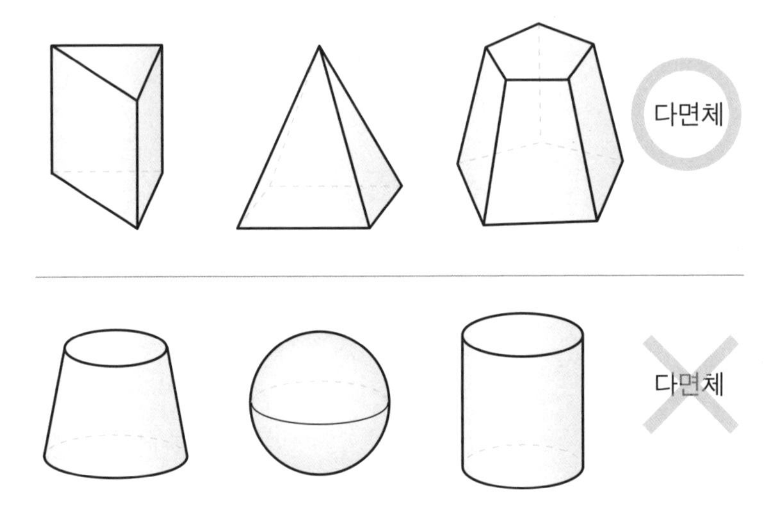

다면체는 이미 알고 있는 각기둥과 각뿔, 각뿔대를 생각하면 된다.

1) 각기둥

각기둥은 두 밑면이 합동인 다각형으로, 평행하고 옆면이 모두 직사각형인 다면체를 말한다. 따라서 원기둥은 여기에 해당되지 않는다.

2) 각뿔

각뿔은 밑면이 다각형이고 옆면이 모두 삼각형인 다면체이다. 그런데 원뿔은 각뿔에 해당되지 않는다. 이유는 두 가지인데 밑면은 다각형이 아닌 원이고 옆면도 삼각형이 아닌 곡면이기 때문이다.

3) 각뿔대

각뿔을 밑면에 평행인 평면으로 자를 때 생기는 입체도형 중에서 각뿔이 아닌 쪽의 다면체를 말한다. 그리고 원뿔대는 각뿔대가 아니다.

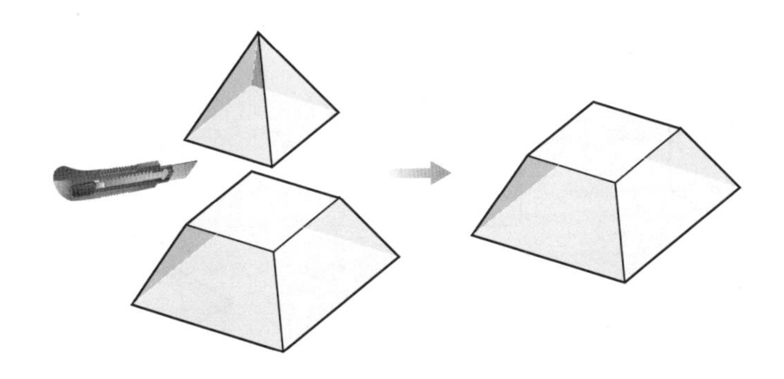

정다면체

정다면체는 각 면이 모두 합동인 정다각형이고 각 꼭짓점에 모인 면의 개수가 같은 다면체이다. 정다면체는 정사면체, 정육면체, 정팔면체, 정십이면체, 정이십면체로 다섯 가지가 있다.

정삼각뿔로도 불리는 정사면체는 학 알 모양을 연상케 한다. 정육면체는 정사각기둥으로도 불리며 주사위를 생각하면 된다. 정팔면체는 정사각뿔이 두 개 합쳐진 모양이다. 정십이면체는 축구공 모양에 가까운 모양이다. 정이십면체는 정다면체 중에서 가장 면이 많다.

이 다섯 개의 정다면체는 항상 기억해야 하며 특히 정십이면체와 정이십면체는 헷갈리는 부분이 많으니 평소 전개도나 겨냥도에 관심을 가져두면 좋다.

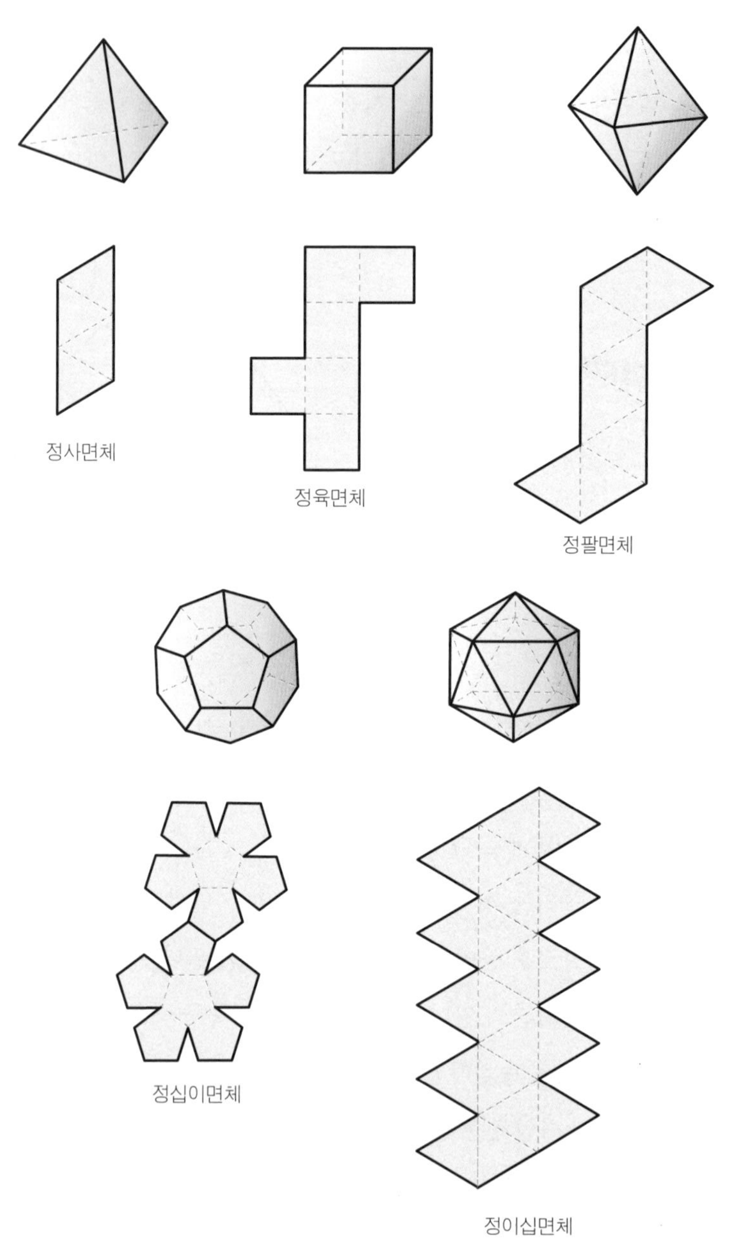

정다면체와 전개도

정다면체의 다른 전개도도 소개한다.

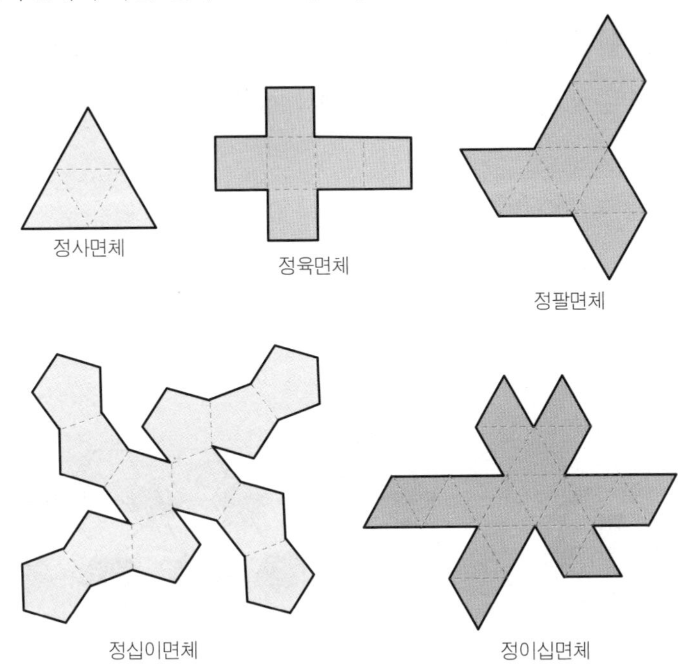

다섯 개의 정다면체의 꼭짓점, 모서리, 면의 개수를 도표로 나타내면 다음과 같다.

	정사면체	정육면체	정팔면체	정십이면체	정이십면체
면의 모양	정삼각형	정사각형	정삼각형	정오각형	정삼각형
한 꼭짓점에 모이는 면의 개수	3	3	4	3	5
면의 개수	4	6	8	12	20
꼭짓점의 개수	4	8	6	20	12
모서리의 개수	6	12	12	30	30

혼동하기 쉬운 부분

정십이면체와 정이십면체는 꼭짓점의 개수가 각각 20개와 12개이다. 정이십면체가 면이 가장 많아서 꼭짓점의 개수도 정십이면체보다 많다고 생각할 수 있는데 사실은 그 반대이다. 따라서 꼭 기억하기 바란다.

축구공의 전개도

축구공은 정오각형 12개와 정육각형 20개가 모인 다면체이기 때문에 정다면체가 아니다.

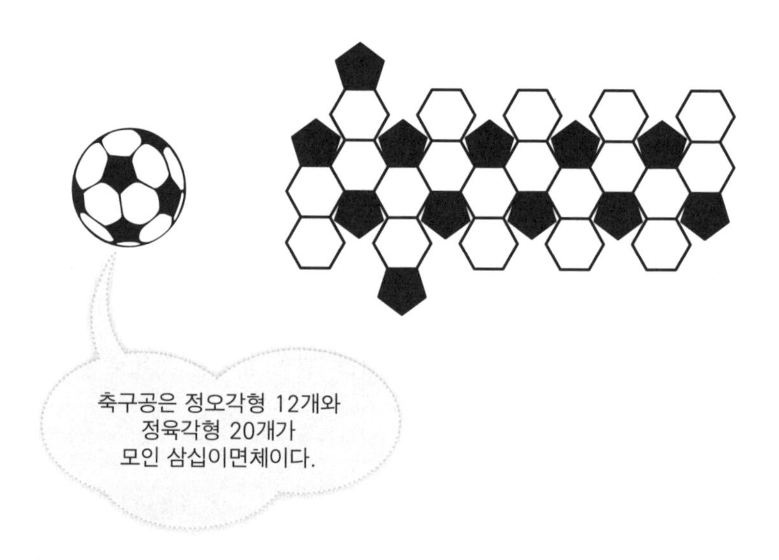

삼십이면체인 것이다. 전개도를 보면 세 개의 면이 만나서 한 개의 꼭짓점을 이루므로 입체도형으로 만들면 꼭짓점의 개수는 $(5\times12+6\times20)\div3=60$개이다. 전개도를 완성하여 입체도형을 만들면 두 개의 변이 하나의 모서리로 만들어지므로 모서리의 개수는 $(5\times12+6\times20)\div2=90$개이다.

회전체

회전체는 한 직선을 축으로 해서 평면도형을 회전했을 때 생기는 입체도형을 말한다. 회전은 한 번만 해도 회전체가 만들어진다. 직각삼각형을 회전축으로 하여 회전하면 다음과 같다.

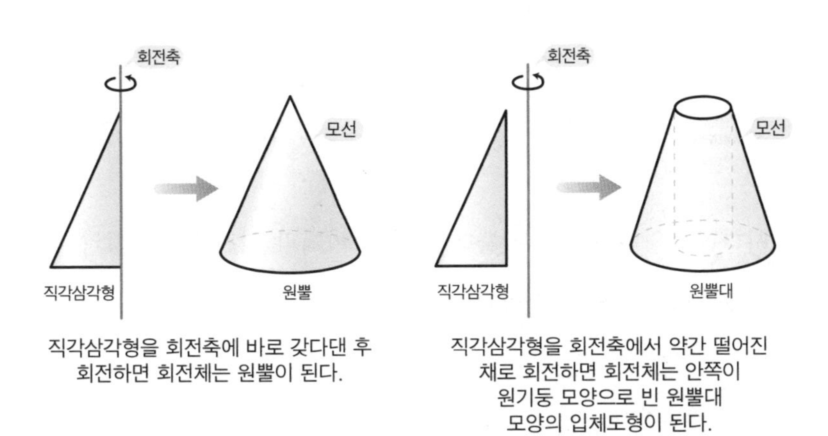

직각삼각형을 회전축에 바로 갖다댄 후 회전하면 회전체는 원뿔이 된다.

직각삼각형을 회전축에서 약간 떨어진 채로 회전하면 회전체는 안쪽이 원기둥 모양으로 빈 원뿔대 모양의 입체도형이 된다.

회전축과 떨어져 회전을 하면 떨어진 거리에 따라 회전체의 모양이 다르다.

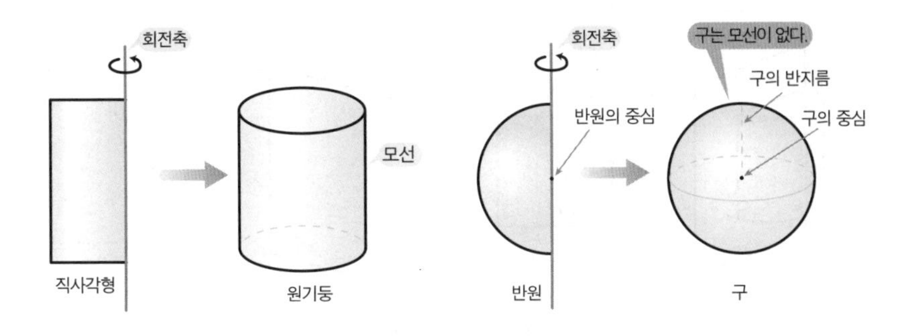

앞쪽의 그림처럼 직사각형을 회전하면 원기둥이 되고, 반원을 회전하면 구가 된다. 이때 구는 모선이 없다는 것을 기억해야 한다. 모선은 직선이어야 하는데 구에서는 직선을 찾을 수 없다.

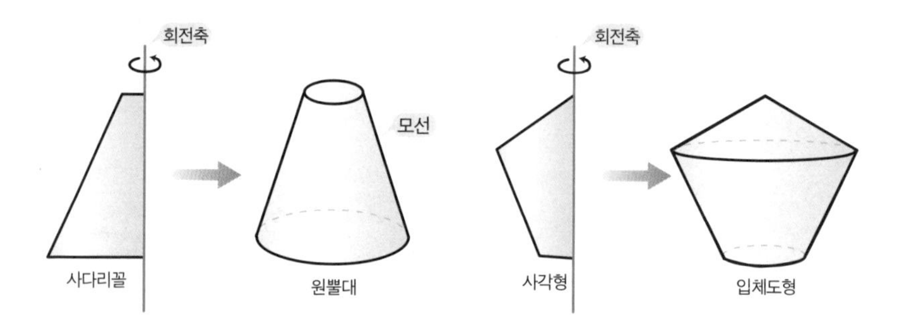

사다리꼴을 회전하면 원뿔대가 된다. 마지막 회전체는 도형의 이름이 없다. 다만 팽이 모양에 가깝다는 것만을 알 수 있다.

회전체의 단면

회전체의 단면은 회전축을 품은 평면으로 자를 때와 회전축에 수직인 평면으로 자를 때의 두 가지가 있다. 그리고 비스듬히 자른 단면도 포함한다.

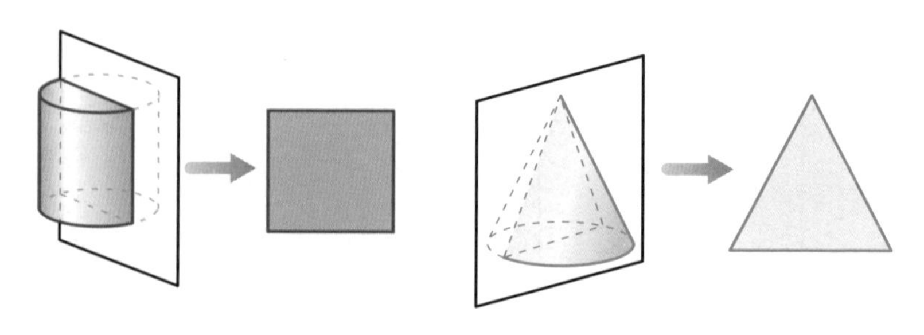

회전축을 품은 평면으로 자른 단면

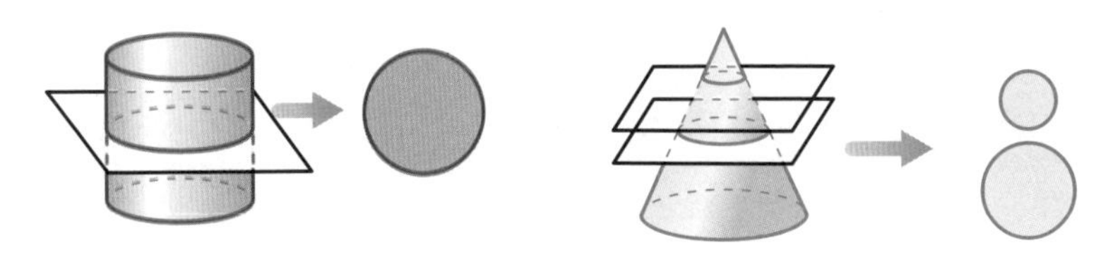

회전축에 수직인 평면으로 자른 단면

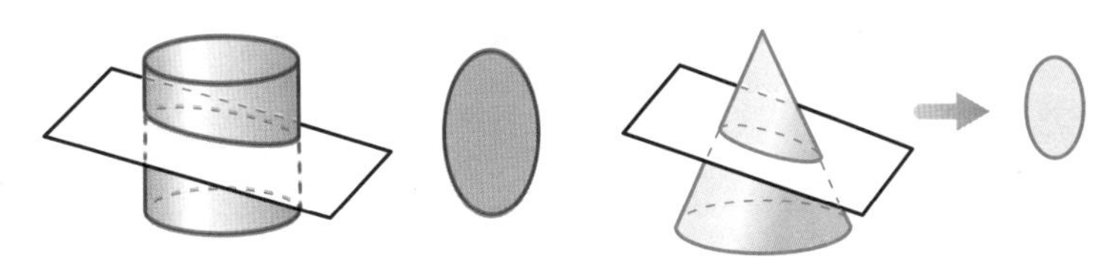

비스듬히 자른 단면

그렇다면 회전축을 품은 평면으로 자르거나 회전축에 수직인 평면으로 잘라도 항상 원인 입체도형이 있을까? 심지어 비스듬히 잘라도 항상 원인 입체도형이 있을까? 그것은 구이다.

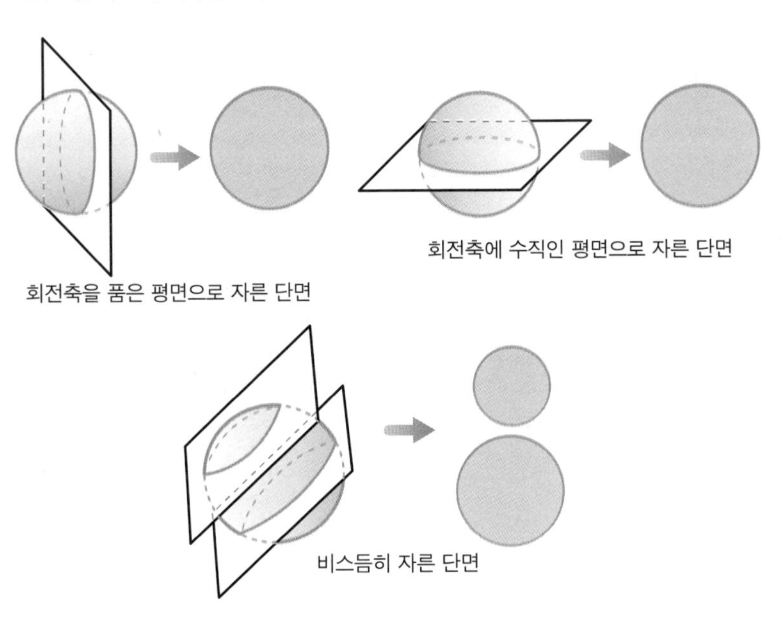

회전축에 수직인 평면으로 자른 단면

회전축을 품은 평면으로 자른 단면

비스듬히 자른 단면

구는 어떠한 방향으로 잘라도 항상 원이며 자른 단면의 크기만 다르다.

회전체의 전개도

전개도는 입체도형을 펼쳤을 때 평면에 나타낸 그림을 말한다. 회전체의 전개도는 회전체로 완성된 입체도형을 평면에 펼쳐 보인 그림이다.

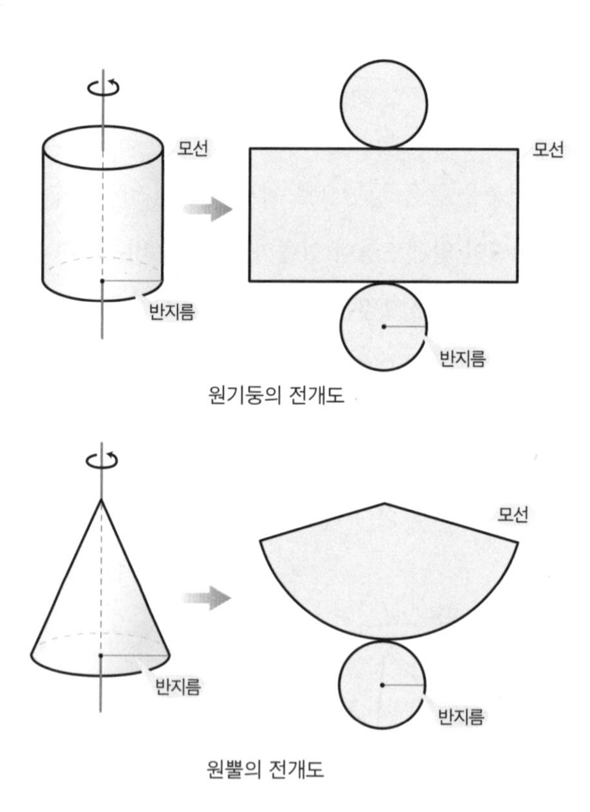

원기둥의 전개도

원뿔의 전개도

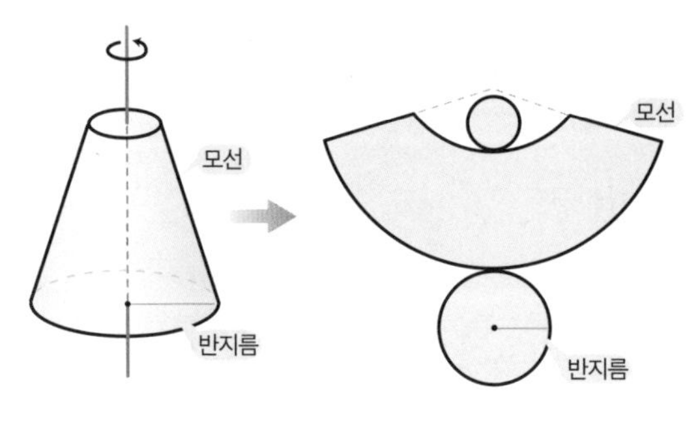

원뿔대의 전개도

위의 세 전개도 중에서 원뿔대의 전개도는 쉽게 이해하기엔 복잡해 보일 수도 있다. 원뿔대는 두 밑면의 크기가 다르므로 전개도를 그릴 때 주의해야 한다.

그렇다면 구의 전개도는 어떨까? 러시아의 수학자 로바쳅스키Nikolai Lobachevsky, 1792~1856가 구의 전개도에 관해 증명했다.

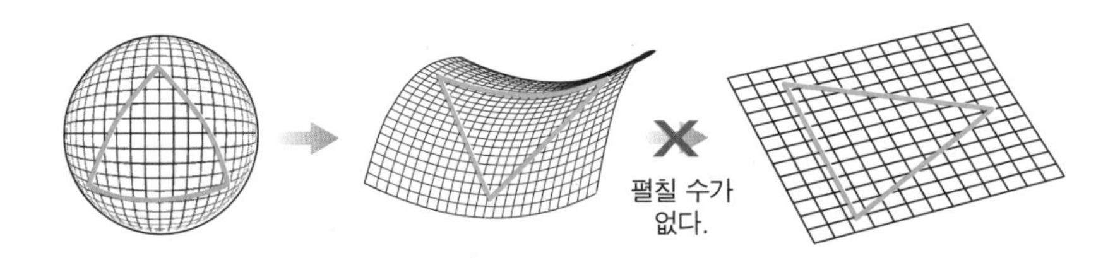

구의 모든 면은 평면이 아닌 곡면이고 일부분을 떼어 내어도 곡면이므로 펼쳐지지가 않는다. 따라서 전개도는 없다. 타구도 지구에 가까운 모양이지만 실제로 전개도는 없다. 귤 껍질을 여러 등분으로 나누어서 다시 붙이는 실험을 통해서 전개도를 다시 귤 모양으로 만들지 못한다는 것이 증명되었다. 이는 귤 껍질이 곡면이기 때문에 불가능하다. 즉 전개도는 평면으로 표현될 때 가능하다.

겉넓이와 부피

겉넓이

겉넓이는 S로 표기하며 각 입체도형의 겉넓이는 밑면의 넓이에 옆면의 넓이를 더하면 된다. 먼저 삼각기둥의 겉넓이를 구해 보자.

삼각기둥의 겨냥도와 전개도를 나타낸 그림을 보면,

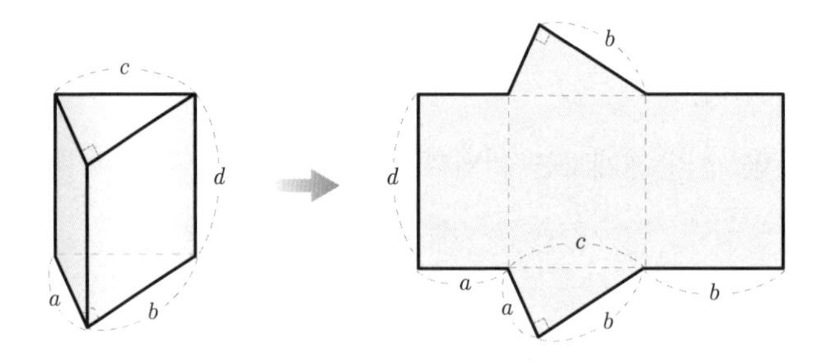

밑면이 2개이고 옆면이 3개이다. 그렇다면 여기서,

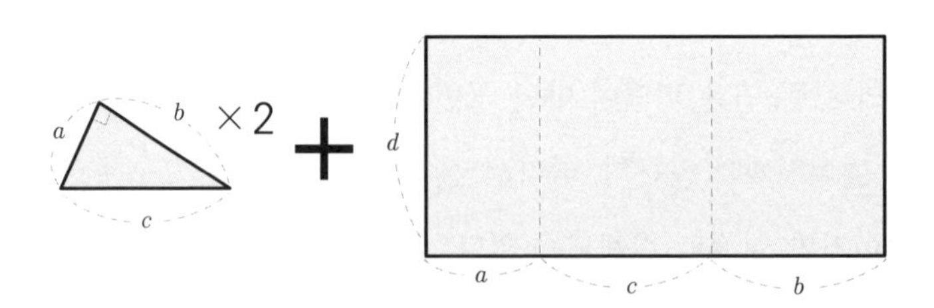

$$S=\frac{1}{2}ab\times 2+(a+c+b)\times d$$

→ 두 밑면의 넓이

→ 옆면의 넓이
따로 더해서 $ad+cd+bd$로
계산해도 된다.

각기둥의 겉넓이를 구하는 공식이 특별히 있는 것이 아니라 두 밑면의 넓이와 옆면의 넓이를 더한 것임을 알 수 있다.

이번에는 원기둥의 겉넓이를 보자.

원기둥의 겉넓이도 두 밑면의 넓이에 옆넓이를 더한 것이 된다. 단 밑면이 원이라는 것만 다르다.

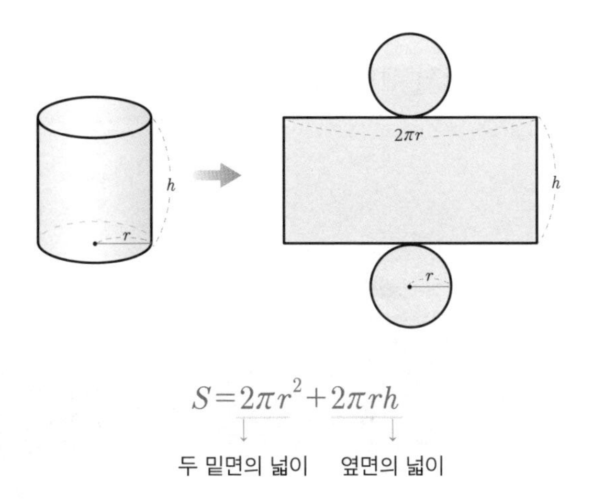

$$S=2\pi r^2+2\pi rh$$

↓ 두 밑면의 넓이 ↓ 옆면의 넓이

그리고 각기둥의 옆넓이와 달리 옆면은 나누어서 계산할 필요도 없다. 각뿔의 겉넓이도 전개도를 그리면 밑면만 모양이 다를 뿐 옆면은 삼각형으로 되어 있어서 구하기가 어렵지 않다. 원뿔의 겉넓이는 전개도를 통해 푸는 대표적인 예가 된다.

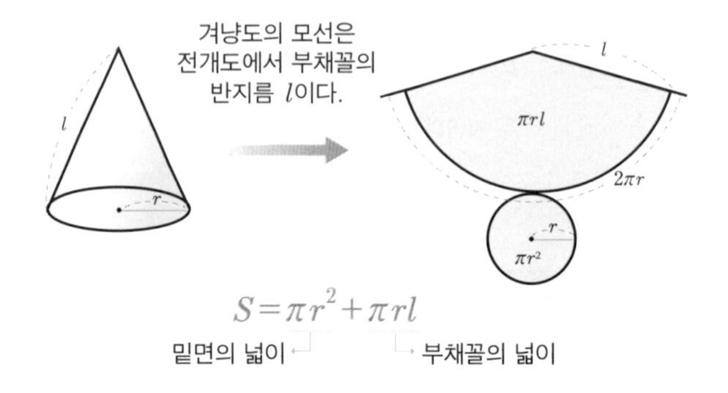

구의 겉넓이는 공식을 증명하는 방법이 여러 가지가 있지만 어렵다. 좀더 쉽게 이해하길 원한다면 반구가 두 개를 합하면 구가 되는 원리를 생각한다. 반지름이 r인 반구 두 개가 모기향처럼 합해지면 반지름이 $2r$인 원이 된다고 보면 된다. 팽이 줄을 풀어놓은 것으로 생각해도 된다.

$$S=4\pi r^2$$

따라서 반지름이 $2r$인 원이 된다고 가정하고 평면이 되면 $S=4\pi r^2$이다. 아르키메데스Archimedes, 기원전 287?~212는 논문 〈구와 원기둥에 대하여〉에서 구의 가장 큰 원의 넓이의 4배가 구의 겉넓이임을 증명했다.

부피

부피는 입체도형이 차지하는 공간의 크기이다. 따라서 평면도형은 넓이를 가지며 입체도형은 차지하는 크기를 측정하기 위해 부피를 구한다. 부피는 겉넓이와 달리 구하는 공식이 간단하다. 게다가 전개도를 그리지 않고도 겨냥도로 쉽게 구할 수도 있다.

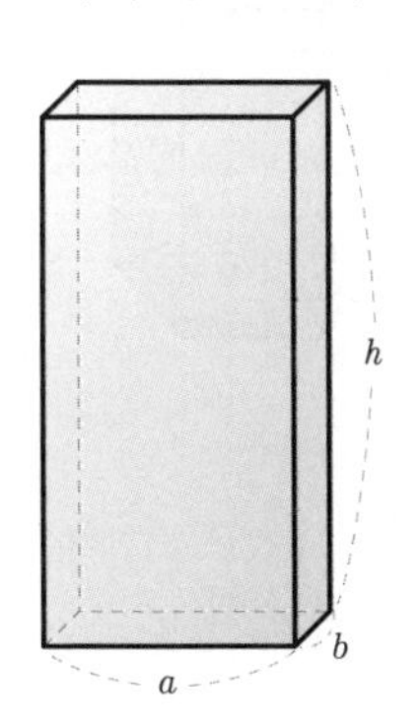

각기둥 중 사각기둥을 살펴보자. 사각기둥의 부피는 밑면의 넓이×높이이다. 부피는 기호로 V를 사용한다.

$$V=abh=Sh$$

원기둥의 부피도 밑면의 넓이×높이이다. 각기둥과 원기둥의 부피를 구할 때 밑면의 넓이에 높이를 곱하는 것은 높이가 수직이고 일정하기 때문이다. 그래서 밑면의 넓이와 일정한 높이를 곱해서 부피를 구하는 것이다.

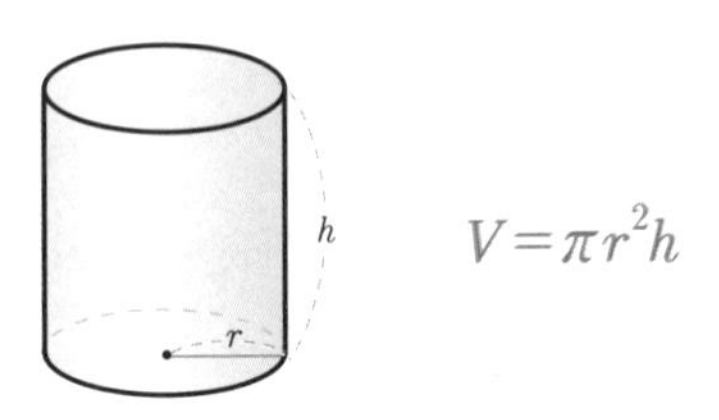

이번에는 각뿔의 부피를 구해 보자. 각뿔은 각기둥의 부피의 $\frac{1}{3}$이다. 각뿔이 세 개 모이면 각기둥이 된다. 이것은 대단히 중요한 사항인데 원뿔도 세 개 모이면 원기둥이 되는 이치가 같기 때문이다.

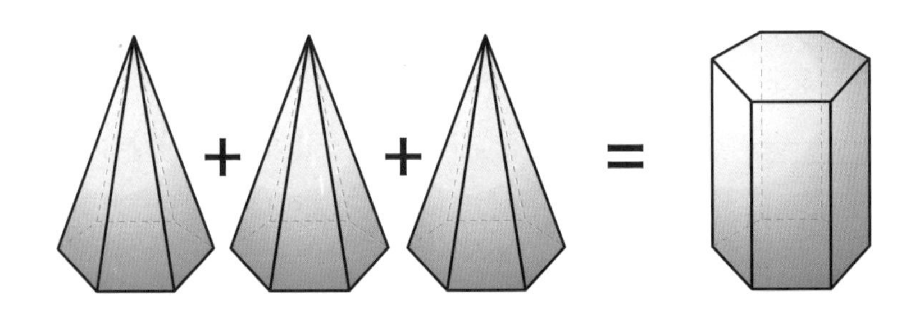

따라서 각기둥의 부피 $V=\frac{1}{3}Sh$이다. 원기둥의 부피도 $V=\frac{1}{3}\pi r^2h$이다. 과학 실험에서 원뿔 모양의 플라스크에 물을 담아 원기둥 모양의 비커에 세 번 부으면 부피가 같은 것을 확인할 수도 있다.

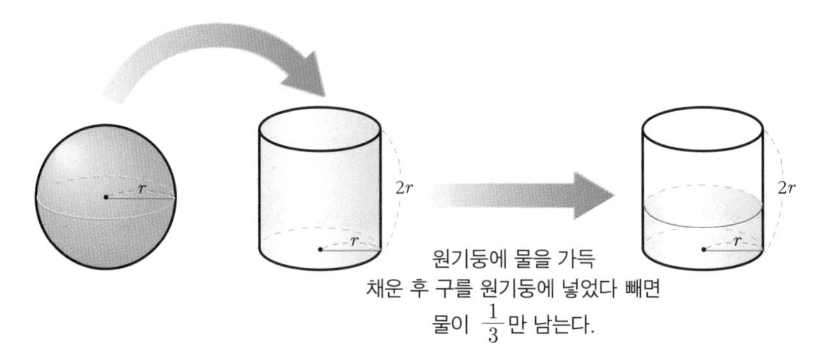

원기둥에서 빠져나간 물의 부피 $V=\pi r^2 \times 2r \times \frac{2}{3}=\frac{4}{3}\pi r^3$

구의 부피는 $\frac{4}{3}\pi r^3$이다. 이것으로 반지름이 r인 구를, 반지름이 r이고 높이가 $2r$인 원기둥에 넣었다 빼면 물이 $\frac{1}{3}$만 남는 것을 알 수 있다. 그러면 원기둥의 $\frac{2}{3}$에 해당하는 물의 양이 구의 부피이다.

지식 up 톡톡

오일러의 다면체 정리

다면체는 꼭짓점의 개수에서 모서리의 개수를 빼고 면의 개수를 더하면 2가 된다!

스위스의 수학자이자 과학자인 오일러 Leonhard Euler, 1707~1783는 도형에 대한 연구 중에 꼭짓점의 개수(v), 모서리의 개수(e), 면의 개수(f)에 대한 재미있는 사실을 증명하게 되었다. 그리고 그것은 하나의 정리이자 업적이 되었다.

$$v-e+f=2$$

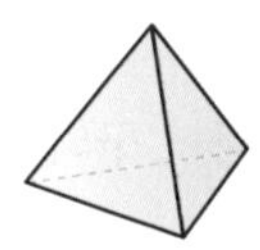
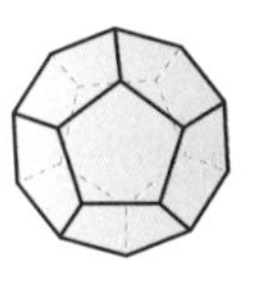
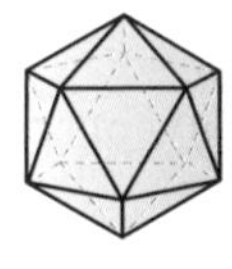
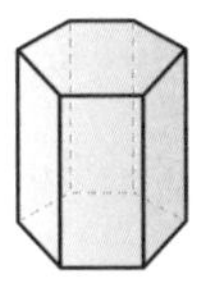

	사각뿔	정십이면체	정이십면체	육각기둥
꼭짓점(v)의 개수	4	20	12	12
−	−	−	−	−
모서리(e)의 개수	6	30	30	18
+	+	+	+	+
면(f)의 개수	4	12	20	8
‖	‖	‖	‖	‖
2	2	2	2	2

오일러의 다면체 정리는 위의 다면체 외에도 꼭짓점과 모서리, 면의 개수의 관계가 공식대로 성립된다는 것을 파악함으로서 도형에 대한 연구가 더욱 진일보하게 되었다. 물론 예외는 있다. 다면체 안에 구멍이 난 모양의 다면체는 성립되지 않는다.

통계

줄기와 잎그림

줄기와 잎을 이용해 자료를 나타낸 그림을 줄기와 잎그림이라 한다. 아래 표는 어느 초등학교 계절학기 영어학급 학생들의 키를 조사한 통계적 자료이다.

132	141	138	154	150
146	140	135	152	149

(단위는 cm)

보다시피 통계적 자료에서 순서가 뒤죽박죽으로 변량이 놓여 있다. 변량은 자료를 수량으로 나타낸 것이며 위의 통계적 자료에서 132, 141,⋯, 149로 나타낸 10개의 자료를 말한다. 변량은 키, 몸무게, 거리, 밀도 등 수치로 정확히 나타낼 수 있는 것이어야 한다. 그리고 혈액형은 변량이 될 수 없다. 왜냐하면 A형, B형, O형, AB형은 수치로 구분한 것이 아니기 때문이다.

그리고 눈으로 보았을 때, 통계적 자료로는 분포 상태를 알 수 없다. 게다가 변량을 순서없이 나열한 것에 지나지 않아서 통계적 분석에 어려움이 많다. 정리해서 일목요연하게 표로 나타낼 필요가 있다. 줄기는 자료들의 공통된 부분이고 잎은 줄기의 나머지 부분이다. 줄기는 13, 14, 15로 나타내며 백의 자릿수와 십의 자릿수가 된다. 잎은 일의 자릿수가 된다. 그러면 아래처럼 표로 나타낼 수 있다.

줄기	잎			
13	2	5	8	
14	0	1	6	9
15	0	2	4	

이처럼 줄기와 잎그림은 자료의 정확한 값을 파악할 수 있다. 자료의 분포상태도 알 수 있다. 그리고 잎의 수는 변량의 수가 된다. 130cm대에 속하는 학생은 132, 135, 138의 3명이 되는 것이다. 140cm대는 4명, 150cm대는 3명이 되는 것을 알 수 있다.

통계적 자료가 다음처럼 구성되어 있으면 어떻게 줄기와 잎그림으로 나타낼 수 있을까?

132	141	132	154	152
146	140	135	152	149

(단위는 cm)

변량이 132인 학생이 두 명이고, 152인 학생도 마찬가지이다. 그렇지만 132와 152인 두 학생은 서로 다른 사람이기 때문에 잎에는 한 번씩 더 써주면 된다.

줄기	잎
13	2 2 5
14	0 1 6 9
15	2 2 4

그러나 변량이 100명, 1000명으로 크게 늘어난다면 줄기와 잎그림으로는 나타내는데 한계가 있다. 이러한 단점을 해결하기 위해서는 도수분포표가 필요하다.

도수분포표

어느 중학교에서 통학시간을 조사했다. 집에서 학교까지의 거리가 각각 다르므로 통학시간이 다른 것은 당연하다. 조사에 참여한 학생은 총 30명이며 통학시간 단위는 분分으로 했다. 다음 표는 그에 따른 도수분포표이다.

통학시간(분)	학생 수(명)
0 이상~10 미만	5
10 이상~20 미만	5
20 이상~30 미만	4
30 이상~40 미만	6
40 이상~50 미만	7
50 이상~60 미만	3
합계	30

통학시간이 5분이면 0분 이상 10분 미만에 속한다. 통학시간이 37분이면 30분 이상 40분 미만에 속한다.

0분 이상 10분 미만에서 0과 10은 양 끝값이다. 도수는 각 계급에 들어 있는 자료의 수를 말하는데 여기에서는 학생 수를 나타내는 5, 5, 4, 6, 7, 3이다.

그리고 0분 이상 10분 미만, 10분 이상 20분 미만, …, 50분 이상 60분 미만은 계급이라 한다. 계급은 변량을 일정한 간격으로 나눈 구간이다. 0분 이상 10분 미만, 10분 이상 20분 미만, …, 50분 이상 60분 미만을 보면 10분의 차이가 나는 것을 알 수 있다.

이 구간의 너비를 계급의 크기라 하며, 0분 이상 10분 미만의 중간값인 5분, 10분 이상 20분 미만의 중간값인 15분, …, 50분 이상 60분 미만의 중간값인 55분을 계급값이라 한다.

계급값을 쓸 때는 도수분포표에 넣은 것을 제외하고는 꼭 단위를 쓰며, 생략일 때는 '5(분)'처럼 단위에 괄호를 붙인다.

히스토그램

도수분포표의 각 계급의 양 끝값을 가로축에 표시하고, 그 계급의 도수를 세로축에 표시하여 직사각형으로 나타낸 그래프를 히스토그램이라 한다. 히스토그램은 막대그래프를 이어붙인 형태이다.

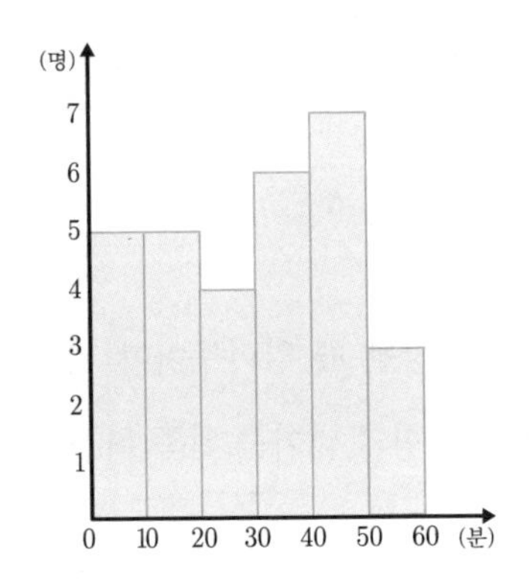

도수분포표를 보고 히스토그램을 그릴 때 가로축은 차례대로 각 계급의 양 끝값을, 세로축은 도수를 나타낸다. 각 계급의 크기를 가로로, 도수를 세로로 하는 직사각형을 그리면 히스토그램은 완성된다.

히스토그램의 특성은, 각 계급에 해당하는 직사각형의 넓이는 도수에 정비례하는 것인데 직사각형의 넓이의 합은 (각 계급의 크기)×(그 계급의 도수)의 합이다.

도수분포다각형

히스토그램의 각 직사각형의 윗변의 중점을 차례로 선분으로 연결하여 그린 다각형 모양의 그래프를 도수분포다각형이라 한다.

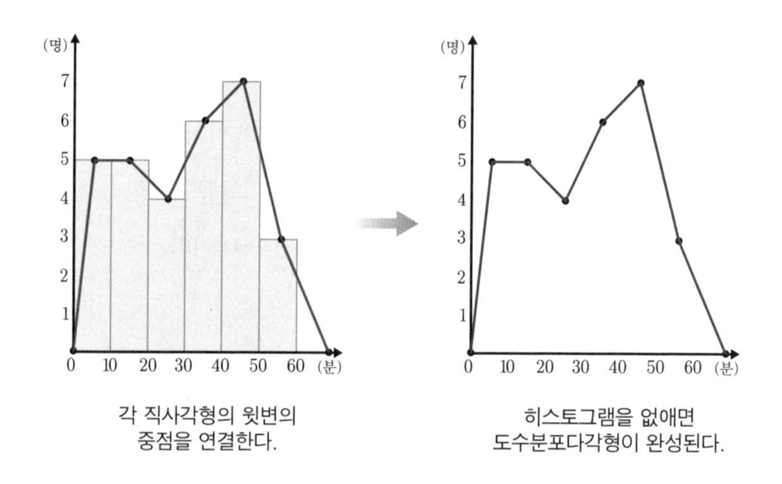

각 직사각형의 윗변의 중점을 연결한다.

히스토그램을 없애면 도수분포다각형이 완성된다.

도수분포다각형이 완성될 때 알아두어야 할 점은 도수분포다각형과 가로축으로 둘러싸인 도형의 넓이는 왼쪽 히스토그램의 넓이의 합과 같다는 것이다.

상대도수와 그 그래프

상대도수는 전체 도수에 대한 각 계급의 도수의 비율을 뜻한다. 따라서 상대도수$=\dfrac{\text{그 계급의 도수}}{\text{전체 도수}}$이다. 그리고 상대도수의 합은 항상 1이다. 각 계급의 상대도수는 그 계급의 도수에 정비례하며, 전체도수가 다른 집단의 분포를 비교할 때 편리하다는 장점이 있다.

통학시간(분)	학생 수(명)	상대도수
0 이상~10 미만	5	$\frac{5}{30}=\frac{1}{6}$
10 이상~20 미만	5	$\frac{5}{30}=\frac{1}{6}$
20 이상~30 미만	4	$\frac{4}{30}=\frac{2}{15}$
30 이상~40 미만	6	$\frac{6}{30}=\frac{1}{5}(=0.2)$
40 이상~50 미만	7	$\frac{7}{30}$
50 이상~60 미만	3	$\frac{3}{30}=\frac{1}{10}(=0.1)$
합계	30	1

도수(학생 수)를 보고 상대도수를 구할 수 있다. 소수로 나타내는 것이 가능하며 나누어떨어지지 않는 유리수는 약분해서 유리수 형태로 쓰면 된다. 또 상대도수의 합은 1이므로 1이 나오지 않는다면 계산이 틀린 것이므로 반드시 확인한다.

만약 상대도수를 소수로 나타낼 수 있다면 전부 소수로 통일해 나타내면 된다.

상대도수를 구하면 상대도수의 그래프를 그릴 수 있다. 다음은 어느 학급의 키를 조사한 도수분포표이다.

계급(cm)	도수(명)	상대도수
150 이상~155 미만	15	0.15
155 이상~160 미만	25	0.25
160 이상~165 미만	40	0.4
165 이상~170 미만	20	0.2
합계	100	1

상대도수의 그래프를 그리면 아래와 같다.

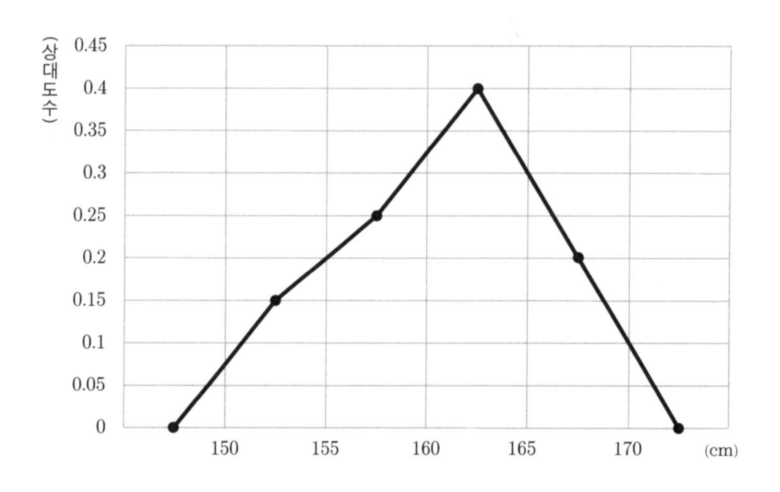

다음은 A학교와 B학교의 과학 점수에 대한 상대도수의 그래프이다. 상대도수의 그래프를 그리는 이유는 두 비교 집단의 분포상태를 비교하기 위해서이다. A학교는 B학교보다 오른쪽으로 치우쳐 보이기 때문에 과학 성적이 더 우수하다.

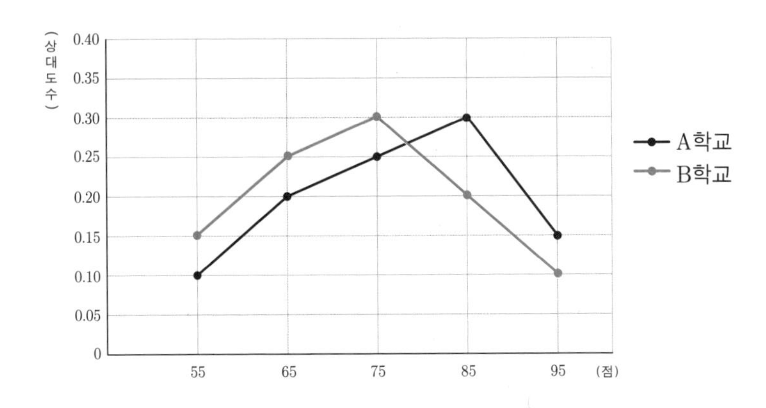

그리고 이러한 그래프에서는 상대도수의 합이 항상 1이라는 것을 기억하며 검토한다.

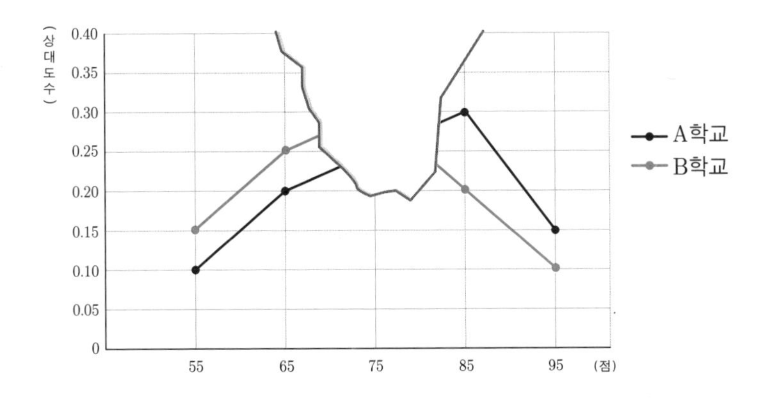

위의 상대도수 그래프는 앞의 상대도수 그래프의 일부가 찢어진 것이다. 이 그래프의 찢어진 부분에 대해 상대도수를 알기 위해서는 A학교의 상대도수의 합이 1인 것을 감안하여 충분히 구할 수 있다. 계급이 50점 이상 60점 미만은 상대도수가 0.1, 계급이 60점 이상 70점 미만은 0.2, 계급이 80점 이상 90점 미만은 0.3, 계급이 90점 이상 100점 미만은 0.15이다. 따라서 찢어진 부분은 계급이 70점 이상 80점 미만인 부분이며 상대도수의 합에서 나머지 계급의 합을 빼면 된다.

즉 $1-(0.1+0.2+0.3+0.15)=0.25$이다.

B학교의 찢어진 부분에서도 같은 방법으로 상대도수를 구할 수 있다.

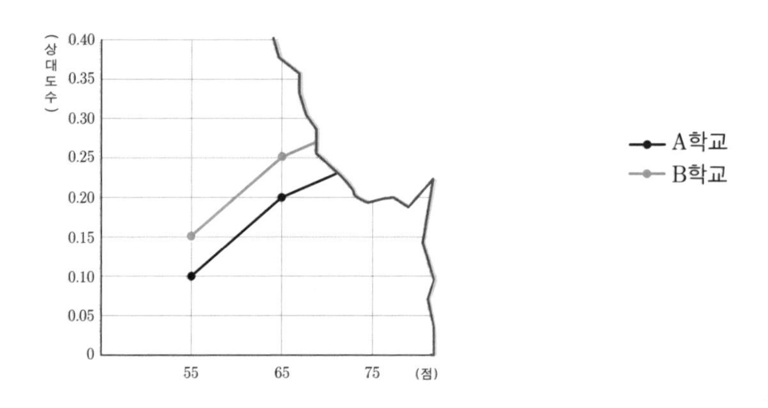

위의 그래프처럼 많이 훼손된 자료가 있다. 이 그래프에서는 훼손된 상대도수의 값을 정확히 알 수는 없다. 그런데도 구할 수 있는 값이 있는데, 바로 전체 학생 수이다. 훼손된 자료의 일부 상대도수와 학생 수만 주어지면 전체 학생 수를 구할 수 있는 것이다.

A학교에서 70점 미만인 학생 수를 180명으로 하면 전체 학생 수는 몇 명이 될까?

보이는 자료로는 70점 미만인 학생 수의 상대도수가 $0.1+0.2=0.3$이다. 180명이 0.3이라면 전체 학생 수는 $180\div0.3=600$명이 된다.

마찬가지로 B학교도 70점 미만인 학생 수가 주어지면 전체 학생 수를 구할 수 있다.

2

학년

수학 내공 다지기

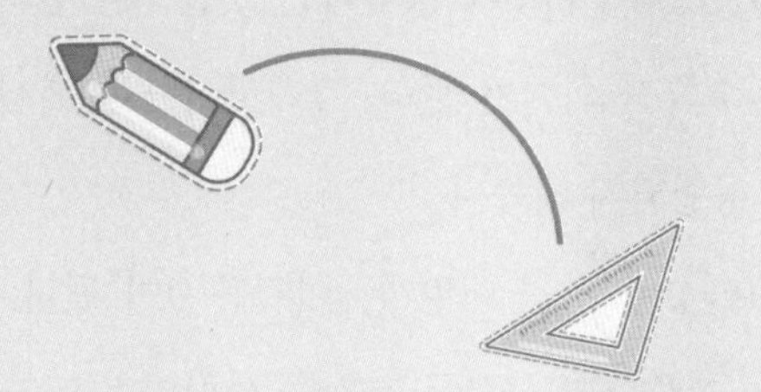

유리수와 소수

유리수와 유한소수

유리수는 $\frac{a}{b}$ 형태로 나타낼 수 있는 분수이다. 여기서 a, b는 정수이며 b는 0이 될 수 없다. 왜 그럴까? 직접 확인해 보자.

$2\div3=\frac{2}{3}$이다. 예를 들어 사과 2개를 세 사람에게 나눠준다고 생각해 보자. 실제로는 정확히 나누지 못하지만 수학에서는 한 사람이 $\frac{2}{3}$개씩 나누어 가질 수 있다. 그런데 $2\div0$이 되면 이것은 $\frac{2}{0}$가 된다. 사과 2개를 아무에게도 나누어주지 않았다는 것을 의미한다. 결과적으로 사과 배분에 대해 수학적 의미가 없다. 그래서 유리수에서 분모가 0이 되는 것은 조건에 성립되지 않는다.

그렇다면 $0\div2=\frac{0}{2}$는 어떨까? 이것은 0이 된다. 사과가 없는데 두 사람에게 나누어준다면 사과를 가지는 사람이 없다는 뜻이다.

유한소수와 무한소수

유리수를 보면 $\frac{1}{2}$은 0.5, $\frac{1}{3}$은 0.3333…, $\frac{1}{4}$은 0.25, $\frac{1}{5}$은 0.2, $\frac{1}{6}$은 0.16666…처럼 어떤 유리수는 소수점이 떨어지고, 어떤 유리수는 소수점이 끝없이 나가는 것을 볼 수 있다. 이처럼 소수점 아래 0이 아닌 숫자가 유한개有限個인 소수를 유한소수, 무한히 계속되는 소수를 무한소수라 한다. 즉 $\frac{1}{2}$, $\frac{1}{4}$, $\frac{1}{5}$은 유한소수, $\frac{1}{3}$, $\frac{1}{6}$은 무한소수가 된다.

그렇다면 유한소수와 무한소수를 구분 짓게 하는 규칙이 있을까? 이는 분모를 보면 알 수 있다. 분수를 기약분수로 계산한 후 분모의 소인수가 2 또는 5가 되면 유한소수가 되는 것이다.

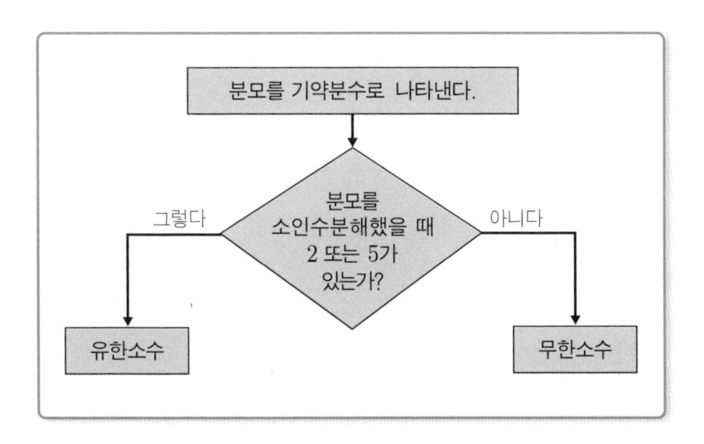

$-\frac{1}{2}$은 분모에 2가 있으므로 유한소수이다. $-\frac{1}{6}$은 $-\frac{1}{2\times3}$으로 바꾸면 분모에 2와 3이 소인수이므로 무한소수가 된다.

$-\frac{1}{10}$은 $-\frac{1}{2\times5}$이므로 유한소수이다.

한편 분모의 소인수가 2나 5에 해당하지 않는 무한소수 중에는 π가 있다. 이미 알고 있겠지만 이것은 지금까지도 어떤 수로 떨어지는지 알려지지 않은 무한소수이다. 3.141592… 로 계속되며 0에서 9까지 규칙 없이 무한 반복되면서 끝을 알 수 없는 무한소수이다.

순환소수

$\frac{1}{3}$은 0.3333…인 무한소수로 소수점 아래 3이 계속 반복된다. $\frac{4157}{9999}$은 0.415741574157…로 소수점 아래 4157이 계속 반복된다. 이처럼 소수 첫째 자릿수부터 반복되는 소수를 순순환소수, $\frac{1217}{90}$의 13.5222…처럼 소수 첫째 자릿수는 5는 순환하지는 않지만, 소수 둘째 자릿수부터 2로 순환되는 소수를 혼순환소수라 한다.

순환소수의 소수점 아래에 숫자의 배열이 일정하게 되풀이되는 수는 순환마디로, 0.3333…에서는 3, 0.415741574157…에서는 4157이 순환마디이다.

순환소수를 유리수로 나타내기

순환소수를 유리수로 나타내는 방법은 두 가지가 있다.

(1) 첫 번째 방법

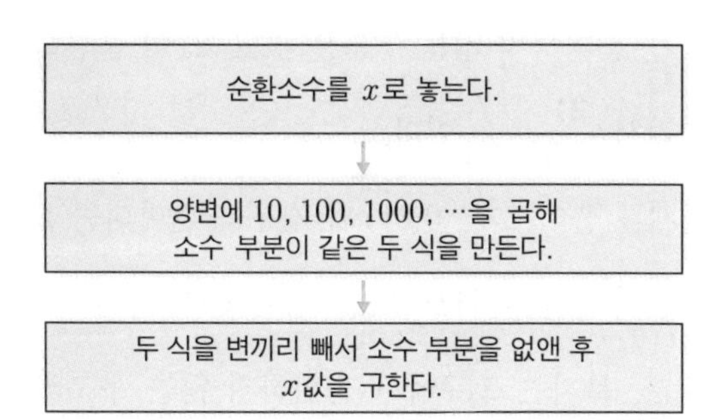

직접 문제를 풀어보자.

$x=0.2121\cdots$ 이 있다.

↓

$$\begin{array}{rl} 100x &= 21.2121\cdots \\ -)\quad x &= 0.2121\cdots \\ \hline 99x &= 21 \end{array}$$

← $x=0.2121\cdots$을 한 번 더 쓴다.

↓ 두 식을 뺀 후 정리하면

$$x=\frac{7}{33}$$

(2) 두 번째 방법

순환마디의 개수만큼 9를 쓰고,
그 뒤에 소수점 아래 순환마디에 포함되지 않는
숫자의 개수만큼 0을 쓴다.

↓

분자에는 전체의 수에서 순환하지 않는 부분의
수를 뺀다.

예를 들어 $0.\dot{2}\dot{1}$에서 순환마디는 21이므로 9를 두 번 써서 99를 분모로 한다. 분자는 순환하지 않는 부분은 없고 21이 순환하므로 21을 그대로 쓴다. 따라서 $\frac{21}{99}=\frac{7}{33}$이다.

또 다른 문제를 풀어보자. $0.2\dot{1}\dot{7}$의 경우 순환마디는 17이므로 99를 쓴다. 2는 순환마디가 아니므로 그 뒤에 0을 하나 더 붙여서 분모는 990이 된다. 분자는 217에서 순환하지 않는 부분의 수인 2를 빼 $217-2=215$가 된다. 따라서 유리수로 나타내면 $\frac{215}{990}$이다. 이를 약분하면 $\frac{43}{198}$이다.

그렇다면 거꾸로 유리수를 순환소수로 나타내는 가장 좋은 방법은 무엇일까?

직접 나누어서 순환마디를 알아내는 것이다. 이때는 순환마디를 나타내는 점을 찍어서 나타내면 된다. $3\div7=0.428571428571\cdots$이며 순환마디가 428571이므로 $0.\dot{4}2857\dot{1}$로 나타낸다.

순환마디가 9인 순환소수

$2.\dot{9}$는 순환마디가 9이며 유리수로 나타내면 $\frac{29-2}{9}=3$이다. 순환소수를 유리수로 나타내자 유한소수가 되었다. $0.5\dot{9}$는 0.6이 된다. 따라서 0이 아닌 순환마디가 9인 순환소수는 유한소수가 된다. 그러나 0은 순환소수로 나타낼 수 없다.

식의 계산

$2^2 \times 3^2 = 36$이다. 이것은 직접 계산하면 답을 얻을 수 있다. 그렇다면 $2^{100} \times 2^{-98}$을 직접 계산할 수 있을까? 2^{100}은 2를 100번 곱한 것인 만큼 너무나 큰 수이다. 따라서 계산하기에는 시간도 많이 걸린다. 2^{-98}은 $\frac{1}{2^{98}}$로 이것 또한 계산이 너무나 복잡하다.

이번 단원은 이렇게 복잡한 식을 지수법칙에 의해 간단히 풀 수 있는 방법에 대해 알아볼 예정이다. 그리고 중1 수학의 분배법칙도 다시 풀어보고 공식도 함께 익혀 문제를 쉽게 풀 수 있도록 할 것이다. 이는 부등식과 방정식, 함수에도 적용되기 때문에 기억할 필요가 있다.

지수법칙

지수법칙은 4가지가 있다.

(1) a는 0이 아닐 때 $a^m \times a^n = a^{m+n}$

(2) a는 0이 아닐 때 $(a^m)^n = a^{mn}$

(3) a는 0이 아니고 m, n이 정수일 때 $a^m \div a^n = \begin{cases} a^{m-n} & (m>n) \\ 1 & (m=n) \\ \dfrac{1}{a^{n-m}} & (m<n) \end{cases}$

(4) a, b가 0이 아닐 때 $(ab)^n = a^n b^n$, $\left(\dfrac{a}{b}\right)^n = \dfrac{a^n}{b^n}$

(1)번은 밑이 같고 지수가 다른 수의 곱은 지수끼리의 합을 나타낸다. 따라서 $2^4 \times 2^3 = 2^7$이 된다. (2)번은 괄호 안의 지수와 괄호 밖의 지수의 곱을 나타낸다. 따라서 $(2^4)^3 = 2^{12}$이 된다. (3)번은 지수가 다른 수의 나눗셈을 말한다. '지수가 다른 두 수의 곱은 지수끼리의 합이다'가 (1)번에서 적용됐다면 (3)번은 지수끼리의 나눗셈은 지수끼리의 차라고 할 수 있다. 따라서 $2^3 \div 2^2 = 2^1 = 2$, $2^3 \div 2^3 = 2^0 = 1$이 된다. 그렇다면 $2^2 \div 2^3$은 어떨까? 이 경우 앞의 수가 뒤의 수보다 작다. 이처럼 지수가 작은 경우라 해도 의미는 같기 때문에 $2^2 \div 2^3 = 2^{-1}$이 되어 $\dfrac{1}{2}$이다. 그런데 이 문제는 $2^2 \div 2^3 = \dfrac{1}{2^{3-2}} = \dfrac{1}{2}$로 생각할 수도 있다.

(4)번은 ab를 전체로 n제곱한 것은 $a^n b^n$으로 따로 n제곱한 것과 같다. $\left(\frac{a}{b}\right)^n$도 $\frac{a^n}{b^n}$으로 따로 n제곱이 된다.

단항식과 다항식의 계산

단항식의 계산

항의 개수를 기준으로 식을 나누면 단항식과 다항식이 있다. 단항식은 중1 수학에서 이미 설명했듯이 항이 하나인 식이고, 다항식은 2개 이상의 항을 가진 식이다. 우선 단항식의 계산에서 곱셈과 나눗셈, 그리고 혼합계산에 대해 알아보자.

단항식의 곱셈의 예를 보면 $2a^2 \times (-3a^3) = 2 \times (-3) \times a^2 \times a^3 = -6a^5$이다. 단항식의 계산에서는 먼저 계수는 계수끼리, 문자는 문자끼리 곱을 하면 된다. 계수의 곱은 곱을 이용하여 할 수 있지만 문자의 곱은 지수의 법칙을 이용한다. 그림으로 계산 과정을 보여 주면 다음과 같다.

계수끼리의 곱

$$2a^2 \times (-3a^3) = -6a^5$$

문자끼리의 곱

계속해서 단항식의 나눗셈을 살펴보자. 이것도 정수끼리의 나눗셈과 지수법칙을 이용해 해결할 수 있다.

$6a^5 \div 2a^2$을 계산하자. $6a^5 \div 2a^2 = \dfrac{6a^5}{2a^2} = \dfrac{6}{2} \times \dfrac{a^5}{a^2} = 3a^3$

그림으로 계산과정을 보여주면 다음과 같다.

계수끼리의 나눔(몫)

$$6a^5 \div 2a^2 = 3a^3$$

문자끼리의 나눔(몫)

그렇다면 여러분은 곱셈과 나눗셈으로 구성된 혼합계산은 어떻게 할까?

$(-3a^2)^3 \div (4a^5)^2 \times \dfrac{64}{9}a^5$를 풀어보자.

$$(-3a^2)^3 \div (4a^5)^2 \times \frac{64}{9}a^5$$

각 계수와 문자의 지수를 지수의 법칙으로 괄호를 풀면

$$= (-3)^3 a^{2\times 3} \div 4^2 a^{5\times 2} \times \frac{64}{9}a^5$$

$$= -27a^6 \div 16a^{10} \times \frac{64}{9}a^5$$

나눗셈을 곱셈으로 바꾸어 나타내어 계산하면

$$= \frac{-27a^6}{16a^{10}} \times \frac{64}{9}a^5$$

$$= -\frac{27}{16} \times a^{6-10} \times \frac{64}{9}a^5$$

$$= -\frac{27}{16a^4} \times \frac{64}{9}a^5$$

각 계수와 문자끼리 계산하면

$$= -\frac{27}{16} \times \frac{64}{9}a$$

$$= -12a$$

다항식의 계산

다항식의 계산에는 크게 덧셈과 뺄셈이 있다.

다항식의 덧셈은 동류항끼리 잘 더하여 계산하면 된다는 생각을 가지면 된다.

예를 들어 $(2x+y)+(6x+9y)$를 계산해 보자. 여러분은 x와 y의 계수끼리 모아서 계산하는 것을 신경 쓰면 된다. 그리고 덧셈에서는 괄호 앞의 부호가 $(+)$이기 때문에 괄호를 생략한다.

$$
\begin{aligned}
&(2x+y)+(6x+9y) \\
&= 2x+y+6x+9y \quad \text{괄호를 없애면} \\
&= 2x+6x+y+9y \quad \text{동류항끼리 모으면} \\
&= 8x+10y
\end{aligned}
$$

그리고 세로셈으로 푸는 방법을 간략히 나타내면 다음과 같다.

$$
\begin{array}{rr}
 & 2x+y \\
+) & 6x+9y \\
\hline
 & 8x+10y
\end{array}
$$

이번에는 더 복잡한 $2a+7b+6c+9a+8c$를 계산해 보자.

계산하면 $11a+7b+14c$이다. 이는 동류항끼리 계산한 결과이다.

다항식의 덧셈에서는 괄호를 생략하면서 동류항끼리의 계산을 주의한다면 실수가 적다. 항이 여러 개일지라도 천천히 하나씩 차분하게 계산하면 정확한 답이 나오는 것이다.

그런데 뺄셈은 좀 복잡하다. 다항식에서 주먹구구식으로 뺄셈을 계산하거나 암산으로 풀다가 많이 틀리는 경우가 있는데, 그 원인은 괄호이다.

$(2x+y)-(6x+9y)$를 풀면서 확인해 보자.

$$
\begin{aligned}
&(2x+y)-(6x+9y)\\
&=2x+y-6x-9y \quad \text{(−)앞의 괄호를 주의하면서 다항식을 전개하면}\\
&=2x-6x+y-9y \quad \text{동류항끼리 모으면}\\
&=-4x-8y
\end{aligned}
$$

$-(6x+9y)$를 전개하면 $-6x-9y$가 된다. 괄호 앞의 $(-)$가 괄호 안의 $(+)$를 $(-)$로 바꾸는 것이다. 이런 점들을 주의해서 계산하면 틀리지 않는다.

덧셈과 마찬가지로 세로셈으로 뺄셈을 하면 다음과 같다.

$$
\begin{array}{r}
2x+y\\
-\big)\quad 6x+9y\\
\hline
-4x-8y
\end{array}
$$

그렇다면 $-7a+8b+11c-(6a+8b-9c)$를 계산하면? $-13a+20c$이다. 다항식의 뺄셈은 여러분에게 주의력을 요구하며 대표적으로 괄호의 3종류가 전부 등장하는 문제가 있다. 괄호의 3종류는 대괄호, 중

괄호, 소괄호가 있다.

$$3x-\left[-2x-4y-\left\{x+6y-\left(3x-\frac{1}{2}y\right)\right\}\right]$$

소괄호를 풀면

$$=3x-\left[-2x-4y-\left\{x+6y-3x+\frac{1}{2}y\right\}\right]$$

$$=3x-\left[-2x-4y-\left\{-2x+\frac{13}{2}y\right\}\right]$$

중괄호를 풀면

$$=3x-\left[-2x-4y+2x-\frac{13}{2}y\right]$$

$$=3x-\left[-\frac{21}{2}y\right]$$

대괄호를 풀면

$$=3x+\frac{21}{2}y$$

위의 예제를 단번에 빨리 계산하는 것은 불가능하다. 그렇다고 크게 어려운 문제도 아니니다. 다만 천천히 괄호를 확인하면서 계산해야 한다.

x에 관한 이차식

x에 관한 이차식은 항이 가장 높은 차수가 2인 다항식을 말한다. 예로는 x^2-5x+7, $-3x^2$, x^2+13 등이 있다.

이차식의 덧셈과 뺄셈

두 개의 이차식끼리의 덧셈과 뺄셈은 다항식의 덧셈과 뺄셈처럼 괄호를 먼저 없앤 후 계산해야 한다.

$(4x^2-2x+6)-(3x^2+5x-8)$을 계산해 보자.

$$\begin{aligned} &(4x^2-2x+6)-(3x^2+5x-8) \\ &=4x^2-2x+6-3x^2-5x+8 \\ &=4x^2-3x^2-2x-5x+6+8 \\ &=x^2-7x+14 \end{aligned}$$

$(-)$앞의 괄호를 주의하면서 다항식을 전개하면

동류항끼리 모으면

어떤 식에서 $6x^2+3x+1$을 빼면 $9x^2+6x-7$이다. 그렇다면 어떤 식을 구해 보자.

보통 어떤 식을 구하라고 한다면 $\boxed{}$으로 나타낸다.

그래서 식을 $\boxed{}-(6x^2+3x+1)=9x^2+6x-7$으로 세운다. 여기서 특히 주의할 부분은 빈 칸 옆에 $6x^2+3x+1$을 양 옆에 소괄호를 표시한 것이다.

이때 $\boxed{}-6x^2+3x+1$로 나타내는 실수를 범하기 쉬운데 나중에 계산결과도 틀리기 때문에 소괄호를 반드시 한다. 복잡한 식을 접했을 때 특히 괄호에 신경을 써야 한다는 것을 꼭 기억하자.

$$\boxed{} - (6x^2 + 3x + 1) = 9x^2 + 6x - 7$$

이항하면

$$\boxed{} = 9x^2 + 6x - 7 \ + (6x^2 + 3x + 1)$$

소괄호를 없애면

$$\boxed{} = 9x^2 + 6x - 7 + 6x^2 + 3x + 1$$

동류항끼리 모으면

$$\boxed{} = 9x^2 + 6x^2 + 6x + 3x - 7 + 1$$

동류항끼리
덧셈을 계산하면

$$\boxed{} = 15x^2 + 9x - 6$$

다항식의 곱셈과 나눗셈

단항식과 다항식의 곱셈

단항식과 다항식을 각각 a와 $b+c+d$로 할 때, $a(b+c+d)$를 계산해 보자. 이는 아래 그림처럼 순서대로 계산하면 된다.

$$a(b+c+d) = ab + ac + ad$$

이제 단항식 $4x$와 다항식 $3x^2-7x+10$의 곱을 계산해 보자.

$$4x(3x^2 - 7x + 10) = 4x(3x^2 - 7x + 10) = 12x^3 - 28x^2 + 40x$$

계속해서 단항식 $2y^2$과 다항식 $-y^3+2y^2-7y+6$의 곱을 계산해 보자.

$$2y^2(-y^3+2y^2-7y+6)=2y^2(-y^3+2y^2-7y+6)$$
$$=-2y^5+4y^4-14y^3+12y^2$$

다항식에서 항이 하나 더 늘더라도 계산 방식은 동일한 것을 알 수 있다.

다항식과 단항식의 나눗셈

여러분은 이미 분배법칙을 중1 수학에서 학습했다.
$2\div 7=2\times\frac{1}{7}=\frac{2}{7}$ 이 되는 것처럼 $(x+y)\div 3=\frac{(x+y)}{3}$ 도 되는 것을 여러분은 알 것이다. 또 $(\text{피젯수})\div(\text{젯수})=\frac{(\text{피젯수})}{(\text{젯수})}$ 로 나타낼 수도 있다. 이렇게 나타낼 수 있기 때문에 여러분은 식도 숫자와 마찬가지로 같이 생각하여 계산할 수 있다. 이것을 적용하여 $(\text{다항식})\div(\text{단항식})$이면 당연히 $\frac{(\text{다항식})}{(\text{단항식})}$ 으로 나타낼 수 있다는 것을 알 것이다.

$$(8a^3+4a^2b-2a^2)\div(-4a)$$

(÷)를 (×)로 바꾸면

$$=(8a^3+4a^2b-2a^2)\times\frac{1}{(-4a)}$$

분배법칙을 이용하여 계산하면

$$=(8a^3+4a^2b-2a^2)\times\frac{1}{(-4a)}$$

$$=-2a^2-ab+\frac{1}{2}a$$

어떤 문자에 관한 식 풀기

식은 단항식과 다항식이 있지만 대체로 다항식으로 보고 다항식에 대한 정리를 알면 된다. 문자식 $7x+4y+2$가 있을 때 x와 y에 관한 문자식인 것을 알 수 있다. 그리고 $7x+4y+2=0$은 x와 y에 관한 등식이다.

그러면 $y=2x+1$일 때, $7x+4y+2$를 x에 관한 문자식으로 바꿀 수 있을까? 이것을 해결하려면 $4y$의 y에 $2x+1$을 대입하면 된다.

$$7x+4y+2$$

$y=2x+1$을 대입하면

$$=7x+4(2x+1)+2$$

전개하면

$$=7x+8x+4+2$$

$$=15x+6$$

따라서 x에 관한 식이 되었다.

예를 들어 $7x+4y+2$를 y에 관한 식으로 나타낸다면 $7x$의 x 대신 y에 관한 식으로 바꾸어야 한다.

$$y=2x+1$$

상수항을 좌변으로 이항한 후 양변을 바꾸면

$$2x=y-1$$

양변을 2로 나누면

$$x=\frac{y-1}{2}$$

이에 따라 $7x+4y+2=7\left(\frac{y-1}{2}\right)+4y+2$

$$=\frac{7y}{2}-\frac{7}{2}+4y+2=\frac{15}{2}y-\frac{3}{2}$$

드디어 y에 관한 식이 되었다. 계속해서 다음 문제를 풀어보자.

$S=abc$라는 식이 있다. a, b, c는 0이 아닌 수이다. 이제 b를 S, a, c에 관한 식으로 나타내 보자.

$$S=abc$$

양변을 ac로 나누면

$$\frac{S}{ac}=b$$

양변을 바꾸면

$b=\frac{S}{ac}$ 가 된다.

다항식의 대입

$A=3x+1$, $B=6x+4$, $C=2x^2+x+1$일 때 $3A+2B-3C$를 계산해 보자.

$$3A+2B-3C=3\times(3x+1)+2\times(6x+4)-3\times(2x^2+x+1)$$

$$=9x+3+12x+8-6x^2-3x-3$$

$$=-6x^2+18x+8$$

A, B, C에 다항식을 대입할 때 괄호를 꼭 써넣어야 하는 이유가 있다.

$3A$를 $3\times(3x+1)$로 하지 않고 $3\times 3x+1$로 하면 $9x+1$로 잘못 계산할 수 있어서이다. 항이 두 개 이상인 다항식일 때와 음의 부호$(-)$가 있을 때는 대입할 때 꼭 괄호를 써 넣어주는 것이 계산 실수를 줄이는 방법이다.

이번에는 $3A-\{2C-(2B+C)+6A\}$를 풀어보자. 먼저 소괄호와 중괄호가 있는 식을 간단히 한 후 대입한다.

①

$$3A-\{2C-(2B+C)+6A\}=3A-\{2C-2B-C+6A\}$$

②

$$=3A-2C+2B+C-6A=-3A+2B-C$$
$$=-3(3x+1)+2(6x+4)-(2x^2+x+1)$$
$$=-9x-3+12x+8-2x^2-x-1$$
$$=-2x^2+2x+4$$

이번에는 $A=\dfrac{4x+1}{5}$, $B=\dfrac{3x-1}{2}$ 일 때 $5A+3B+8$을 구해 보자.

$$5A+3B+8=5\left(\frac{4x+1}{5}\right)+3\left(\frac{3x-1}{2}\right)+8$$
$$=4x+1+\frac{9}{2}x-\frac{3}{2}+8=\frac{17}{2}x+\frac{15}{2}$$

비례식이 포함된 다항식의 계산

a와 b가 0이 아니며 $a:b=1:2$이면 $b=2a$이다. 이것은 비례식의 '내항끼리 곱은 외항끼리의 곱과 같다'는 성질을 이용한 것이다. 따라서 $2a+b$를 간단히 하면 $2a+b=2a+2a=4a$이거나, $2a+b=b+b=2b$이다.

예를 들어 $b=2a$를 이용하여 $\dfrac{7a^2+3b^2}{2a^2+ab+4b^2}$을 풀면,

$$\frac{7a^2+3b^2}{2a^2+ab+4b^2}=\frac{7a^2+3\times(2a)^2}{2a^2+a\times(2a)+4\times(2a)^2}=\frac{19a^2}{20a^2}=\frac{19}{20}\text{ 이다.}$$

그리고, a와 b는 0이 아니며 a^2이 약분이 되는 것을 유념한다.

지식 up 톡톡

세상을 멸망시키려면 하노이 탑의 원판을 옮기자

지수함수의 공식

베트남의 하노이 외곽에는 64개의 순금 원판에 대한 전설을 간직한 사원이 있다. 승려들이 64개의 순금 원판을 규칙에 따라 모두 옮기면 세상의 종말이 올 것이라는 전설이다. 프랑스의 수학자 루카스Édouard Lucas, 1842~1891는 이에 착안하여 하노이 탑이라는 퍼즐을 탄생시킨다.

하노이 탑은 3개의 막대기와 여러 개의 원판으로 구성되어 있다. 한 막대기에 꽂힌 원판들을 규칙대로 모두 다른 막대기로 옮기면 완료된다.

하노이 탑의 3개의 막대 중 중간에 있는 막대는 한 막대에서 다른 막대로 이동할 때 잠시 원판이 거쳐 가는 기능을 한다. 원판의 이동에는 다음과 같은 규칙이 있다.

작은 원판은 큰 원판 밑에 놓일 수 없으며 원판은 한 번에 한 개씩만 이동해야 한다. 이동할 때도 반드시 큰 원판 위에 작은 원판이 와야 한다. 또한 원판은 3개의 막대기 외에는 어디에도 놓을 수 없다.

하노이 탑은 최소 이동수에 관한 공식을 보여준다. 원판의 개수를 n으로 하여 지수를 포함한 식으로 나타내면 2^n-1이다. 원판을 이동하는 과정을 보여주지 않더라도 이 공식만 알면 최소한 몇 번의 이동으로 원판을 옮길 수 있는지 계산할 수 있다. 우선 3개의 원판의 이동을 나타낸 그림을 나타내면 다음과 같다.

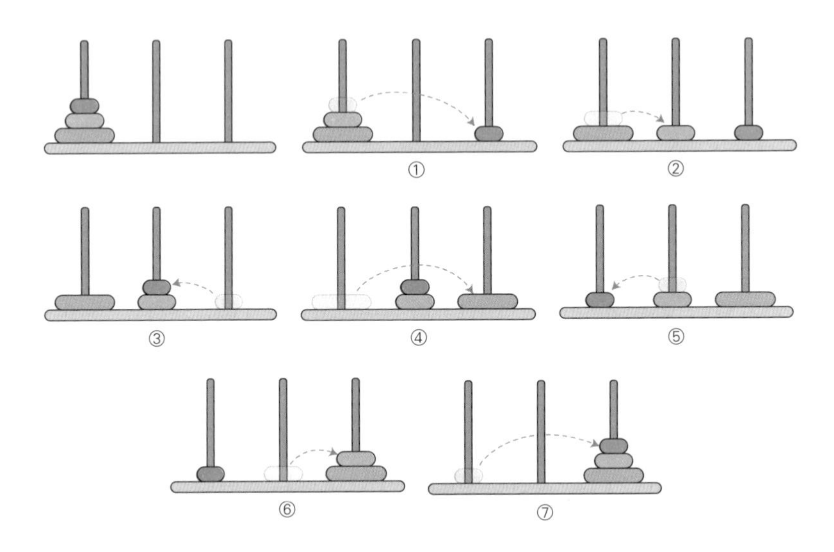

위의 8개의 그림은 3개의 원판이 한 막대기에서 다른 막대기로 옮기는 과정을 자세히 보여준다. 원판의 개수가 3개이므로 2^n-1에 $n=3$을 대입하면 $2^3-1=7$이다. 즉 원판이 3개이면 7번 옮기는 과정이 필요하다. $n=4$이면 $2^4-1=15$이다. 원판의 개수가 4개이면 15번 옮기면 된다.

하노이의 전설에 따라 64개의 원판을 옮기려면 다음과 같다.

$$2^{64}-1=18{,}446{,}744{,}073{,}709{,}551{,}615$$

약 1845경의 횟수로 원판을 이동하면 된다. 그런데 1초에 원판 1개를 이동할 수 있으므로 모두 이동하는 데 걸리는 시간은 약 5849억 년이다. 빅뱅이론에 따르면 우주의 나이가 약 150억 년, 지구의 나이가 약 46억 년이므로 앞으로도 이 하노이 탑이 모두 옮겨져 세상이 멸망할 날은 볼 수 없을 것 같다.

일차부등식

부등식과 기호

방정식은 문자식에 등호를 사용하여 $ax+b=0$, $cx+d=0$, $ax^2+bx+c=0$처럼 좌변과 우변을 같은 식으로 놓아 성립하는 식이다. 그리고 x값을 구하는 것이 방정식의 목적이다. 반면에 부등식은 등호 대신 $ax+b>0$, $cx+d<0$, $ax^2+bx+c\geq0$처럼 좌변과 우변 중 어느 것이 크고 작은지의 대소관계를 나타낸 식이다. 부등식은 부등호를 사용하여 두 수 또는 두 식의 대소관계를 나타낸 식으로 정의한다.

부등식도 풀면 해가 나오기도 하고 범위가 나오기도 하여 방정식처럼 해가 없거나 무수히 많은 경우가 있다. 물론 해를 구할 수도 있다.

그러면 부등식을 어떻게 나타내는지 알아보자.

부등호는 네 가지 기호를 사용해 나타내는데 이때의 두 수를 비교하기 위해 a, b로 나타낸다. a, b는 문자식일 수도 있다.

(1) $a>b$: a는 b보다 크다.

(2) $a<b$: a는 b보다 작다.

(3) $a\geq b$: a는 b보다 크거나 같다(a는 b보다 작지 않다).

(4) $a\leq b$: a는 b보다 작거나 같다(a는 b보다 크지 않다).

우리의 삶은 부등호의 기호를 쉽게 사용함으로써 수학에서뿐만 아니라 삶의 표현도 더 다양해졌지만 16세기 전에는 이런 기호가 없었다. 그러다 해리엇 Thomas Harriot, 1560~1621이 >, < 기호를 발표하고, 부게르 Pierre Bouguer, 1698~1758가 ≥, ≤ 기호를 세상에 소개하면서 수학을 비롯한 우리의 세계는 진일보했다.

부등식의 성질

부등식은 네 가지 성질이 있다.

(1) 부등식의 양변에 같은 수를 더하여도 부등호는 바뀌지 않는다.

$a>b$일 때 $a+c>b+c$이다.

$a<b$일 때 $a+c<b+c$이다.

(2) 부등식의 양변에 같은 수를 빼어도 부등호는 바꾸지 않는다.

$a > b$일 때 $a - c > b - c$이다.

$a < b$일 때 $a - c < b - c$이다.

(3) 부등식의 양변에 양수를 곱하면 부등호의 방향은 바뀌지 않지만 음수를 곱하면 부등호의 방향이 바뀐다.

$c > 0$일 때 $a > b$이면 $ac > bc$이다.

$c < 0$일 때 $a > b$이면 $ac < bc$이다.

(4) 부등식의 양변을 양수로 나누면 부등호의 방향은 바뀌지 않지만 음수로 나누면 부등호의 방향이 바뀐다.

$c > 0$일 때 $a > b$이면 $\frac{a}{c} > \frac{b}{c}$ 이다.

$c < 0$일 때 $a > b$이면 $\frac{a}{c} < \frac{b}{c}$ 이다.

등식의 성질과 비교해보면 곱셈과 나눗셈에서 차이가 있다. (1), (2)번은 등식의 성질과 같고, (3), (4)번은 $c < 0$일 때 부등호의 방향이 바뀌는 것을 기억해 두면 된다.

일차부등식

부등식의 시작은 일차부등식이다. 그리고 부등식을 풀면 x에 대한 범위가 나온다. 부등식의 성질을 이용하여 $x > a$, $x < a$, $x \geq a$, $x \leq a$인지를 나타내보자.

(1) $x > a$를 수직선 위에 나타내면 x는 a를 초과할 때를 나타낼 때와 같다.

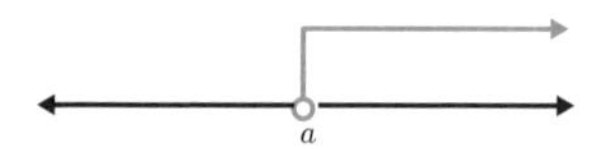

(2) $x < a$를 수직선 위에 나타내면 x는 a 미만일 때를 나타낼 때와 같다.

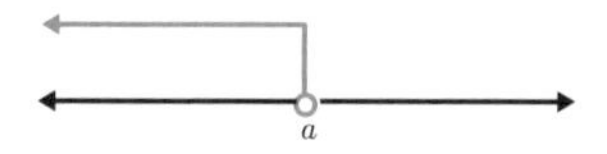

(3) $x \geq a$를 수직선 위에 나타내면 x는 a 이상일 때를 나타낼 때와 같다.

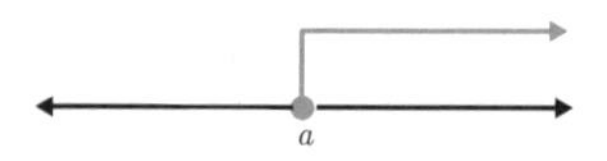

(4) $x \leq a$를 수직선 위에 나타내면 x는 a 이하일 때를 나타낼 때와 같다.

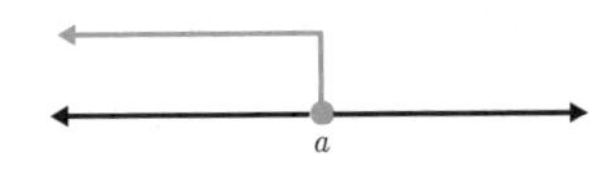

일차부등식의 풀이

일차부등식을 풀 때는 부등호의 방향이 바뀌는 것만 조심하면 방정식 풀이와 별다른 차이가 없다. $7x>3$을 풀어 확인해 보자.

$$7x>3$$

양변을 7로 나누면

$$x>\frac{3}{7}$$

이번에는 $-7x<3$을 풀어보자.

$$-7x<3$$

양변을 -7로 나누면

$$x>-\frac{3}{7}$$

음수$(-)$로 나누면 부등호의 방향이 바뀐다.

일차부등식의 특수한 예

일차방정식에서 특수한 때라면 해가 무수히 많거나 없을 때이다. 일차부등식도 이런 예가 있다. a를 양수로 하면 $0\times x>a$인 x가 있을까? 좌변은 0이고 우변은 양수이므로 이를 만족하는 x는 없다. 즉 해는 없다. 그러나 $0 \times x < a$인 경우에는 달라진다. 좌변은 0이고 우변은 양수 a이다. 즉 x가 어떤 수라도 항상 성립하므로 해가 무수히 많다.

$0 \times x > 0$일 때도 x가 어떠한 수라도 $0 > 0$이 되어 성립하지 않는다. 그리고 $0 \times x < 0$일 때도 해는 없다.

일차부등식의 활용문제

일차부등식의 활용문제는 미지수 x를 무엇으로 결정할지와 부등호의 기호를 신경 써서 세워야 한다. 일차부등식의 활용문제에서 요금에 관한 문제는 식을 세우기가 다소 까다로운 면이 있기 때문에 좀 더 신중하게 세우는 것이 좋다.

1) 거리, 속력, 시간에 관한 일차부등식의 활용문제

방정식에서 이미 공식을 설명한 거리=속력×시간, 속력=$\frac{\text{거리}}{\text{시간}}$, 시간=$\frac{\text{거리}}{\text{속력}}$를 이용하여 식을 세운다.

예제를 풀어보자.

평소에는 올라갈 때 4㎞/h, 내려올 때 5㎞/h로 걸리는 등산시간을 3시간 이내로 하려면 몇 ㎞까지 왕복하면 될까?

주어진 것은 속력과 시간이다. 시간에 관한 식으로 세우면 $\frac{x}{4}+\frac{x}{5} \leq 3$이며, 이것을 풀면 $x \leq \frac{20}{3}$이다. 따라서 $\frac{20}{3}$㎞까지 왕복하면 된다.

2) 농도에 관한 일차부등식의 활용문제

농도(%)$=\dfrac{\text{소금의 양}}{\text{소금물의 양}}\times100$을 이용하여 부등식을 세운다. 그리고 소금의 양$=\dfrac{\text{농도}}{100}\times$소금물의 양을 이용한 문제가 많으므로 항상 공식을 기억하길 바란다.

예제를 풀어보자. 5% 소금물과 7% 소금물을 섞어서 6% 이상의 소금물 1000g을 만들려고 한다. 7% 소금물을 몇 g 이상 섞어야 하는지 구해 보자.

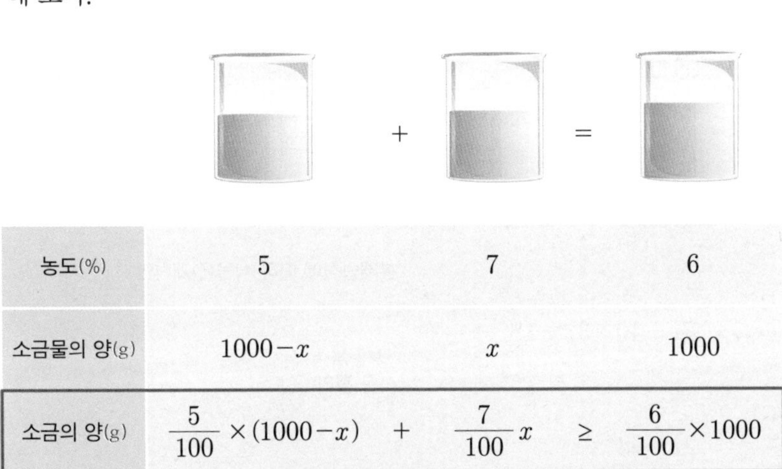

농도(%)	5		7		6
소금물의 양(g)	$1000-x$		x		1000
소금의 양(g)	$\dfrac{5}{100}\times(1000-x)$	$+$	$\dfrac{7}{100}x$	$\geq$	$\dfrac{6}{100}\times1000$

소금의 양으로 식을 세우면 다음과 같다.

$$\frac{5}{100}\times(1000-x)+\frac{7}{100}x\geq\frac{6}{100}\times1000$$

일차부등식을 풀면 $x\geq500$이며 7%의 소금물을 500g 이상 섞어야 한다.

3) 수에 관한 일차부등식의 활용문제

수에 관한 일차부등식의 활용문제도 일차방정식의 활용문제와 비슷하다. 문제를 하나 풀어보자. 어떤 자연수에서 8을 뺀 후 3으로 나눈 값은 6을 더하고 5로 나눈 값보다 크다고 한다. 그러면 이 조건에 성립하는 가장 작은 자연수를 구하여라.

이 문제는 일차방정식처럼 문장을 잘 파악하여 식을 세워야 한다. 어떤 자연수를 x로 놓고 식을 세우면 아래와 같은 일차부등식을 세울 수 있다. 이 문제를 풀어보자.

$$\frac{x-8}{3} > \frac{x+6}{5}$$

양변에 분모의 최소공배수 15를 곱하면

$$5(x-8) > 3(x+6)$$

분배법칙에 따라 식을 전개하면

$$5x-40 > 3x+18$$

식을 정리하면

$$2x > 58$$

$$\therefore x > 29$$

자연수는 29보다 큰 수이므로 30이 가장 작은 수로써 조건에 만족한다.

다음 문제를 풀어보자.

연속하는 3개의 자연수를 가장 작은 수와 가운데 수, 가장 큰 수로 부르도록 하자. 가장 큰 수와 가운데 수의 합을 3배 한 것은 가장 작은 수를 8배 한 것보다 작다. 가운데 수의 가장 작은 값을 구하여라.

가장 작은 수, 가운데 수, 가장 큰 수를 각각 $x-1$, x, $x+1$로 한다. 일차부등식을 세우면 다음과 같다.

$$3(x+1+x)<8(x-1)$$

분배법칙에 따라 식을 전개하면

$$6x+3<8x-8$$

식을 정리하면

$$-2x<-11$$

양변을 -2로 나누면

$$\therefore x>5.5$$

조건에 만족하는 가운데 수는 6이다.

4) 도형에 관한 일차부등식의 활용문제

도형에 관한 활용문제는 도형의 공식을 알고 세워야 한다. 대각선의 개수, 내각의 크기의 합, 외각의 크기의 합, 넓이, 부피 등 많은 공식이 필요하다.

예제를 풀어보자. 내각의 크기의 합이 600° 보다 크기 위해서는 최소한 몇 각형인지 구해 보자.

이 문제에서 가장 먼저 알아야 할 것은 다각형의 내각의 크기의 합이다. 공식은 n각형일 때 $180^\circ \times (n-2)$이므로 n 대신 x로 바꾸어서 $180 \times (x-2)$를 적용시킨다. 따라서 일차부등식은 다음처럼 세워진다.

$$180 \times (x-2) > 600$$

이 부등식을 풀면 $x > \frac{16}{3}$이다. $\frac{16}{3}$은 대분수로 $5\frac{1}{3}$이므로 5보다 큰 수라는 것을 알 수 있다. 그리고 분자가 큰 수라면 반드시 몫을 계산하여 정답을 산출해야 한다. 암산보다는 대분수로 나타내어 확인하는 것이 계산실수를 줄이는 방법이기 때문이다.

x가 가장 작은 값은 6이므로 내각의 크기의 합이 600°보다 크기위해서는 최소한 육각형은 되어야 한다는 것을 알 수 있다. 또한 오각형의 내각의 크기의 합이 540°이고, 육각형의 내각의 크기의 합이 720°이므로 정답임을 알 수 있다.

이번에는 도형의 넓이로 일차부등식의 활용에 관한 예제를 풀어보자.

윗변의 길이가 2cm, 아랫변의 길이가 5cm, 높이가 $x$cm인 사다리꼴이 있다. 이 사다리꼴의 넓이가 20cm^2 이하가 되도록 높이의 범위를 구하여라. 이를 그림으로 나타

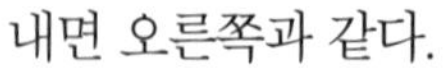
내면 오른쪽과 같다.

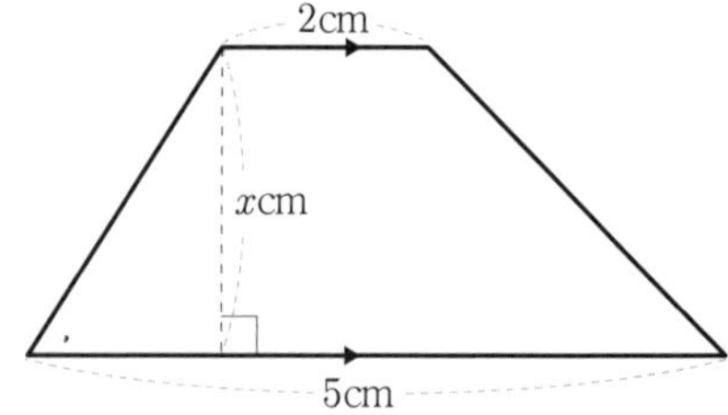

사다리꼴의 공식은 $\frac{(\text{윗변}+\text{아랫변})\times\text{높이}}{2}$ 이므로 일차부등식을 세우면 다음과 같다.

$$\frac{(2+5)\times x}{2} \le 20$$

일차부등식을 풀면 $x \le \frac{40}{7}$ 이므로 높이를 $\frac{40}{7}$(cm) 이하로 하면 문제의 조건에 맞는다.

5) 나이에 관한 일차부등식의 활용문제

나이에 관한 활용문제는 일차방정식과 세우는 방법은 같지만 최종적으로 해가 범위나 조건에 맞는지 정확히 검토해야 한다. 예제를 풀어보자.

아들의 나이를 4배 한 후 5살을 빼면 아버지의 나이이다. 아들의 나이를 5배 하면 아버지의 나이에 16살을 더한 것보다 크다. 아들의 나이는 소수이며 일차부등식의 최솟값이다. 아들의 나이를 구하여라.

아들의 나이를 x살로 하면 아버지의 나이는 $(4x-5)$살이다.

$$5x > 4x-5+16$$

식의 결과 $x > 11$이므로 $x=12, 13, \cdots$ 이며 소수이므로 최솟값은 13이다. 따라서 아들의 나이는 13살이며 아버지는 47살이다.

6) 요금에 관한 일차부등식의 활용문제

요금 문제는 '할인한 요금 $\le$ 일반 요금'이라는 식을 알고 문제를 풀어야 한다. 할인한 요금은 대개 일반요금보다 작고 같을 때도 있다. 이는 할인요금이 일반요금보다는 많이 나오지 않는다는 것을 의미한다.

30명이 입장하면 한 명당 5,000원인 입장료의 2할을 할인해주는 극장이 있다. 몇 명 이상이면 30명 단체 입장권을 사는 것이 유리한지 구해 보자.

식을 세우면 $5000\times(1-0.2)\times30 < 5000x$이다.

부등호 좌변은 30명이 입장했을 때의 입장료를 나타낸 것이며 우변은 30명 미만으로 할인받지 않은 입장객의 요금을 나타낸다. x는 입장객 수이며 이것을 구해야 단체입장에 유리한 입장객 수를 구할 수 있다. 부등식을 계산하면 $x>24$이므로 25명 이상이면 30명 단체 입장권을 사는 것이 유리하다.

또 다른 문제를 풀어보자.

A4용지를 5장 복사하는데 500원을 받고 6장부터 장당 75원을 받는 문구점이 있다. 장당 80원 이하의 가격으로 하려면 몇 장 이상 복사해야 할까? 식을 세우면 다음과 같다.

$$\underbrace{500}_{\text{5장 기본요금}}+\underbrace{75(x-5)}_{\text{6장부터 할인요금}}\le\underbrace{80x}_{\text{목표 요금}}$$

$x\ge25$이며 25장 이상 복사를 해야 복사요금이 장당 80원 이하가 된다.

연립일차방정식

미지수가 두 개인 연립일차방정식

연립일차방정식은 미지수가 두 개 이상이고 미지수의 차수가 일차인 방정식을 의미한다. 이번 단원에서는 미지수가 세 개까지만 있는 일차방정식을 다룬다.

먼저 미지수가 두 개라는 의미부터 생각해 보자.

$ax+b=0$은 일차방정식의 일반 형태로, x를 구하는 것은 해를 구하는 것이다.

이번에는 일차방정식 $ax+by=c$를 생각해 보자.

미지수가 x, y로 두 개이며 c는 상수이다. a와 b가 유리수의 범위에서 주어지지만 미지수가 두 개인 일차방정식을 풀 수는 없다. 하나의 방정식에서 두 개의 해를 풀 수는 없는 것이다. 이를 해결하기 위해 미지수가 두 개인 일차방정식 $a'x+b'y=c'$를 하나 더 나란히 붙여준다.

이것이 연립일차방정식이다.

$$\text{연립일차방정식} \cdots\rightarrow \begin{cases} ax+by=c \\ a'x+b'y=c' \end{cases}$$

나란히 일차방정식 두 개를 세워서 해를 구한다는 의미로 연립일차방정식이라 한다.

연립聯立은 나란히 식을 세워준다는 뜻으로, 연립일차방정식에서 미지수가 두 개이면 x, y를 구해야 한다. 전기회로에서 병렬연결을 떠올리면 상상하기 쉬울 것이다. 연립일차방정식의 해를 구하는 것은 그래프로 나타낼 수 있다. 근은 두 그래프의 교점을 뜻한다.

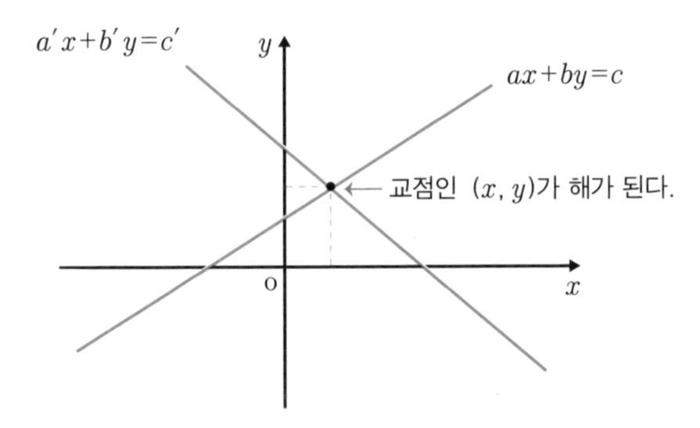

위의 두 그래프 모두 절편과 기울기가 있기 때문에 a, a', b, b'는 0이 아니다. 절편과 기울기에 대해서는 228쪽부터 235쪽까지 자세히 설명해 놓았다.

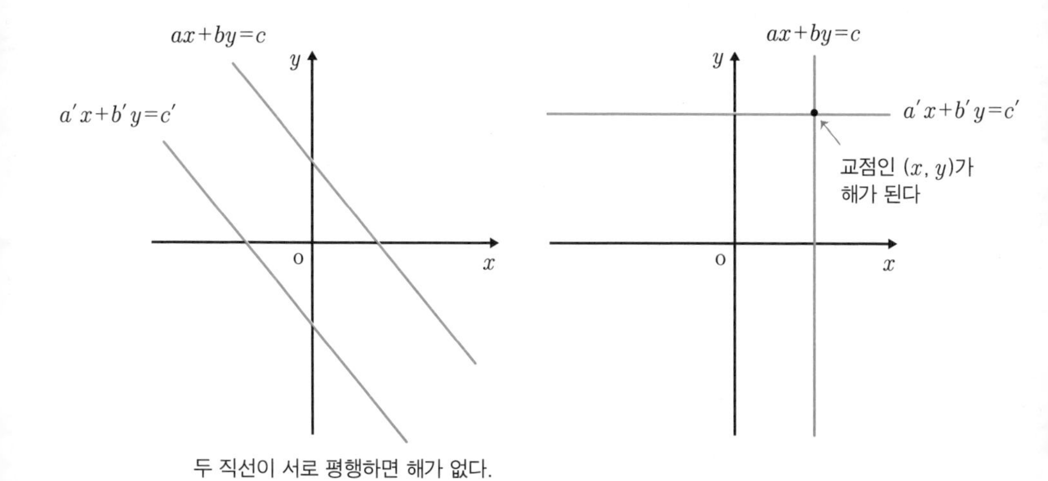

두 직선이 서로 평행하면 해가 없다.

한편 두 직선이 평행하면 두 직선은 만나는 교점이 없다. 이때 (x, y)는 없다. 즉 해가 없는 것이다. 그리고 두 직선이 서로 수직으로 만날 때는 교점이 하나가 된다. 이때는 a'와 b가 0일 때이다.

$\begin{cases} 2x+y=9 \\ 5x-3y=-5 \end{cases}$ 를 풀어보자.

먼저 두 일차방정식의 대응표를 하나씩 만들면 다음과 같다.

$2x+y=9$의 대응표 :

x	⋯	0	1	2	3	⋯
y	⋯	9	7	5	3	⋯

$5x-3y=-5$의 대응표 :

x	⋯	0	1	2	3	⋯
y	⋯	$\frac{5}{3}$	$\frac{10}{3}$	5	$\frac{20}{3}$	⋯

그래프는 $x=0$부터 3까지 대응되는 y를 표시하여 직선을 이으면 하

나의 직선이 만들어진다.

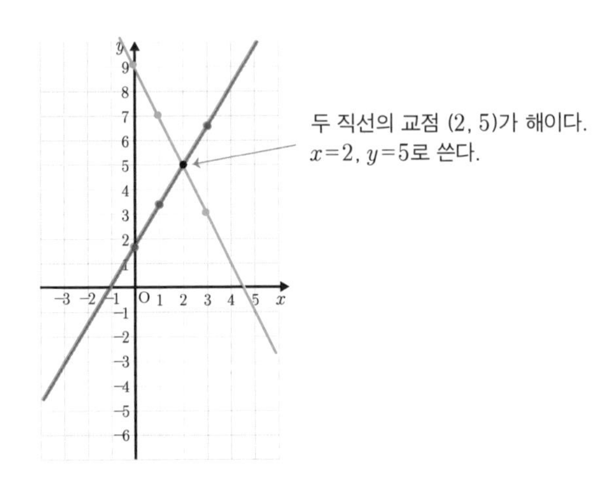

그러나 모든 연립일차방정식을 일일이 대응표를 만들어 해를 구한다면 시간이 많이 걸릴 수 있고 풀기조차 불가능할 수도 있다. 따라서 이를 해결하고자 4가지 풀이방법을 소개한다.

연립일차방정식의 풀이방법

1) 가감법

가감법加減法은 연립일차방정식 중에서 두 미지수 x, y 중 어느 하나를 없애서 더하거나 빼어 구하는 방법이다.

$\begin{cases} x+y=7 \\ x-y=3 \end{cases}$ 이 있다. 이 연립일차방정식은 위의 식에서 아래 식을 더

하면 y가 없어진다. 이를(없어지는 것) **소거**消去라 한다. 이때 식을 구별하기 위해 번호를 메긴다.

$$\begin{cases} x+y=7 & \cdots ① \\ x-y=3 & \cdots ② \end{cases}$$

①+②를 하면

$$\begin{array}{rr} x+y=7 & \cdots ① \\ +)\ x-y=3 & \cdots ② \\ \hline 2x=10 & \\ \therefore\ x=5 & \end{array}$$

$x=5$를 ①의 식이나 ②의 식에 대입하면 $y=2$가 된다.

이번에는 두 식을 빼어보자.

$$\begin{cases} x+y=7 & \cdots ① \\ x-y=3 & \cdots ② \end{cases}$$

①-②를 하면

$$\begin{array}{rr} x+y=7 & \cdots ① \\ -)\ x-y=3 & \cdots ② \\ \hline 2y=4 & \\ \therefore\ y=2 & \end{array}$$

$y=2$를 ①의 식이나 ②의 식에 대입하면 $x=5$가 된다. 이 연립일차방정식은 x와 y 계수의 절댓값이 1이다. 이럴 때는 가감법으로 푸는 것이 좋다. 그러나 x, y 계수의 절댓값이 다를 때가 더 많으므로 무조건 가감법을 써서는 안 된다. 문제를 하나 더 풀면서 이를 확인하자.

$\begin{cases} 3x+2y=5 \\ x+y=2 \end{cases}$ 를 보면 위의 식에 아래 식을 더하거나 빼어도 x, y에 대한 일차방정식이 되므로 풀 수가 없다. $4x+3y=7$이나 $2x+y=3$이 되는 것이다. 이럴 때는 x계수를 맞추어보자. $3x$와 x의 계수를 통일하기 위해서는 최소공배수인 3에 맞추면 된다.

$$\begin{cases} 3x+2y=5 & \cdots① \\ x+y=2 & \cdots② \end{cases}$$

②의 식 × 3을 하면

$$\begin{cases} 3x+2y=5 & \cdots① \\ 3x+3y=6 & \cdots②' \end{cases}$$

①의 식 - ②′ 의 식을 하면

$$\begin{array}{rl} 3x+2y=5 & \cdots① \\ -)\quad 3x+3y=6 & \cdots②' \\ \hline -y=-1 & \\ \therefore\ y=1 & \end{array}$$

$y=1$을 ①의 식이나 ②의 식에 대입하면 $x=1$이 된다.

또 다른 방법은 y의 계수를 통일하여 가감법을 이용해 푸는 방법이다.

$$\begin{cases} 3x+2y=5 & \cdots① \\ x+y=2 & \cdots② \end{cases}$$

②의 식 × 2를 하면

$$\begin{cases} 3x+2y=5 & \cdots① \\ 2x+2y=4 & \cdots②' \end{cases}$$

①의 식 - ②′ 의 식을 하면

$$
\begin{array}{rr}
3x+2y=5 & \cdots ① \\
-)\ 2x+2y=4 & \cdots ②' \\
\hline
x=1 & \\
\therefore\ x=1 &
\end{array}
$$

$x=1$을 ①의 식이나 ②의 식에 대입하면 $y=1$이다.

2) 대입법

대입법代入法은 연립일차방정식 중에서 한 일차방정식을 두 개의 미지수 중 어느 한 미지수에 관해 푼 후 그것을 다른 일차방정식에 대입하여 연립일차방정식을 푸는 방법이다. 일차방정식에서 대입법을 설명했지만 여기서는 식을 직접 대입하는 것이므로 차이가 있다.

$\begin{cases} x+y=4 \\ 3x+y=7 \end{cases}$ 이 있다. 가감법으로 풀 수 있지만 대입법으로 풀면,

$$\begin{cases} x+y=4 & \cdots ① \\ 3x+y=7 & \cdots ② \end{cases}$$

①의 식을 $y=4-x$로 나타내면

$$\begin{cases} y=4-x & \cdots ①' \\ 3x+y=7 & \cdots ② \end{cases}$$

①′ 의 식을 ②의 식에 대입한다.

$$\begin{cases} y=4-x & \cdots ①' \\ 3x+y=7 & \cdots ② \end{cases}$$

대입

$$3x+(4-x)=7$$

$$2x=3$$

$\therefore\ x=\dfrac{3}{2}$

$x=\dfrac{3}{2}$을 ①의 식이나 ②의 식에 대입하면 $y=\dfrac{5}{2}$이다.

이로써 연립일차방정식의 대입법은 식의 대입으로, 어떻게 풀어야 하는지 방법을 알았을 것이다.

3) 등치법

등치법等值法은 식을 하나의 문자에 대해 정리한 후 두 식이 같다고 놓고 푸는 방법을 말한다. 등치법은 대입법과 원리가 비슷하며 푸는 순서는 다음과 같다.

$\begin{cases} A=B \\ A=C \end{cases}$ 이면 $B=C$이다.

예를 들어 $\begin{cases} y=5x+6 \\ y=3x+8 \end{cases}$ 이 있다면 $5x+6=3x+8$로 놓고 풀면 $x=1$이다. 두 일차방정식 중 하나에 $x=1$을 대입하면 $y=11$이다. 등호로 식을 연결하여 푸는 방법이다.

4) 치환법

분모에 문자가 있는 식이 있을 때 치환하여 연립일차방정식을 푸는 방법을 **치환법**置換法이라 한다.

$$\begin{cases} \dfrac{1}{x+1}+\dfrac{2}{y+2}=7 \\ \dfrac{3}{x+1}-\dfrac{4}{y+2}=6 \end{cases}$$ 을 풀어보자.

$$\begin{cases} \dfrac{1}{x+1}+\dfrac{2}{y+2}=7 & \cdots ① \\ \dfrac{3}{x+1}-\dfrac{4}{y+2}=6 & \cdots ② \end{cases}$$ 에서 ①의 식 중 $\dfrac{1}{x+1}$과 $\dfrac{1}{y+2}$을

X, Y로 치환한다. ②의 식도 같은 방법으로 치환한다. 그 결과 식은 다음과 같다.

$$\begin{cases} X+2Y=7 & \cdots ① \\ 3X-4Y=6 & \cdots ② \end{cases}$$

①의 식 × 2+②의 식을 하면

$$\begin{array}{rl} 2X+4Y=14 & \cdots ①' \\ +\big)\ 3X-4Y=6 & \cdots ② \\ \hline 5X=20 & \end{array}$$

$$\therefore\ X=4,\ Y=\frac{3}{2}$$

그러나 이 연립방정식에서 풀고자 하는 것은 X, Y가 아니고 x, y이다. 따라서 $X=\dfrac{1}{x+1}=4$에서 $x=-\dfrac{3}{4}$, $Y=\dfrac{3}{2}=\dfrac{1}{y+2}$에서 $y=-\dfrac{4}{3}$이다.

치환법은 이처럼 방정식에서 복잡한 식을 간단히 하여 풀 때 많이 이용한다.

복잡한 연립일차방정식의 풀이

연립일차방정식이 복잡한 경우는 괄호로 식이 있을 때, 계수가 정수가 아닐 때, 미지수가 3개일 때이다.

1) 괄호가 있는 연립일차방정식의 풀이

$\begin{cases} 7(x+y)+3(y-2)=6 \\ 2(x-1)+6(y-3)=2 \end{cases}$ 인 연립일차방정식이 있으면 괄호를 풀고 2개의 연립일차방정식으로 정리하여 문제를 푼다.

$$\begin{cases} 7(x+y)+3(y-2)=6 \\ 2(x-1)+6(y-3)=2 \end{cases} \Rightarrow \begin{cases} 7x+10y=12 \\ 2x+6y=22 \end{cases}$$

계속해서 가감법을 이용하여 x, y를 푼다.

2) 계수가 유리수 및 소수로 되어 있는 연립일차방정식의 풀이

x, y의 계수가 유리수일 때 연립일차방정식을 푸는 방법을 알아보자.

$$\begin{cases} \frac{7}{10}x+\frac{3}{20}y=6 & \cdots① \\ \frac{1}{50}x+\frac{1}{2}y=20 & \cdots② \end{cases}$$

①에서 x계수가 $\frac{7}{10}$, y계수가 $\frac{3}{20}$이므로 분모 10과 20의 최소공배수 20을 양변에 곱하면 되고, ②의 x계수는 $\frac{1}{50}$, y계수는 $\frac{1}{2}$

이므로 분모 50과 2의 최소공배수 50을 양변에 곱한다.

$$\begin{cases} \frac{7}{10}x+\frac{3}{20}y=6 & \cdots ① \\ \frac{1}{50}x+\frac{1}{2}y=20 & \cdots ② \end{cases}$$

①×20, ②×50을 하면

$$\begin{cases} 14x+3y=120 & \cdots ①' \\ x+25y=1000 & \cdots ②' \end{cases}$$

①′의 식과 ②′의 식을 가감법이나 대입법으로 풀면 된다.

이번에는 $\begin{cases} 0.01x+0.2y=0.03 \\ 0.2x-0.001y=0.1 \end{cases}$ 을 푸는 방법을 알아보자.

$\begin{cases} 0.01x+0.2y=0.03 & \cdots ① \\ 0.2x-0.001y=0.1 & \cdots ② \end{cases}$ 에서 ①의 x계수 0.01은 $\frac{1}{100}$로, y계수 0.2는 $\frac{2}{10}$로 생각하면 최소공배수 100을 곱해야 함을 알 수 있다. 물론 0.01과 0.2에서 양변에 100을 곱하면 소수는 없으므로 단번에 100을 곱해도 된다.

②의 x계수 0.2와 y계수 -0.001을 보아 양변에 1000을 곱하는 것을 알 수 있다.

$$\begin{cases} 0.01x+0.2y=0.03 & \cdots ① \\ 0.2x-0.001y=0.1 & \cdots ② \end{cases}$$

①×100, ②×1000을 하면

$$\begin{cases} x+20y=3 & \cdots ① \\ 200x-y=100 & \cdots ② \end{cases}$$

이 연립일차방정식도 가감법이나 대입법을 이용하여 x, y를 풀면 된다.

3) 미지수가 3개일 때 연립일차방정식의 풀이

미지수가 3개일 때 연립일차방정식은 삼원연립일차방정식이라고도 하며, 미지수가 x, y, z이므로 3개의 식이 나란히 열거되었을 때 푸는 방법이다.

$$\begin{cases} x+2y-z=2 & \cdots ① \\ 4x+2y+2z=14 & \cdots ② \\ 7x-3y+z=4 & \cdots ③ \end{cases}$$

위의 식이 미지수가 3개인 연립일차방정식이다. 이제 연립일차방정식을 풀어보자.

미지수가 3개일 때는 미지수가 2개인 연립일차방정식 2개를 만들어야 한다. x, y, z 중에서 y를 소거하고 x, z에 관한 식을 세우려면 ①의 식에서 ②의 식을 뺀다.

$$\begin{cases} x+2y-z=2 & \cdots ① \\ 4x+2y+2z=14 & \cdots ② \end{cases}$$

①−②를 하면

$$\begin{array}{rll} & x+2y-z=2 & \cdots ① \\ -) & 4x+2y+2z=14 & \cdots ② \\ \hline & -3x \quad -3z=-12 & \cdots ④ \end{array}$$

양변을 −3으로 나누면

$$x+z=4 \qquad \cdots ④$$

②의 식과 ③의 식을 이용하여 x, z에 관한 연립일차방정식을 만들려면,

$$\begin{cases} 4x+2y+2z=14 & \cdots ② \\ 7x-3y+z=4 & \cdots ③ \end{cases}$$

②×3+③×2를 하면

$$\begin{array}{rll} & 12x+6y+6z=42 & \cdots ②' \\ +) & 14x-6y+2z=8 & \cdots ③' \\ \hline & 26x+ \quad 8z=50 & \cdots ⑤ \end{array}$$

양변을 2로 나누면

$$13x+4z=25 \qquad \cdots ⑤$$

④의 식과 ⑤의 식이 x, z에 관한 식이므로 연립일차방정식으로 나타내면,

$$\begin{cases} x+z=4 & \cdots ④ \\ 13x+4z=25 & \cdots ⑤ \end{cases}$$

④의 식×4−⑤의 식을 하면

$$
\begin{array}{rll}
 & 4x+4z=16 & \cdots④' \\
-) & 13x+4z=25 & \cdots⑤' \\
\hline
 & -9x \quad\quad =-9 & \\
 & \therefore x=1 &
\end{array}
$$

$x=1$을 ④의 식이나 ⑤의 식에 대입하면 $z=3$이고, ①의 식 또는 ②의 식 또는 ③의 식에 대입하면 $y=2$이다.

해가 특수할 때

연립일차방정식은 x, y를 구하는 것이 목적이다. 그러나 해가 없거나 무수히 많을 때가 있는데 이를 해가 특수하다고 한다. 해가 특수할 때는 2가지가 있다. 첫 번째는 해가 없을 때이다. 이에 대한 연립일차방정식은 구체적으로 어떤 식인지 알아보자.

$\begin{cases} 3x+2y=7 \\ 3x+2y=3 \end{cases}$ 을 보자. 연립일차방정식에서 2개의 식은 차이가 있다.

$\begin{cases} ax+by=c \\ a'x+b'y=c' \end{cases}$ 형태에서 a와 a'가 같고, b와 b'가 같다. c와 c'가 다른 것이다. 그래프로 그려보면,

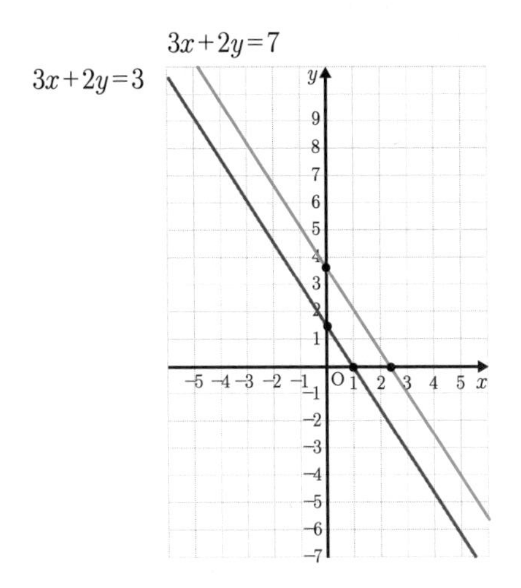

두 직선이 평행하므로 해가 없다는 것을 알 수 있다.

따라서 해가 없는 것을 정리하면,

$$\begin{cases} ax+by=c \\ a'x+b'y=c' \end{cases}$$ 에서 $\frac{a}{a'}=\frac{b}{b'}\neq\frac{c}{c'}$ 이다.

연립일차방정식 $2x+4y=6$의 경우 이 식의 양변에 2를 곱하면 $4x+8y=12$가 된다. 같은 직선인데 이를 연립일차방정식으로 나타내면,

$$\begin{cases} 2x+4y=6 \\ 4x+8y=12 \end{cases}$$ 이다.

그래프로 나타내면,

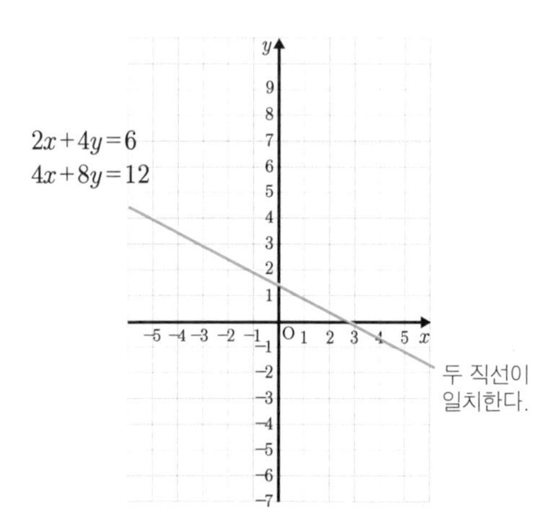

두 직선이 일치하므로 항상 같은 해를 가진다. 이를 '무수히 많은 해를 가진다'고 한다. 또한 부정不定이라고도 한다. 이렇게 무수히 많은 해를 가질 때는 연립일차방정식에서 하나의 일차방정식과 또 하나의 일차방정식의 배수 관계를 확인하는 것이 중요하다.

따라서 해가 무수히 많은 것을 정리하면,

$$\begin{cases} ax+by=c \\ a'x+b'y=c' \end{cases} \text{에서 } \frac{a}{a'}=\frac{b}{b'}=\frac{c}{c'} \text{이다.}$$

연립일차방정식의 활용문제

연립일차방정식과 일차방정식의 활용문제에서 가장 큰 차이는 미지수 x와 y의 차이이다. 그리고 연립일차방정식은 미지수가 두 개이므로 x, y에 관해 식을 하나 더 세움으로서 더 정확한 일차방정식을 구현한다. 중2 수학에 나오는 활용문제는 중1 수학의 일차방정식과 문제 유형은 대부분 비슷하지만 식의 설정은 다르다. 때문에 답도 중요하지만 연립일차방정식을 정확히 세워 문제를 푸는 과정도 중요하다.

연립일차방정식의 활용문제를 푸는 순서는 다음과 같다.

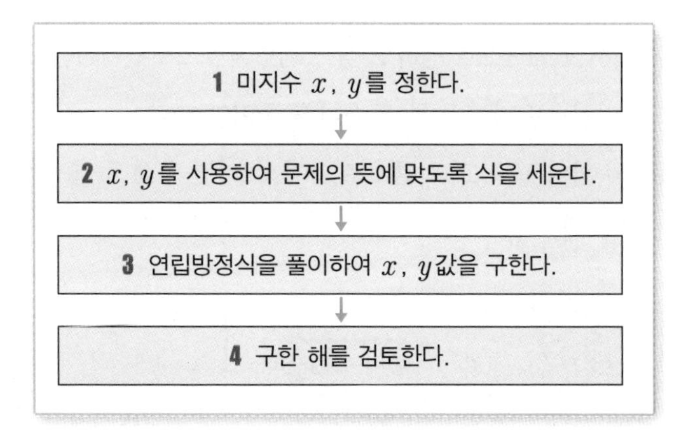

1) 나이에 관한 연립일차방정식의 활용문제

나이에 관한 문제는 두 사람의 나이를 비교할 때가 많으므로 아버지의 나이가 x이면 아들의 나이는 y로 나타낸다. 그리고 합이나 차가 나오면 그에 대한 문제에 맞게끔 식을 세운다. 예를 들어 아버지의 나이와 아들의 나이를 더하면 64살, 아버지의 나이와 아들의 나이를 빼면 40살 일 때 아들의 나이를 구하는 문제의 식은 다음과 같다.

$$\begin{cases} x+y=64 \\ x-y=40 \end{cases}$$

가감법으로 풀면 $x=52$, $y=12$이므로 아버지는 52살, 아들은 12살이다.

2) 수에 관한 연립일차방정식의 활용문제

수에 관한 문제는 세 자릿수 xyz가 있으면 $100x+10y+z$라고 항상 떠올리고, 두 홀수에 관한 문제가 나오면 x, y로 정한다. 두 홀수는 일차방정식에서 x, $x+2$로 정하고 식을 세웠지만 2학년에서는 x, y 두 개의 다른 미지수로 생각을 한 후 문제를 풀어야 한다.

두 홀수의 합이 12이고, 차를 2로 하자. 그러면 우선 두 홀수를 x, y로 하고 식을 세운다.

$$\begin{cases} x+y=12 & \cdots ① \\ y-x=2 & \cdots ② \end{cases} \xrightarrow[\text{②×(−1)을 한다.}]{} \begin{cases} x+y=12 & \cdots ① \\ x-y=-2 & \cdots ②' \end{cases}$$

이때 y가 x보다 크다는 것을 생각하며 ②의 식을 세운다. 가감법을 이용하면 $x=5$, $y=7$이며 5와 7은 연속한 두 홀수이므로 성립한다.

하나 더 풀어보자. 두 자리의 자연수가 있다. 각 자릿수의 합은 9이며, 일의 자릿수와 십의 자릿수를 바꾸면 이전의 수보다 45가 커진다. 두 자릿수를 구하여라.

이 문제를 풀기 위해 카드 모양의 그림을 그린 후 식을 세우면,

x	y

y	x

$$\begin{cases} x+y=9 \\ 10x+y+45=10y+x \end{cases}$$

$x=2$, $y=7$이다. 따라서 정답은 27이다.

3) 거리, 속력, 시간에 관한 연립일차방정식의 활용문제

거리, 속력, 시간에 관한 연립일차방정식은 거리와 시간에 관한 식을 세울 때가 많다. 문제에 따라 차이가 있으며, 어떤 문제는 속력과 시간에 관한 식이 필요할 때가 있다. 가장 문제를 빠르고 정확히 푸는 방법은 미지수를 어떤 것으로 정할지를 알아낸 후 그림과 도표를 작성해보는 것이다. 좀 귀찮을지도 모르지만 문제를 이해하고 정확히 푸는 데 필요하니 습관화하자.

또 거리=속력×시간, 시간$=\frac{\text{거리}}{\text{속력}}$, 속력$=\frac{\text{거리}}{\text{시간}}$ 의 공식 3개는 반드시 기억해야 할 공식이다.

오르막길로 가다가 내리막길로 가는 산이 있다. 내리막길이 목표지점인데 산행의 거리는 20km이다. 오르막길을 3km/h 속력으로 가다가 최고점에 도달한 후, 내리막길은 4km/h 속력으로 내려왔다. 산행 시간은

6시간이 걸렸다. 오르막길 거리와 내리막길 거리를 각각 구해 보자.

그림으로 나타내면 다음과 같다.

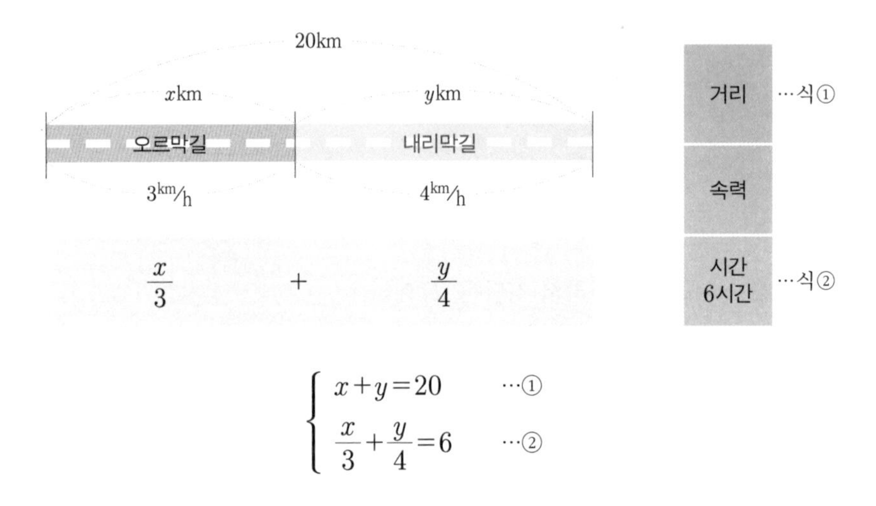

$$\begin{cases} x+y=20 & \cdots① \\ \dfrac{x}{3}+\dfrac{y}{4}=6 & \cdots② \end{cases}$$

①의 식과 ②의 식을 가감법이나 대입법으로 풀면 $x=12$, $y=8$이 되어 오르막길은 12km, 내리막길은 8km이다.

4) 농도에 관한 연립일차방정식의 활용문제

농도에 관한 연립일차방정식의 활용문제는 농도에 관한 공식을 알고 문제를 풀어야 한다.

농도$=\dfrac{\text{소금의 양}}{\text{소금물의 양}}\times 100(\%)$이며 이것을 소금의 양이나 소금물의 양으로 유도하면 소금의 양$=\dfrac{\text{농도}}{100}\times$소금물의 양, 소금물의 양$=\dfrac{\text{소금의 양}}{\text{농도}}\times 100$이다.

대개 소금물의 양과 소금의 양을 기준으로 세우면 빠르게 식을 세울 수 있는데 직접 예제를 풀어보자.

10%의 소금물 xg과 6%의 소금물 yg을 섞어서 8%의 소금물 2000g을 만들었다. 이때 x, y를 구하여라.

식을 세우기 전에 농도, 소금물, 소금의 양을 각각 나타낸다.

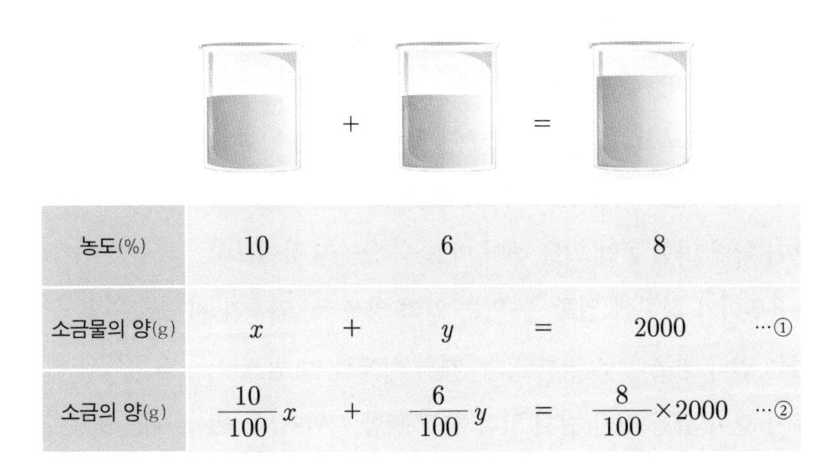

농도(%)	10		6		8	
소금물의 양(g)	x	$+$	y	$=$	2000	…①
소금의 양(g)	$\frac{10}{100}x$	$+$	$\frac{6}{100}y$	$=$	$\frac{8}{100}\times 2000$	…②

연립일차방정식은 소금물과 소금의 양으로 식을 세우면 된다.

$$\begin{cases} x+y=2000 & \cdots① \\ \frac{10}{100}x+\frac{6}{100}y=\frac{8}{100}\times 2000 & \cdots② \end{cases}$$

연립일차방정식을 구하면 $x=1000$, $y=1000$이다. 즉 10%의 소금물 1000g과 6%의 소금물 1000g을 섞어서 8%의 소금물 2000g을 만든 것이다.

5) 일에 관한 연립일차방정식의 활용문제

일에 관한 문제는 전체 일을 1로 하고 식을 세운다. 하루에 할 수 있는 일의 양을 x, y로 정하면 된다. 어떤 사람이 일주일에 걸쳐서 주어진 일을 마친다면 하루에 일할 수 있는 일의 양은 $\frac{1}{7}$이 된다.

만약 일에 관한 문제에서 x, y가 유리수로 나왔을 때는 하루에 일할 수 있는 양이다.

예를 들어보자. 윤철이와 연우가 같이 일을 하면 4일이 걸리는 일을 윤철이가 3일을 하고 연우가 6일을 하면 마칠 수 있다. 이 일을 연우가 혼자 하면 며칠 동안 일을 해야 마칠 수 있는지 풀어보자.

윤철이가 하루에 일할 수 있는 일의 양을 x, 연우가 하루에 일할 수 있는 일의 양을 y로 정한다. 두 개의 식에서 첫 번째 식은 윤철이와 연우가 같이 일한 것이 전체 일의 양 1 관한 식이며, 두 번째 식은 윤철이가 일한 양과 연우가 일한 양을 더한 것이 전체 일의 양 1이 됨을 세우는 식이다.

$$\begin{cases} 4(x+y)=1 & \cdots ① \\ 3x+6y=1 & \cdots ② \end{cases}$$

연립일차방정식을 풀면 $x=\frac{1}{6}$, $y=\frac{1}{12}$이다. 연우는 하루에 할 수 있는 양이 $\frac{1}{12}$이므로 혼자 하면 12일 째에 일을 마칠 수 있다.

6) 증가, 감소에 관한 연립일차방정식의 활용문제

증가, 감소에 관한 연립일차방정식의 활용문제는 x가 $a\%$ 증가할 때

전체의 양이나 수는 $\left(1+\frac{a}{100}\right)x$, 감소할 때는 $\left(1-\frac{a}{100}\right)x$이다. x는 양을 나타낼 때는 길이, 넓이, 부피가 될 수 있고, 수는 학생 수나 인구 수가 될 수 있다.

어느 고등학교 남학생 수와 여학생 수가 작년에 2000명이었다. 올해는 남학생 수는 4% 감소하고 여학생 수는 20% 증가하여 112명이 늘었다. 올해 남학생 수와 여학생 수를 구해 보자.

작년 남학생 수를 x명, 여학생 수를 y명으로 하고 두 개의 식을 세운다. 첫 번째 식은 작년 남학생 수와 여학생 수를 더하면 2000명이 된다는 식이다.

$$x+y=2000 \qquad \cdots①$$

두 번째 식은 올해에 대한 식이다. 올해 남학생은 4%가 감소했으므로 $-0.04x$, 여학생은 20% 증가했으므로 $0.2y$가 된다. 이에 따라 증가와 감소를 나타낸 식을 세운다.

$$-0.04x+0.2y=112 \qquad \cdots②$$

한편 ②의 식 대신 다음과 같이 세워도 된다.

$$(1-0.04)x+(1+0.2)y=2000+112 \qquad \cdots②'$$

작년 학생 수 (2000) / 올해 늘어난 학생 수 (112)

② 또는 ②′ 중 어떤 식을 세울지는 여러분이 결정하면 된다.

계속해서 ①의 식과 ②의 식으로 연립일차방정식을 세우면 다음과 같다.

$$\begin{cases} x+y=2000 & \cdots ① \\ -0.04x+0.2y=112 & \cdots ② \end{cases}$$

연립일차방정식을 풀면 $x=1200$, $y=800$이다. 그런데 다 풀고 난 후 확인해야 할 것이 있다. 남학생 수가 1200명, 여학생 수가 800명인 것은 작년의 학생 수이다. 올해 남학생 수는 $1200\times0.96=1152$명, 여학생 수는 $800\times1.2=960$명이다. 다 풀고 틀리는 일이 없도록 이런 활용문제는 꼭 확인하길 바란다.

7) 원가와 정가에 관한 연립일차방정식의 활용문제

원가는 판매자가 제품을 구매할 때의 가격이며 이에 이익을 더해서 판매가격을 결정한다. 한 번 더 이익을 붙이거나 가격을 할인할 때 판매자는 이 판매가격에 더하거나 뺀다.

$$\text{판매가격}=\text{원가}+\text{이익}$$

만약 이익을 구하고 싶다면 우변에 있는 원가를 좌변으로 이항한 후 양변을 바꾸면 되며 이는 다음과 같다.

$$\text{이익}=\text{판매가격}-\text{원가}$$

원가 x원에 a% 이익을 붙인 정가는 $\left(1+\frac{a}{100}\right)x$원이고, 원가 x원에 a% 할인한 가격은 $\left(1-\frac{a}{100}\right)x$원인 것을 알고 식을 세운다.

예제를 풀어보자. 어느 대리점에서 A제품과 B제품의 원가의 합이 30,000원이다. 처음에는 A제품은 10%, B제품은 30%의 이익을 붙여서 판매했지만 잘 팔리지 않았다. 그래서 A, B 두 제품을 20% 씩 할인했더니 600원의 손해를 보게 되었다. A, B 두 제품의 원가를 구해 보자.

x는 A 제품의 원가, y는 B 제품의 원가로 하자.

연립일차방정식에서 첫 번째 식은 원가에 대한 식이므로

$$x+y=30000 \qquad \cdots ①$$

이고, 두 번째 식에서 A 제품의 원가 x에 10%의 이익을 붙여 $1.1x$에 판매했으나 팔리지 않아서 $1.1x-0.2x$로 할인하여 $0.9x$로 판매했다. x가 원가인데 $0.9x$로 판매했다면 10% 할인한 것이 된다. B 제품은 원가가 y이다. 30% 이익을 붙여서 $1.3y$로 판매했으나 팔리지 않아서 $1.3y-0.2y$로 할인하여 $1.1y$로 판매하게 되었다. B 제품은 y를 $1.1y$로 판매해서 10%의 이익을 얻는 셈이다. 여러분이 이와 같은 식을 세울 때는 팔리지 않아서 할인한 과정을 보여주는 식을 세우는 것이 옳다.

$$1.1x-0.2x+1.3y-0.2y=29400 \qquad \cdots ②$$

따라서 연립일차방정식은 다음과 같다.

$$\begin{cases} x+y=30000 & \cdots ① \\ 1.1x-0.2x+1.3y-0.2y=29400 & \cdots ② \end{cases}$$

$x=18000$, $y=12000$이다. 결국 제품 A는 원가가 18,000원, 제 품 B는 원가가 12,000원이다.

일차함수

함수

일차함수에 앞서 함수란 무엇인지 알아보자. 함수[function]는 X와 Y의 관계로 X값에 따라 Y값을 나타낸 식을 말한다. X가 상자에 들어가면 f라는 상자에 의해 Y로 나오는 것이다.

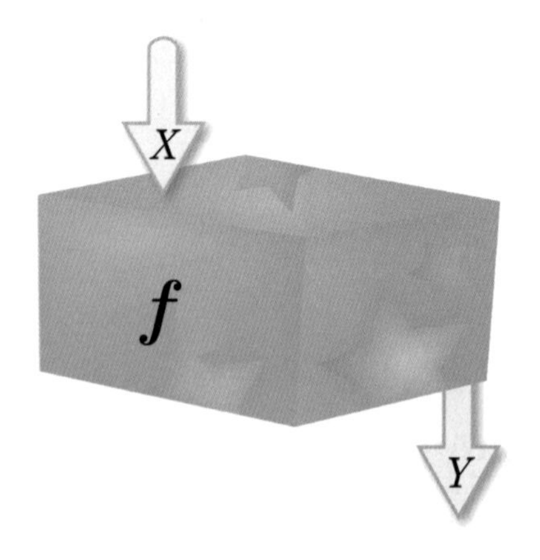

이때 X를 입력변수 또는 독립변수, Y는 출력변수 또는 종속변수라 하며 보통 X를 독립변수, Y를 종속변수로 더 많이 부른다. 그리고 왼쪽 상자 그림을 다음과 같이 문자로 나타낸다. x는 X에 속한 원소이다.

$x \xrightarrow{f} y$	독립변수 x는 f에 의해 종속변수 y가 된다.
$f : x \rightarrow y$	독립변수 x는 f에 의해 종속변수 y가 된다.
$y=f(x)$	함수의 일반적 표현이다.

따라서 $y=f(x)$는 독립변수 x가 y로 변한 것을 나타내는 함수식이다. y를 구하라는 말과 $f(x)$를 구하라는 말은 함숫값을 구하라는 의미로, 함수를 나타내는 기호 $y=f(x)$는 수학자 오일러가 처음 사용했다.

대응과 일대일대응

함수에서 어떤 주어진 관계에 의해 X가 Y에 짝지어지는 것을 대응이라 한다. X가 $1, 2, 3$을 Y가 a, b, c를 가질 때의 대응은 오른쪽 그림과 같다.

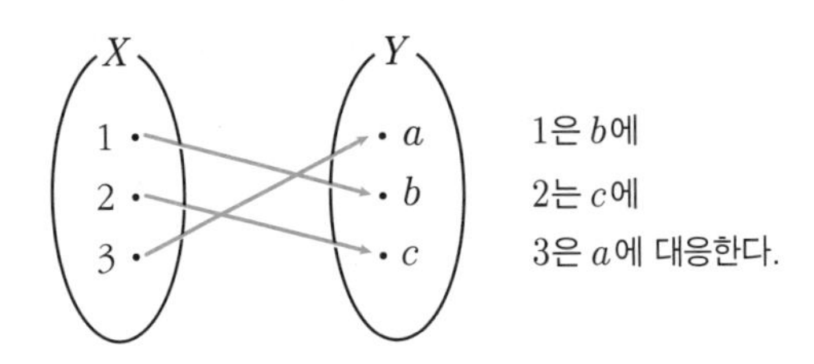

대응은 그림처럼 X의 숫자나 문자가 Y에 짝지어지는 것이다.

그리고 X가 Y에 모두 하나씩 대응하는 것을 **일대일대응**一對一對應 이라 한다.

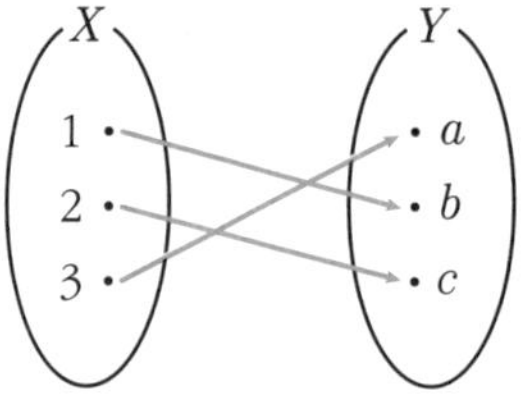

일대일대응 ○

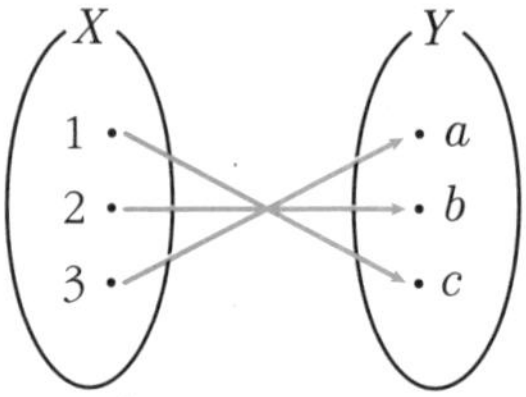

일대일대응 ○

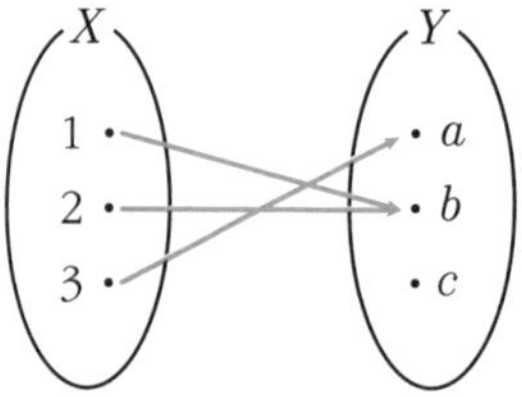

일대일대응 ✕

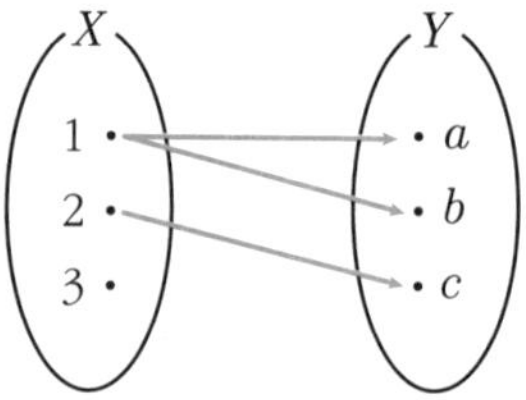

일대일대응 ✕

일대일대응이 되는 예와 아닌 예는 위의 그림에 나타나 있다. X가 Y에 하나씩 대응한다면 일대일대응이며, 두 개의 X가 하나의 Y에 대응하는 것은 일대일대응이 아니다. 그리고 하나의 X가 두 개의 Y에 대응하는 것도 일대일대응이 아니다.

결론적으로 하나의 X와 Y가 나란히 사이좋게 짝을 지어야 하는 것이 일대일대응이다.

정의역과 공역, 치역

정의역domain은 X값들의 모임, 공역codomain은 Y값들의 모임, 치역range은 함숫값들의 모임이다. 정의역을 X로 나타내고, 예를 들어 정의역 X를 중학생이라 하자. 중학생은 중1, 중2, 중3학년으로 되어 있으므로 정의역은 3개이다.

계속해서 공역을 Y로 나타내고 이 학생들이 좋아하는 아이스크림 종류로 확인해 보자. 아이스크림의 종류를 맛에 따라 나누어보니 바닐라 맛, 딸기 맛, 초콜릿 맛, 녹차 맛이 있다. 따라서 공역은 4개이다.

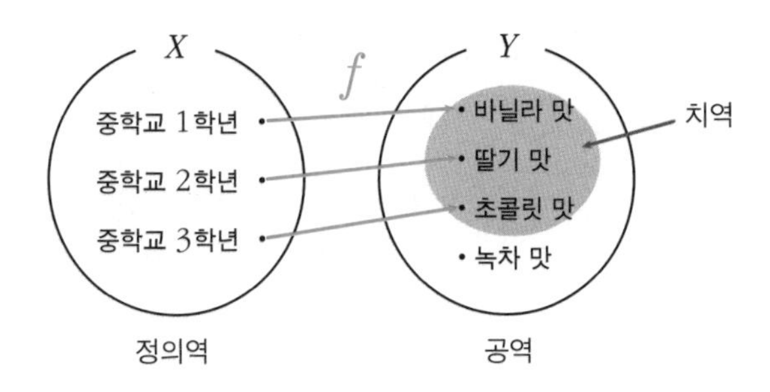

치역은 X의 원소가 f에 의해 Y의 원소로 결정된 함숫값으로 바닐라 맛, 딸기 맛, 초콜릿 맛이 된다. 녹차 맛은 공역의 원소이지만 f에 의해 결정된 함숫값이 아니므로 치역이 아니다. 공역은 치역의 원소보다 더 많거나 같다.

일차함수의 정의

$y=f(x)$가 x에 관한 일차식 $y=ax+b$ 형태일 때 이 함수 $f(x)$를 일차함수라 한다. $y=ax$라는 정비례 관계를 기억할 것이다. 이 관계는 원점을 지나는 함수이며 a가 양 또는 음이냐에 따라 제1사분면과 제3사분면 또는 제2사분면과 제4사분면을 지난다. 이때 a는 기울기이다.

이번 단원의 $y=ax+b$는 b만큼의 이동만 차이가 있을 뿐 $y=ax$와 별다른 차이점이 없다. 따라서 a는 여기서도 기울기이다. 혹시 왜 이 단원에서는 반비례 관계인 $y=\frac{a}{x}$를 다루지 않는지 궁금한 사람이 있는가? 그 이유는, 분모에 x가 있으므로 일차함수가 아니기 때문이다.

이제 $y=ax$를 시작으로 이 단원을 배워나가자.

$y=ax$ 그래프를 보자. 이 그래프에 y축으로 b만큼 이동하면 위로 그래프가 이동한 것을 알 수 있다. $y=ax+b$가 된 것이다.

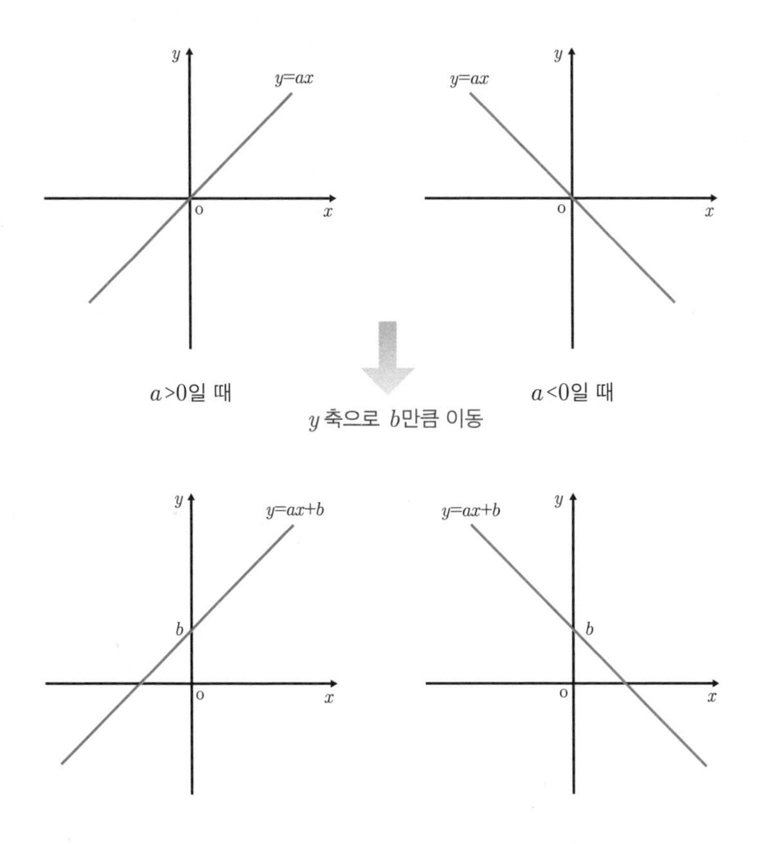

이번에는 $y=ax-b$ 그래프를 보자. $y=ax$ 그래프가 아래로 이동한 것을 확인할 수 있다.

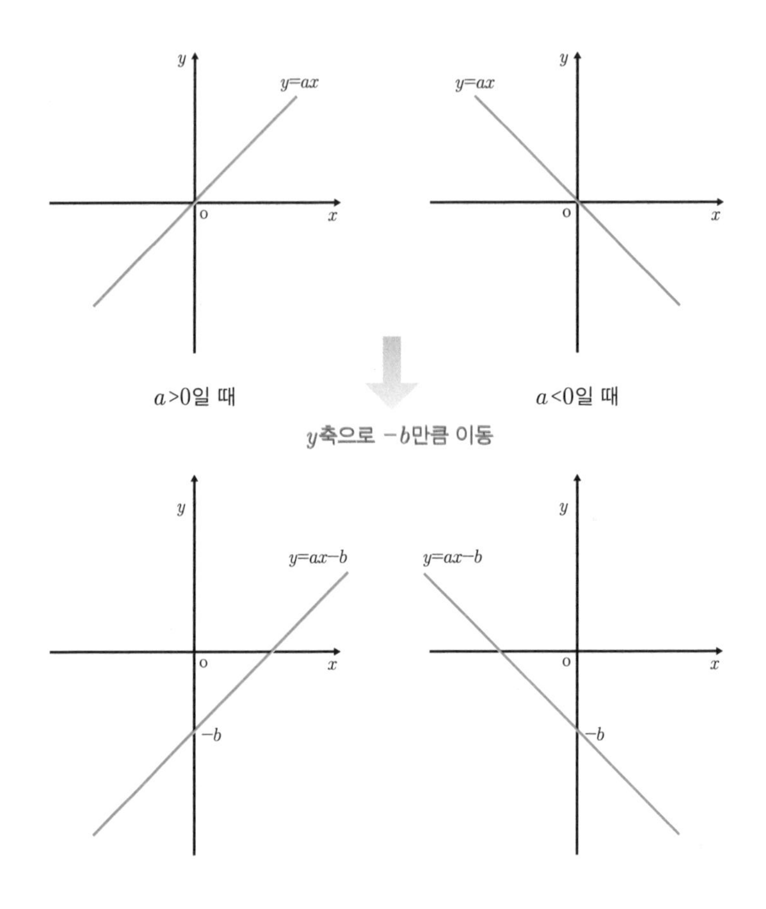

여러분이 이번 단원에서 알아야 할 것 중 첫 번째는 b가 y축 방향으로 위아래 이동하는 것이다. b가 0이면 $y=ax$ 그래프이다.

x 절편과 y 절편

일차함수 그래프에서 꼭 알아야 할 중요한 것에는 절편intercept이 있다.

절편은 x절편과 y절편이 있으며, x절편은 그래프가 x축과 만나는 점의 좌표이고, y절편은 그래프가 y축과 만나는 점의 좌표이다.

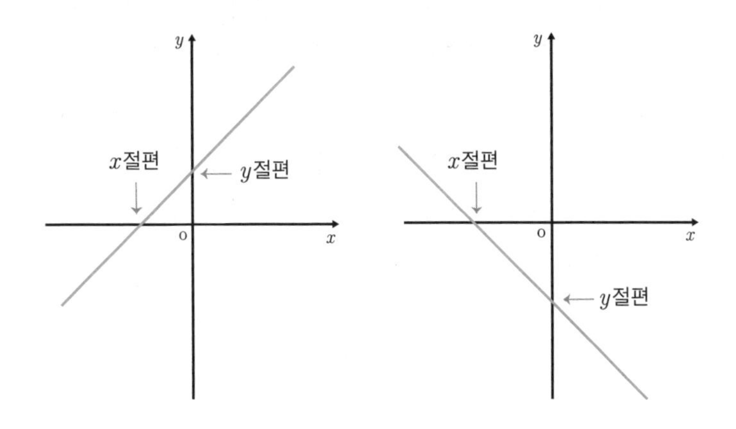

$y=ax+b$에서 x절편을 구하는 방법은 $y=0$을 대입한다.

$$y=ax+b$$

$y=0$을 대입하면

$$0=ax+b$$

$$x=-\frac{b}{a}$$

따라서 x절편은 $-\frac{b}{a}$이고, 점의 좌표는 $\left(-\frac{b}{a},\ 0\right)$이다.

y절편을 구하려면 $x=0$을 대입한다.

$$y=ax+b$$

$x=0$을 대입하면

$$y=a\times 0+b$$

$$y=b$$

따라서 y절편은 b이고, 점의 좌표는 $(0,\ b)$이다.

직선의 기울기

$y=ax+b$에서의 기울기는 a로, $\frac{y값의\ 증감량}{x값의\ 증감량}\left(=\frac{y\ 변화량}{x\ 변화량}\right)$이다. 증감량은 증가(+)와 감소(−)의 양을 의미한다. 증감량에 부호가 있어서 기울기는 양(+)의 부호 또는 음(−)의 부호를 가진다. 그리고 기울기가 0이 되면 $y=b$인 상수함수가 된다.

두 점 A, B가 있다고 하자. 점 A를 $A(x_1,\ y_1)$, 점 B를 $B(x_2,\ y_2)$로 나타내면 다음과 같다.

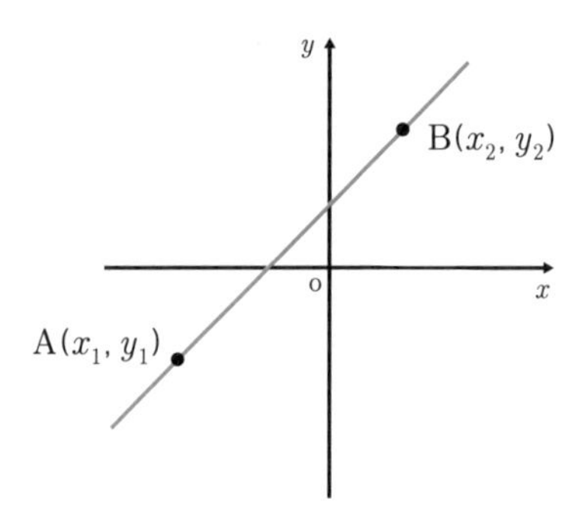

기울기는 a이며 $\frac{y_2-y_1}{x_2-x_1}$이다. 분모는 x값의 증감량이고 분자는 y값의 증감량이다. 구체적으로 숫자를 넣어서 풀어보자.

A(−2, −1), B(3, 2)이면,

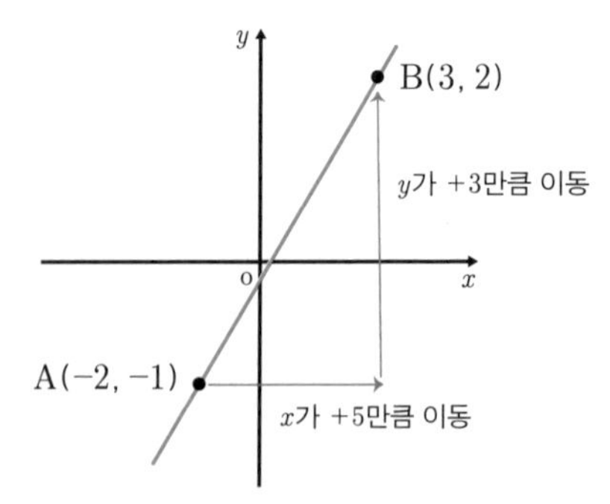

기울기는 $\frac{2-(-1)}{3-(-2)}=\frac{3}{5}$ 이다. $\frac{y_1-y_2}{x_1-x_2}$ 로 구해도 기울기는 $\frac{3}{5}$ 이 된다. 즉, 두 점의 좌표로 기울기를 구할 수 있다.

이번에는 두 점 C, D가 있다고 하자. C(−2, 2), D(3, 1)일 때의 기울기를 구하면 다음과 같다.

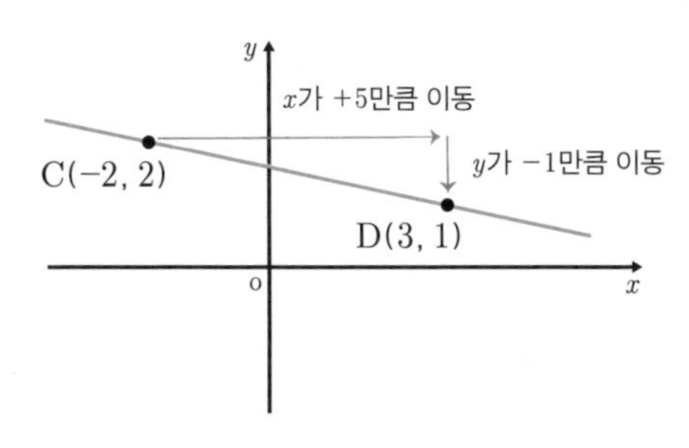

$\frac{1-2}{3-(-2)}=-\frac{1}{5}$ 이다.

조건이 주어질 때 일차함수 구하는 방법

1) 기울기와 y 절편이 주어질 때

기울기와 y 절편이 주어질 때 일차함수를 구하고자 한다면 $y=ax+b$ 에서 a와 b가 주어진 것이므로 주어진 수를 대입한다. 즉 기울기 a와 y 절편 b가 주어질 때 $y=ax+b$에 a, b를 대입한다.

조건이 전부 주어졌기 때문에 일차함수식을 구하는 방법 중 가장 쉬운 방법이다.

2) 기울기와 한 점이 주어질 때

$y=ax+b$에 한 점 $(m,\ n)$이 주어지면 기울기 a를 대입한 후 x에 m을, y에 n을 대입한다. 예를 들어 기울기가 2이고 점 (1, 3)을 지나는 함수식을 구해 보자.

$$y=ax+b$$

기울기 $a=2$를 대입하면

$$y=2x+b$$

점 (1, 3)을 지나므로 $x=1,\ y=3$을 대입하면

$$3=2\times1+b$$

$$\therefore\ b=1$$

다시 함수식에 $b=1$을 대입하면 $y=2x+1$이다.

y절편이 주어지지 않았으므로 기울기와 한 점 $(m,\ n)$을 통해 y절편을 구해서 일차함수식을 푸는 것이다.

3) 두 점이 주어질 때

두 점으로 일차함수식을 구할 수 있다. 두 점이 주어지면 기울기가 먼저 생각날 것이다. 두 점을 각각 $(x_1,\ y_1)$, $(x_2,\ y_2)$로 하면 기울기 $a=\dfrac{y_2-y_1}{x_2-x_1}$이며 식은 $y=ax+b$ 대신 $y=\dfrac{y_2-y_1}{x_2-x_1}x+b$가 된다. 여기서 $(x_1,\ y_1)$ 또는 $(x_2,\ y_2)$를 대입하여 b를 구할 수 있으며 이에 따라 일차함수식을 구할 수 있다.

예를 들어 A(1, 2), B(3, 4)를 지나는 일차함수식을 구해 보자.

기울기는 $\frac{4-2}{3-1}=1$이다.

$$y=ax+b$$

$a=1$을 대입하면

$$y=x+b$$

A (1, 2)를 대입하면

$$2=1+b$$

$$\therefore\ b=1$$

일차함수식은 $y=x+1$이다.

$y=x+b$에서 B(3, 4)를 대입해도 $b=1$, $y=x+1$이 된다.

두 점을 지나는 직선이 일차함수식이 되는 것이다. 이와 같은 문제를 만났을 때는 기울기뿐 아니라 일차함수식을 구해야 한다는 것도 꼭 기억하길 바란다.

4) x 절편과 y 절편이 주어질 때

x절편이 a이고 y절편이 b인 것을 그래프로 나타내면,

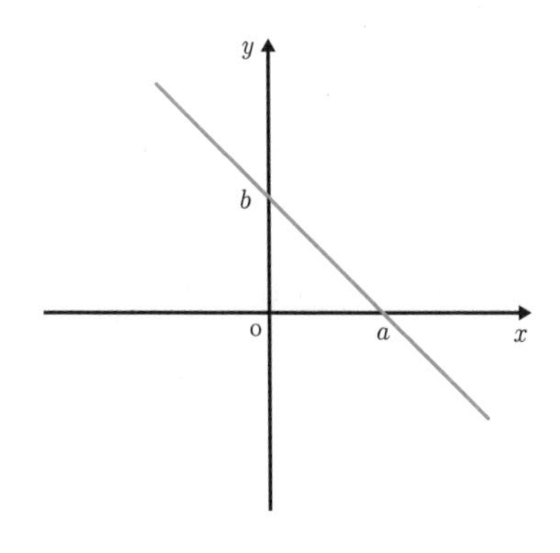

기울기$=\frac{b}{-a}=-\frac{b}{a}$임을 알 수 있다. 일차함수식은 $y=-\frac{b}{a}x+b$가 된다. 예제를 풀어보자.

x절편이 2, y절편이 3이면 $y=-\frac{3}{2}x+3$이다. 공식이 생각나지 않으면 그래프를 그려서 생각해도 된다.

상수함수

상수함수는 $x=a$ 또는 $y=b$ 같이 정의역에 관계없이 상수가 되는 함수이다. $x=a$ 그래프는 다음과 같다.

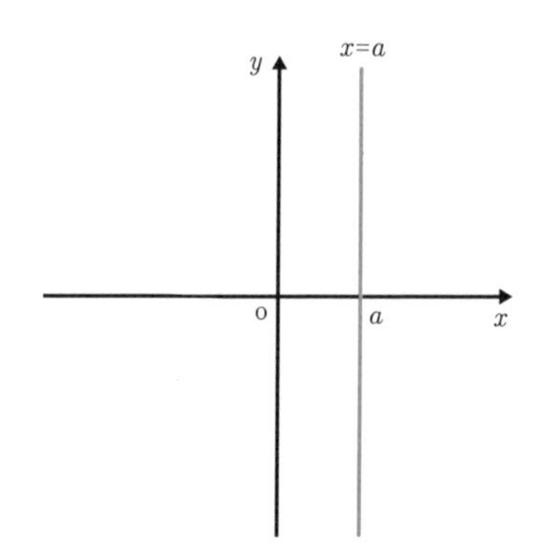

그림처럼 y축에 평행한 그래프이다. 항상 $x=a$를 지나게 된다. 이것은 기울기가 무한대(∞)가 되어 '기울기가 없다'고 말한다.

$y=b$ 그래프는 다음과 같다.

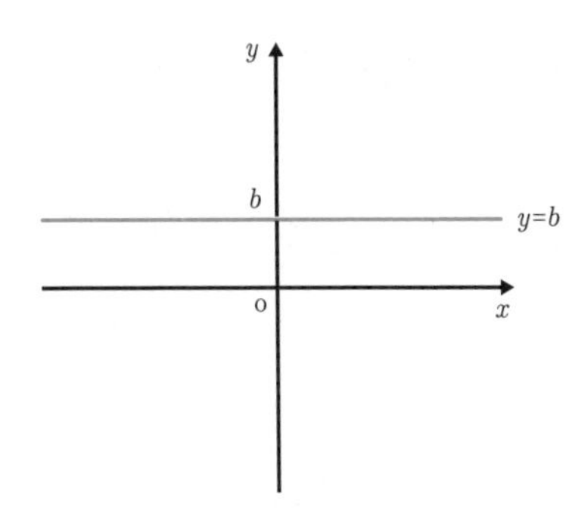

x축에 평행하다. 항상 $y=b$를 지나게 되며 기울기는 0이다. 따라서 $x=a$와 $y=b$는 상수함수이며 $x=a$ 그래프는 기울기가 없어서, $y=b$ 그래프는 기울기가 0이므로 일차함수의 그래프가 아님을 꼭 기억해 두자.

일차함수와 일차방정식의 관계

일차방정식은 $ax+by+c=0$으로 나타내는 것은 이미 알고 있다. 일차방정식의 목적은 x값과 y값을 구하는 것이며, 이에 따라 그 해가 무수히 많거나 하나뿐이거나 해가 없다는 것을 파악하는 것이 중요하다.

일차함수는 $ax+by+c=0$을 y에 관해 정리하여 $y=-\frac{a}{b}x-\frac{c}{b}$로 나타내어 그래프로 나타낸 것이다.

목적은 다소 차이가 있지만 일차방정식을 그래프로 나타내어 일차함수로 나타내면 같은 의미가 된다. 즉 일차방정식을 그래프로 나타내면 일차함수가 되는 것이다.

일차방정식 $ax+by+c=0$의 그래프라는 표현이 나오면 이것은

$y=-\frac{a}{b}x-\frac{c}{b}$로 바꾸어 나타낸 후 x절편과 y절편을 구하고, 직선의 그래프를 그려보면서 풀면 된다.

일차방정식 $x+y-4=0$의 그래프를 그리려면 일차함수로 생각하여 그리면 된다. 만약 x, y가 자연수이어야 한다면 순서쌍으로 $(x, y)=(1, 3)$, $(2, 2)$, $(3, 1)$의 3개가 된다. 그러나 x, y에 대해 어떠한 제약이 없다면 x, y는 무수히 많은 해를 가지는 직선의 그래프이다.

그리고 그래프는 점 그래프와 직선의 그래프를 둘 다 고려하여 생각하면 된다. 직선의 그래프는 점 그래프의 해를 포함하고 있다는 것도 알고 있으면 그래프를 그리는데 도움이 될 수도 있다.

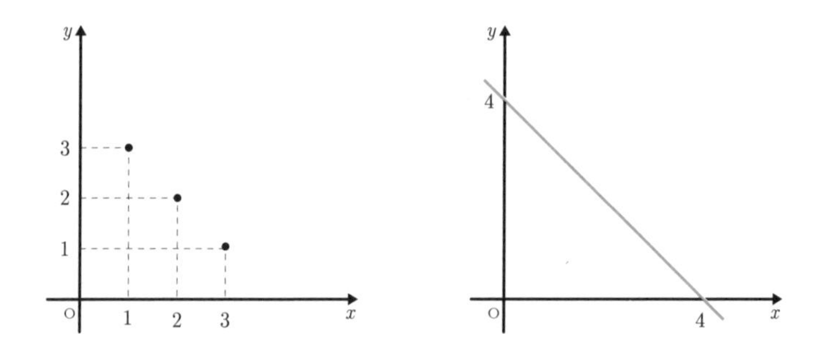

위의 왼쪽 그래프는 해를 자연수로 했을 때, 일차방정식 $x+y-4=0$의 그래프를 그린 것으로, 점 그래프이다. 그리고 점 그래프도 그래프이다. 오른쪽 그래프는 일차방정식 $x+y-4=0$의 그래프를 그린 것으로 해가 무수히 많은 것을 알 수 있다.

일차함수의 활용문제

1) 양초의 길이에 관한 일차함수의 활용문제

일차함수의 활용문제를 푸는 순서는 다음과 같다.

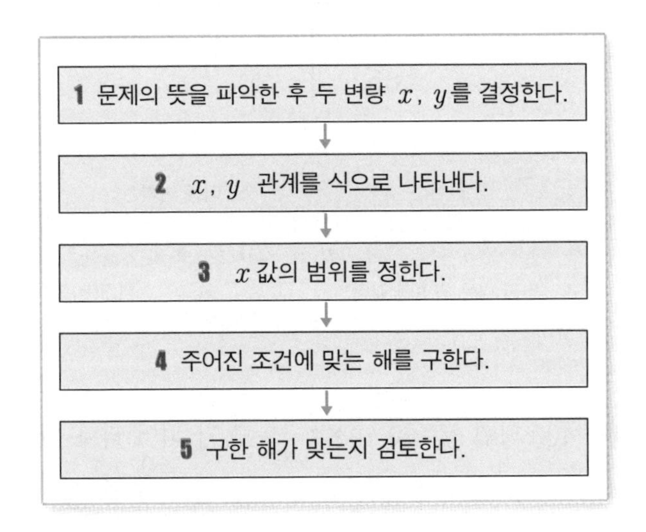

길이가 20cm이며 불을 붙이면 매분 4cm씩 짧아지는 양초가 있다. 처음 양초의 길이가 20cm이므로 1분이 지난 뒤 남은 길이는 $20-4=16$cm이다. 2분이 지나면 $20-8=12$cm가 된다. 그리고 5분 후에는 $20-20=0$이 되어 전부 다 탄다. 이것을 그래프로 그리면 다음과 같다.

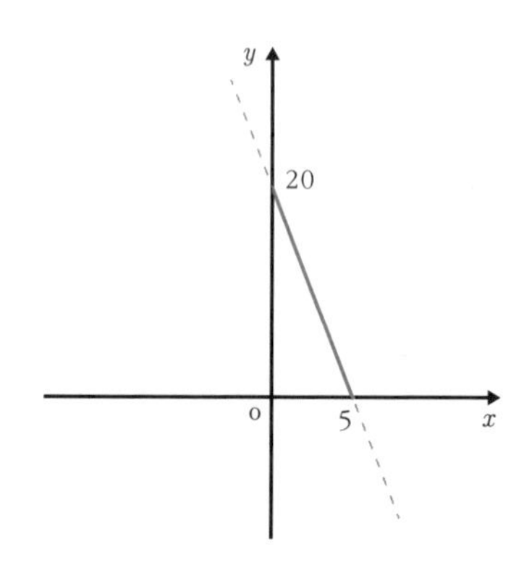

타는 속력

$$y = 20 - 4x$$

타고 남은 양초의 길이 처음 양초의 길이 시간(분)

x가 4분 40초라면 $y=20-4\times4\frac{2}{3}=\frac{4}{3}$가 되어 타다 남은 길이가 $\frac{4}{3}$cm가 된다. 여기에서 문제를 다 풀고 난 후 중요한 것은 정의역이다. 그래프에서 점선으로 나타난 부분은 지워도 된다. 단 원래 그래프 $y=20-4x$는 일차함수 $y=ax+b$ 형태로 써서 $y=-4x+20$으로 정리한다. 또 정의역 $0\le x\le5$를 써주어야 한다.

이 문제는 다른 유형도 있다. 현수는 20km 거리인 자전거 대회에서 0.3km/m의 속력으로 달린다. 출발한 지 x분 후 결승점까지 $y$km 남은 지점에 있을 때 일차함수식을 구해 정리하면 $y=-0.3x+20$이다. 이처럼 양초 길이 문제와 남은 거리 구하는 문제는 같은 맥락에서 생각하면 된다.

2) 속력, 시간, 거리에 관한 일차함수의 활용문제

일차함수의 활용문제는 x, y 두 변량뿐 아니라 정의역도 중요함을 강조했다. 방정식과 마찬가지로 거리=속력×시간 공식을 이용해 문제를 푼다는 것도 여러분은 이제 알고 있을 것이다.

A, B 두 지점이 있다. 두 지점의 거리는 40km이며 동진이는 A지점에서 7km/h, 상훈이는 B지점에서 5km/h로 서로 마주보고 출발했다. 그러면 x시간 후, A지점에서 떨어진 거리가 $y$km일 때 x, y의 관계를 알아보고, 두 사람은 몇 시간 후 A지점에서 몇 km 떨어진 곳에서 만나는지 구해보자.

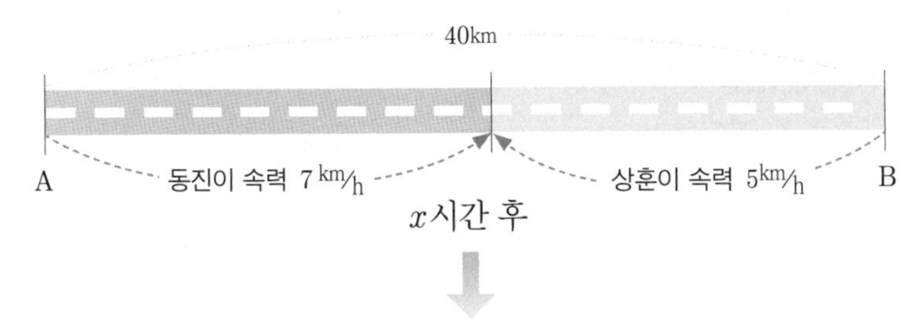

x시간 후

동진이가 움직인 거리 $y=7x$

상훈이가 움직인 거리 $40-y=5x$

$\therefore\ y=-5x+40$

x, y의 관계식은 동진이가 $y=7x$, 상훈이가 $y=-5x+40$이다. 그리고 동진이와 상훈이의 만나는 시각은 2개의 x, y 관계식을 $7x=-5x+40$으로 놓고 풀면 $x=3\frac{1}{3}$로 3시간 20분 후가 된다. 이때 A지점에서 떨어진 거리는 $y=7\times3\frac{1}{3}=\frac{70}{3}$km이다.

삼각형의 성질

이번 단원인 삼각형의 성질과 다음 단원인 사각형의 성질을 소개하기에 앞서 먼저 명제에 대해 간단히 설명한다. 명제는 고등학교 1학년 과정에 있지만 정의, 성질, 증명을 쉽게 이해하는데 도움이 되므로 개념 소개 정도로만 간단히 다루려고 한다.

명제, 정의, 성질, 증명

등산을 하다가 화사하게 피어난 노란 꽃을 보면서 '참 예쁜 꽃이다!' 라고 감탄을 하면 감탄사가 된다. 그렇다면 이 문장은 참 거짓을 판별할 수 있을까? 답은 '판단할 수 없다'이다. 왜냐하면 사람마다 기준이 다르고 개인의 감탄에 불과하기 때문이다. 노란 꽃이 예쁘다고 주장해도 다른 사람에게는 별로라는 의견이 나올 수 있다. 미술 작품을 보고 멋진

작품이라고 감동한 적도 있을 것이다. 그러나 어떤 사람은 더 빼어난 작품이 많다고 하면서 평점을 낮게 줄 수도 있다.

그렇다면 '1미터는 100cm이다'라는 문장은 어떨까? 이것은 세계가 표준으로 쓰는 길이의 기준이며 누구도 다른 생각을 내세울 수 없다. 이것은 명제이다. '해는 동쪽에서 뜬다'도 진리이면서 참인 명제이다. '개구리는 파충류이다'는 거짓이면서 명제이다. '$1+2=4$'도 거짓인 식이면서 명제이다.

명제는 이처럼 참인지 거짓인지 명확하게 판별할 수 있는 문장이나 식을 말한다.

명제 그 내용이 참인지 거짓인지 명확하게 판별할 수 있는 문장이나 식

명제를 'p이면 q이다'로 했을 때 p를 가정, q를 결론이라고 한다. '고래면 동물이다'라는 명제에서 p는 고래, q는 동물이다. 이 문장은 참이다. 고래는 동물에 속하기 때문이다. 만약 'q이면 p이다'처럼 p와 q를 바꾼다면 이를 명제의 역이라 한다. 따라서 '동물이면 고래다'는 명제의 역인데 거짓이다. 동물은 고래만 있는 것이 아니기 때문이다. 이처럼 문장과 식에서 명제가 참이라도 역은 거짓일 때가 있다.

계속해서 'p가 q이다'에서 결론을 부정하면 'p가 q가 아니다'가 된다.

삼각형의 뜻은 '세 변으로 둘러싸인 도형'이다. 다른 의미로도 표현이 가능하지만 삼각형을 의미하는 데 부족함이 없는 설명이다. 이처럼 용어의 뜻을 명확하게 규정한 것을 정의定義라 한다.

정의는 수학에서 그 뜻을 의미하므로 정확하게 아는 것이 중요하다. 정의에 따라 명제가 구분이 되고 문제를 해결하는 데 판단을 짓게 하기 때문이다. 수학에서 정의는 중요하므로 항상 바르게 이해하고 설명할 수 있도록 해야 하는데 이때 도형을 그리면서 생각하는 습관을 가진다면 큰 도움이 될 것이다.

따라서 여러 가지 도형에 관한 용어를 정리한 열 가지를 미리 기억해 두면 많은 도움이 될 것이다.

① 정삼각형 : 세 변의 길이가 같은 삼각형

② 이등변삼각형 : 두 변의 길이가 같은 삼각형

③ 직각삼각형 : 한 내각의 크기가 직각인 삼각형

④ 사다리꼴 : 한 쌍의 대변이 평행한 사각형

⑤ 등변사다리꼴 : 사다리꼴 중에서 서로 평행이 아닌 두 변의 길이가 같고 두 밑각의 크기가 같은 사다리꼴

⑥ 평행사변형 : 두 쌍의 대변이 각각 평행한 사각형

⑦ 직사각형 : 네 내각의 크기가 모두 같은 사각형

⑧ 마름모 : 네 변의 길이가 모두 같은 사각형

⑨ 원 : 평면 위의 한 점에서 일정한 거리에 있는 점들의 집합

⑩ 타원 : 두 정점의 거리의 합이 일정한 점의 자취

⑤번 정의는 틀리기 쉬운 만큼 등변사다리꼴의 정의를 정확히 기억해

야 한다. ⑦번도 네 내각의 크기가 각각 90° 인 사각형으로 잘못 알 때도 있는데, 위에 설명된 정의를 바르게 기억하여 문제를 풀 때 실수하지 않도록 항상 기억해둘 것을 다시 한번 강조한다.

정의와 참인 명제를 이용하여 어떤 명제가 참임을 밝히는 과정을 증명이라 한다. 증명은 서술로 나타내고 필요에 따라 그림을 그려서 상술할 때가 있다. 대체적으로 간결하게 쓰는 것이 좋지만 많은 문제를 접하고 예제에 설명된 증명을 따라 풀어보며 연습하는 것이 필요하다.

단번에 증명을 막힘없이 한다는 것은 생각만큼 쉽지 않은, 노력한 만큼 보답하는 것이 증명임을 기억해 두자.

증명이 된 명제를 성질이라 한다. 정삼각형의 정의는 세 변의 길이가 같은 삼각형이며 성질은 세 내각의 크기가 같다가 좋은 예이다. 세 변의 길이가 같으면 그에 따라 세 각이 같다는 것이다.

증명은 이미 옳다고 밝혀진 성질들을 이용해 참임을 보이는 것이다. 어떤 사건이나 명제에 대해 참임을 보이려면 증명이 반드시 필요하다. 수학에서 이해가 가지 않은 부분이 있을 때 증명을 통해 천천히 서술하다 보면 확연하게 이해되는 경우도 많다. 이렇게 깨달은 것은 쉽게 도망가지도 않으니 증명을 잘 활용해 보자.

삼각형의 성질

삼각형은 세 변으로 둘러싸인 도형을 말하지만 일반적으로 아무런 특성이 없는 삼각형은 별다른 성질은 없다. 세 변 외에는 별다른 성질이 없는 것이다. 따라서 우리가 관심을 가져야 할 삼각형은 특별한 삼각형으로, 이등변삼각형과 직각삼각형, 정삼각형이 그 대상이 된다.

이등변삼각형의 성질

알아두어야 할 이등변삼각형의 성질은 두 가지이다.

(1) 이등변삼각형의 두 밑각의 크기는 서로 같다.

(2) 이등변삼각형의 꼭지각의 이등분선은 밑변을 수직이등분한다.

이제 (1)번부터 증명해 보자.

(1)번은 삼각형의 두 각이 같으면 이등변삼각형이 된다는 성질이다. 에이~ 설마란 생각을 했다면 이제부터 하는 증명을 눈여겨 보라.

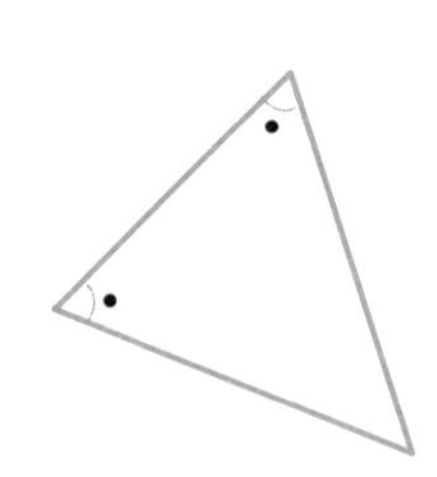

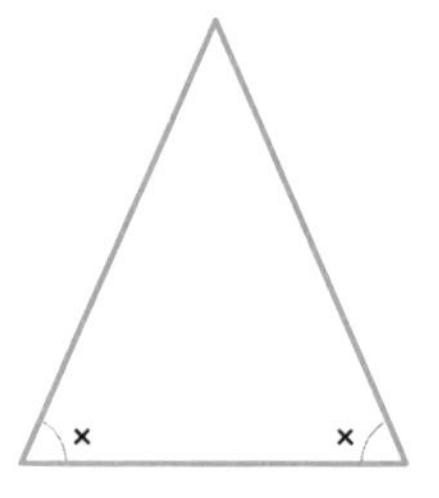

두 각이 같아도 이등변삼각형이 성립하지 않을 수도 있지 않을까?

증명할 때 필요한 $\triangle ABC$를 그린다.

증명을 할 때는 가정을 먼저 쓰고 결론을 내린다.

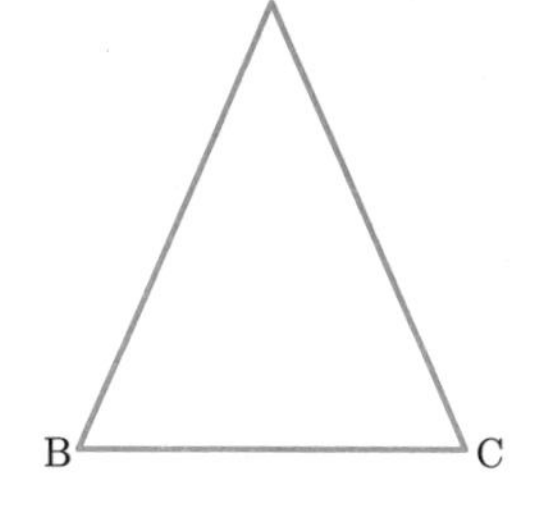

가정 $\triangle ABC$에서 $\angle B = \angle C$

결론 $\overline{AB} = \overline{AC}$

가정에 따라 결론을 이끌어내면 성질은 증명된다.

이에 따라 증명해 보자.

$\angle A$의 이등분선과 $\overline{BC}$의 교점을 M으로 하면,

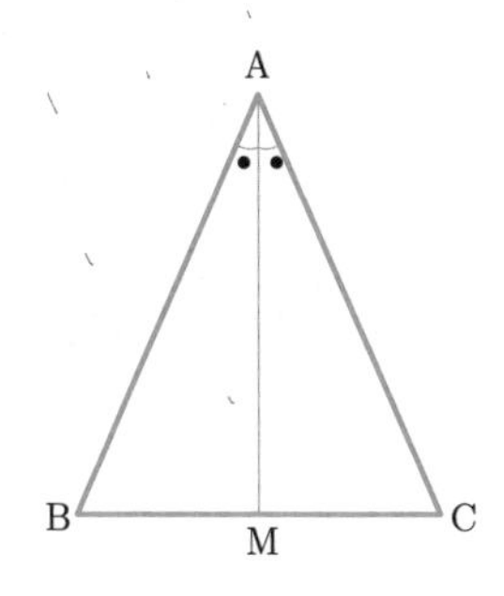

$\angle BAM = \angle CAM$ $\cdots$①

$\triangle ABM$과 $\triangle ACM$에서 $\overline{AM}$은 공통 $\cdots$②

$\angle B = \angle C$ $\cdots$③

①, ②, ③에 의해 $\angle AMB = \angle AMC$이므로

$\triangle ABM \equiv \triangle ACM$(ASA합동) $\cdots$④

$\therefore$ $\overline{AB} = \overline{AC}$

정리 (1)을 통해 두 내각이 같은 삼각형은 이등변삼각형임을 알게 되었다. 앞으로 도형에 관한 응용문제에서 두 내각이 같은 삼각형이 발견되면 이등변삼각형이다.

이번에는 (2)번을 증명해 보자.

이등변삼각형의 꼭지각의 이등분선은 밑변을 수직이등분한다는 것을 증명하는 것인데 이것도 그림을 그리면 다음과 같다.

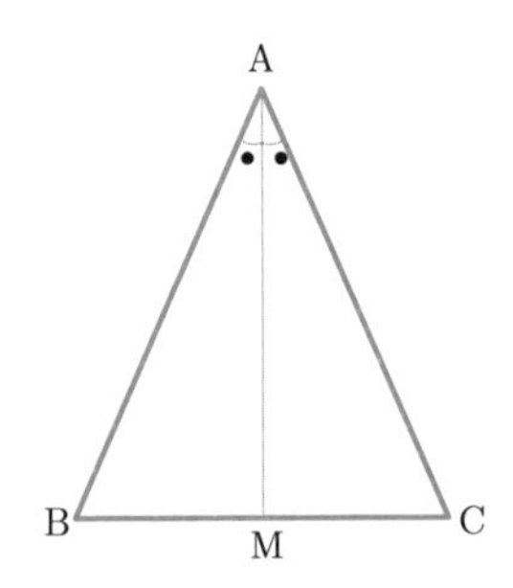

가정 $\overline{AB}=\overline{AC}$ 이고 $\angle BAM=\angle CAM$

결론 $\overline{AM}\perp\overline{BC}$이다.

이제 증명을 시작한다.

$\triangle ABM$과 $\triangle ACM$에서

$\overline{AB}=\overline{AC}$ …①

$\angle BAM=\angle CAM$ …②

$\overline{AM}$은 공통 …③

①, ②, ③에 의해 $\triangle ABM\equiv\triangle ACM$(SAS합동)

$\therefore\ \overline{BM}=\overline{CM}$ …④

여기서 $\angle AMB + \angle AMC = 180°$이므로 $\angle AMB = \angle AMC = 90°$이다.

$\therefore \overline{AM} \perp \overline{BC}$

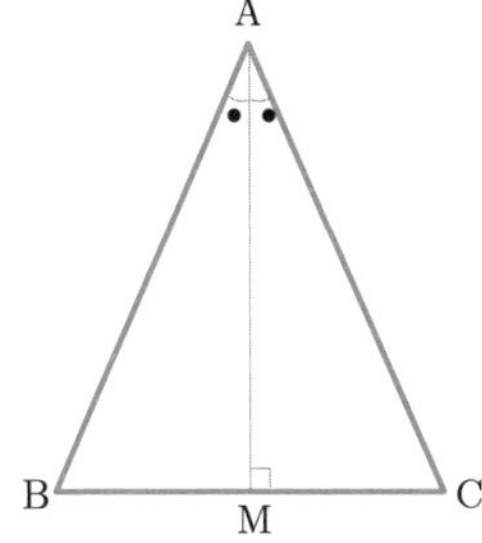

정리 (2)를 통해 이등변삼각형임이 밝혀지면 꼭지각을 이등분하는 선분을 수직으로 내렸을 때 밑변과 $90°$를 이루는 것을 알 수 있다.

정삼각형의 성질

정삼각형은 세 변의 길이가 같은 삼각형이다. 이것은 정의이며 성질은 '세 내각의 크기가 같다'이다. 따라서 명제는 '세 내각의 크기가 같은 삼각형은 정삼각형이다'라고 할 수 있다.

증명을 해 보자. 먼저 이등변삼각형의 두 내각이 같으면 두 변의 길이가 같아지는 성질을 이용하여 증명한다. 이는 등식 $A=B$, $B=C$이면 $A=C$가 되는 등식의 성질과 비슷하다.

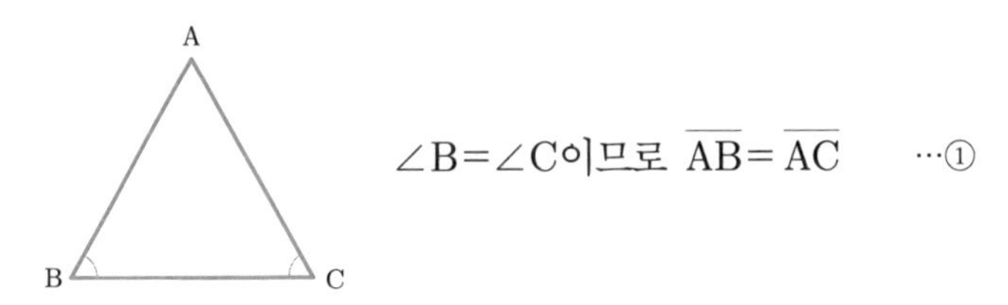

$\angle B = \angle C$이므로 $\overline{AB} = \overline{AC}$ …①

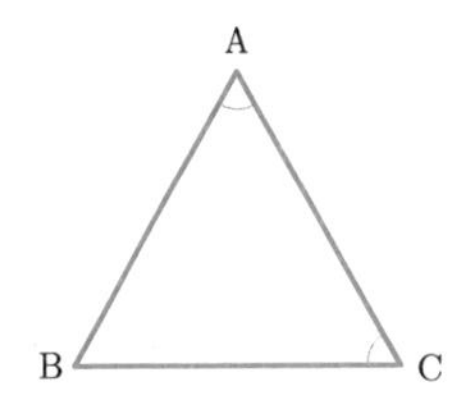

$\angle A = \angle C$이므로 $\overline{AB} = \overline{BC}$ …②

$\angle A = \angle B$이므로 $\overline{BC} = \overline{AC}$ …③

①, ②, ③에 의해 $\overline{AB} = \overline{BC} = \overline{AC}$이다. 따라서 $\triangle ABC$는 세 변의 길이가 같으므로 정삼각형이다.

삼각형의 세 내각의 크기가 같으면 정삼각형이 됨을 증명으로 알게 되었다.

직각삼각형의 합동조건

직각삼각형의 합동조건은 삼각형의 세 가지 합동조건인 SSS 합동조건, SAS 합동조건, ASA 합동조건에 더해지는 합동조건이다. 여기에 더해지는 두 합동조건으로는 **RHA 합동조건**과 **RHS 합동조건**이 있다.

RHA 합동조건

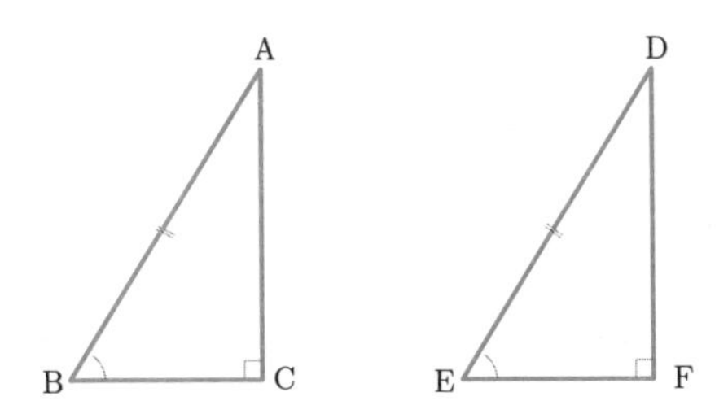

위의 그림처럼 $\triangle$ABC와 $\triangle$DEF에서 $\angle$C와 $\angle$F가 90°로 같고, 빗변(H)인 $\overline{AB}$와 $\overline{DE}$가 같고, $\angle$B와 $\angle$E가 같으면 RHA 합동조건이다. 이 RHA 합동조건은 직각삼각형에만 있는 합동조건이다. 또 $\angle$B와 $\angle$E가 같으면 $\angle$A와 $\angle$D가 같으므로 빗변을 공통으로 한 합동조건으로 하면 ASA 합동조건임을 알 수 있다. RHA 합동조건은 삼각형의 세 가지 조건에 더해지는 합동조건이지만 ASA 합동조건의 한 종류이다. 따라서 비슷한 합동조건이라고 보면 된다.

RHS 합동조건

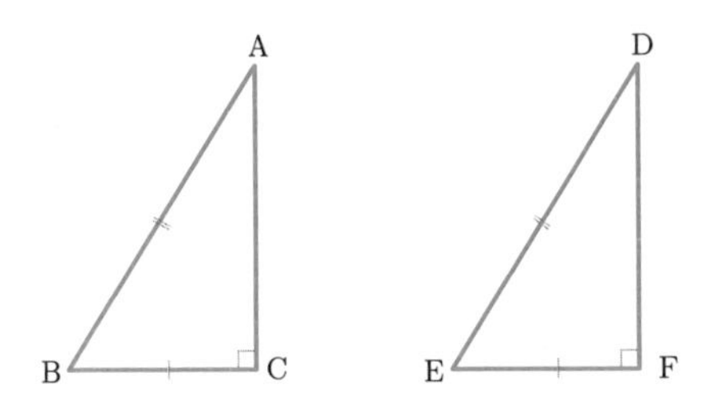

249쪽 아래 그림처럼 △ABC와 △DEF에서 ∠C와 ∠F가 90°로 같고, 빗변(H)인 $\overline{AB}$와 $\overline{DE}$가 같으며 $\overline{BC}$와 $\overline{EF}$인 변(S)이 같으면 RHS 합동조건이다. RHS 합동조건도 직각삼각형에만 있는 합동조건이다. 혹시 이와 같은 합동조건이 정말 맞는지 궁금하다면 수학에 필요한 자세를 가진 자신의 머리를 쓰다듬어주자. 정말 빗변과 직각과 한 변이 같다고 하여 합동이 된다고 볼 수 있을까? 지금부터 살펴보자.

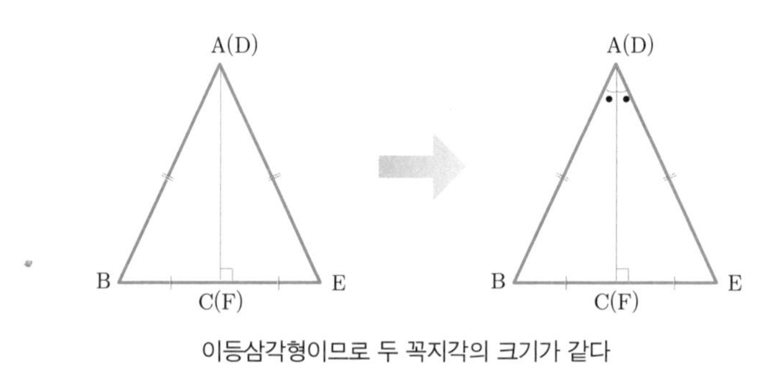

이등삼각형이므로 두 꼭지각의 크기가 같다

△ABC와 △DEF를 $\overline{AC}$와 $\overline{DF}$를 맞대어 붙였더니 이등변삼각형이 되었다. 그리고 이등변삼각형의 성질을 이용하니 ∠BAC와 ∠EAC가 같다는 것을 알 수 있다. △ABC와 △DEF은 SAS 합동인 것이다. 따라서 SAS 합동조건으로, RHS 합동조건이 직각삼각형의 합동조건을 성립하는 데 밑받침이 된다는 것을 알게 되었다.

삼각형의 내심과 외심

삼각형의 외심

삼각형을 그리기 위해서 꼭짓점 세 개를 표시하고,

선분을 이은 후 한 원이 그 세 점을 지난다고 하면 이 원은 삼각형에 외접外接한다고 한다. 원은 외접원이라 하며 외접원의 중심은 삼각형의 외심circumcenter이라 한다.

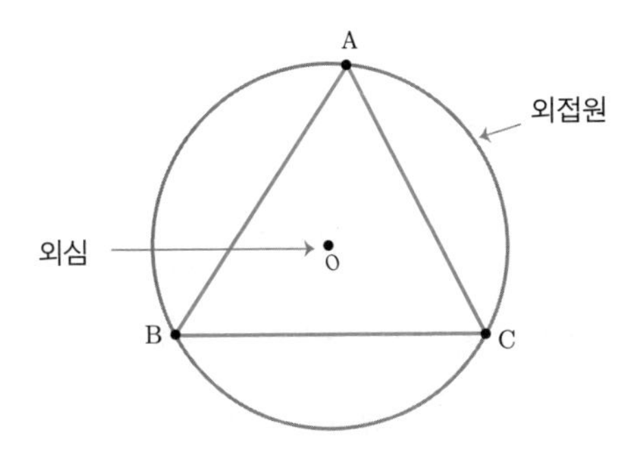

외심은 삼각형뿐만 아니라 여러 다각형에도 있다.

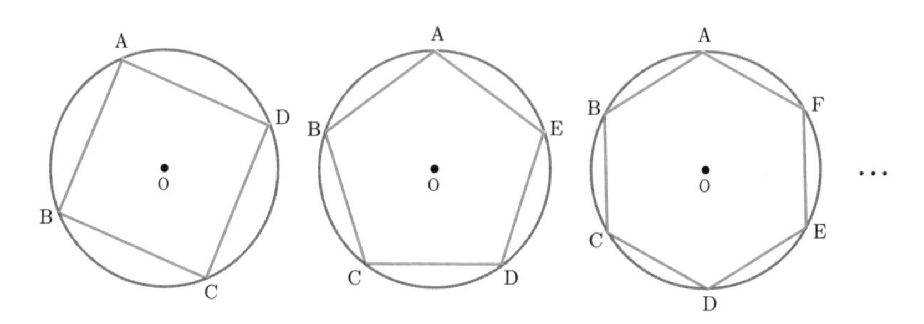

삼각형 외에도 외심과 외접원은 있다.

그런데 외심을 그리기 위해 점을 지나는 원을 작도하면 제대로 그려지지 않는다. 정확히 작도를 하기 위해서 외심을 그리는 방법은 다음과 같다.

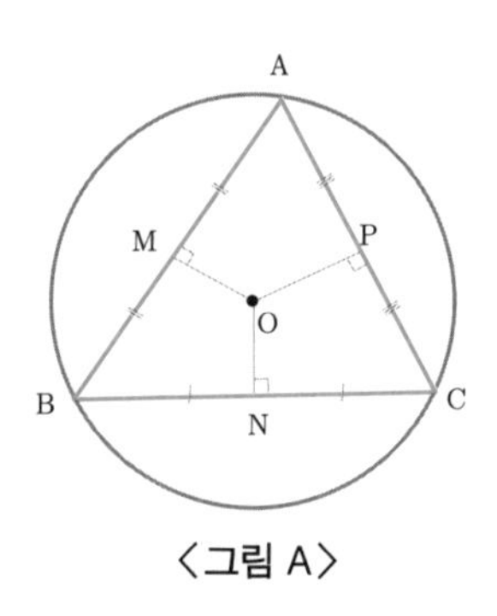

〈그림 A〉

$\overline{AB}$의 중점 M, $\overline{BC}$의 중점 N, $\overline{AC}$의 중점 P에서 수직이등분선을 긋는다. 세 변의 수직이등분선의 교점이 외심이 된다. 따라서 삼각형의 외심은 세 변의 수직이등분선의 교점이다.

이제 삼각형의 외심에서 원의 반지름을 선으로 그어보자. 이때 $\overline{AO}=\overline{BO}=\overline{CO}$가 된다. 그 결과 이등변삼각형이 △AOB, △BOC,

$\triangle$AOC로 세 개가 만들어진다.

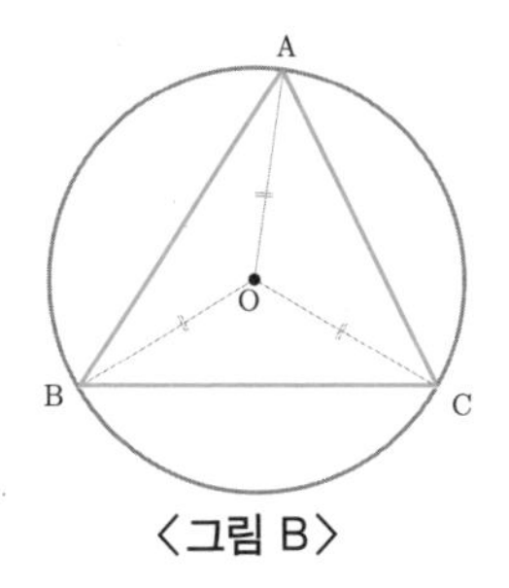

〈그림 B〉

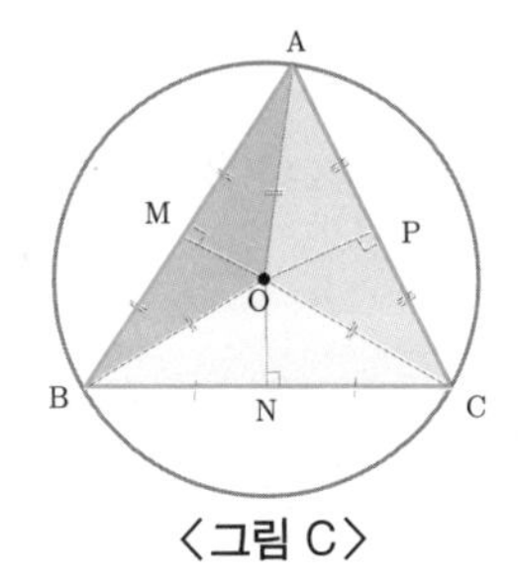

〈그림 C〉

<그림 C>는 <그림 A>와 <그림 B>에서 설명한 외심의 성질을 합한 것이다. 이에 따라 3쌍의 합동인 삼각형으로 만들어진다.

또 다른 삼각형의 외심의 성질로는 각에 관한 것이 있다.

$\triangle$AOB, $\triangle$BOC, $\triangle$AOC의 양 끝각을 $\angle a$, $\angle b$, $\angle c$로 하면,

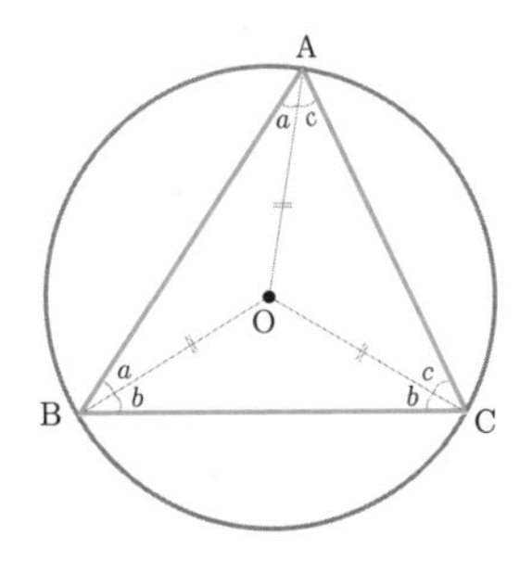

$\triangle$ABC의 세 내각의 크기의 합이 180°이므로 $2(\angle a+\angle b+\angle c)=180^\circ$이다. 양변을 2로 나누면 $\angle a+\angle b+\angle c=90^\circ$가 된다.

한편 원주각과 중심각의 관계는 원주각의 두 배가 중심각이 된다. 이것을 증명하려면 외심이 필요하다. 위 그림에서 $\angle$BAC는 $\overset{\frown}{BC}$에 대한 원주각이며 $\angle a+\angle c$인데, $\overset{\frown}{BC}$에 대한 중심각 $\angle$BOC는 $\triangle$ABC의

세 내각의 크기의 합을 생각해 식으로 나타낸다.

$$\angle OBC + \angle OCB + \angle BOC = 180^\circ$$

중심각을 좌변에 놓고 다른 각을 우변으로 이항하면

$$\begin{aligned}\angle BOC &= 180^\circ - \angle OBC - \angle OCB \\ &= 180^\circ - (\angle OBC + \angle OCB) \\ &= 180^\circ - (\angle b + \angle b) \\ &= 180^\circ - 2\angle b\end{aligned}$$

$\angle a + \angle b + \angle c = 90^\circ$에서 $\angle b = 90^\circ - \angle a - \angle c$를 대입하면

$$\begin{aligned}&= 180^\circ - 2(90^\circ - \angle a - \angle c) \\ &= 2(\angle a + \angle c)\end{aligned}$$

따라서 중심각이 원주각의 두 배가 됨을 알 수 있다.

외심의 위치는 예각삼각형, 직각삼각형, 둔각삼각형에 따라 다르다. 예각삼각형은 삼각형의 내부에 외심이 있다. 직각삼각형은 빗변의 중점에 있다. 둔각삼각형은 외심이 외부에 있다.

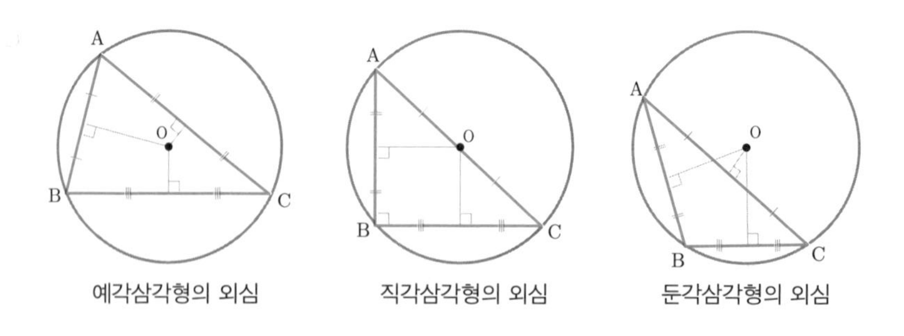

예각삼각형의 외심 직각삼각형의 외심 둔각삼각형의 외심

때문에 각의 종류에 따라 외심의 차이가 있는 것을 꼭 기억해야 한다.

외심은 세 변의 수직이등분선의 교점을 찾으면 쉽게 그려지는 것도 기억해 두자.

삼각형의 내심

삼각형의 외심은 세 변의 수직이등분선으로 교점을 정할 수 있고, 외접원도 그릴 수 있다. 이번에는 내심을 찾기 위해 삼각형의 각의 이등분선으로 작도해 보자.

세 각을 각각 이등분하여 만나는 점을 보자.

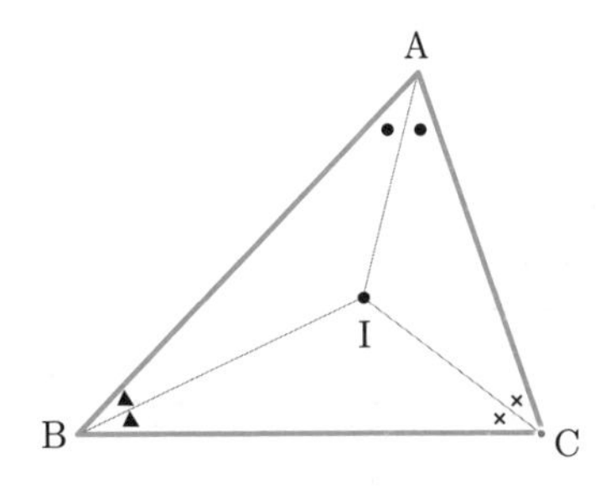

내심은 세 내각의 이등분선이 만나는 교점으로 I로 표시한다. 내심 I를 원의 중심으로 하고 삼각형 안에 접하는 원을 그리면 내접원이 된다.

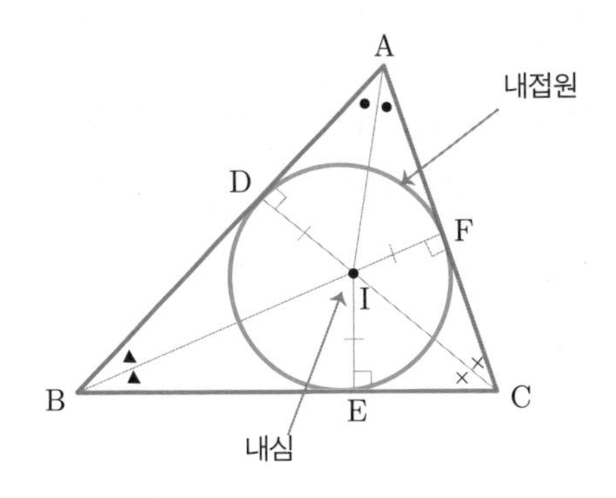

내심의 성질은 다음과 같다.

(1) 내심 I에서 각 변에 수선을 내리면 수선 $\overline{\text{ID}}=\overline{\text{IE}}=\overline{\text{IF}}$이다. 이것은 원의 반지름이다.
(2) 합동인 삼각형이 세 쌍이 만들어진다. △AID와 △AIF, △CIF와 △CIE는 RHA 합동조건, △BID와 △BIE는 RHS 합동조건이다.

(2)번에서 △AID와 △AIF, △CIF와 △CIE가 RHA 합동조건인 것은 직각(R)과 공통 빗변, 각의 이등분으로 증명이 된다. 그런데 △BID와 △BIE은 RHA 합동조건이 아닌 RHS 합동조건이다. 왜 그럴까? 그 이유는 먼저 말한 두 삼각형의 RHA 합동조건에 의해 $\overline{\text{ID}}=\overline{\text{IE}}=\overline{\text{IF}}$가 되어 $\overline{\text{ID}}$와 $\overline{\text{IE}}$가 같아지기 때문이다. 이에 따라 변(S)에 대한 조건이 더해져서 ∠B의 이등분 조건을 붙일 필요가 없으므로 RHS 합동조건이 된다.

그리고, 내심에서 알 수 있는 많이 응용하는 성질이 있다. 합동조건으로 이미 증명한 것을 단번에 파악할 수 있는 것이지만 각도에 관한 문제에 접할 때 문제를 푸는 속도를 향상해 주기도 할 것이다. ∠A, ∠B, ∠C의 이등분된 각을 각각 $\angle a$, $\angle b$, $\angle c$로 나타내 보자.

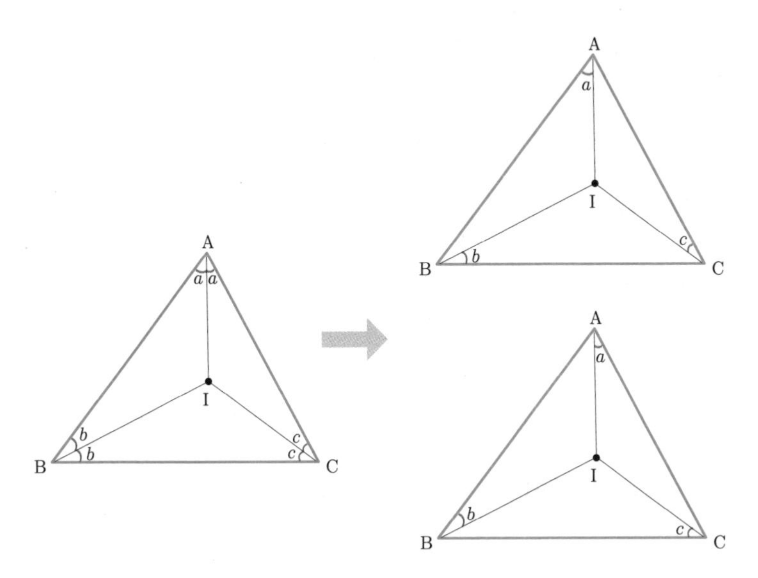

내심의 성질을 응용해서 오른쪽 2개의 그림에서 나타내는
각도처럼 $\angle a + \angle b + \angle c = 90^\circ$ 임을 알 수 있다.

또한 삼각형의 내심에는 외심에서 원주각과 중심각의 관계만큼 중요한 공식이 있다. 결론적으로 $\angle BIC = 90^\circ + \frac{1}{2}\angle A$가 성립하는 공식이다. 다음 그림을 보면 증명을 하지 않는다면 이해가 안 될 것으로 짐작이 되어 여러분에게 증명이 필요하다는 것을 알게 해줄 것이다.

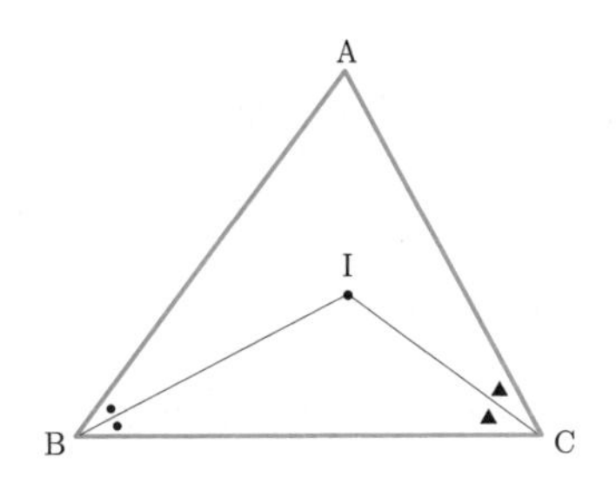

그러면 성립하는 지를 증명하는 과정을 보자.

가정 $\triangle ABC$에서 I는 $\triangle ABC$의 내심

결론 $\angle BIC = 90^\circ + \frac{1}{2}\angle A$

증명 점 I가 $\triangle ABC$의 내심이므로 $\angle ABI = \angle IBC$, $\angle IBC = \frac{1}{2}\angle B$,

$\angle ICB = \frac{1}{2}\angle C$이다.

$\angle IBC$에서 삼각형의 세 내각의 크기의 합은 180°이므로

$$\begin{aligned}\angle BIC &= 180^\circ - (\angle IBC + \angle ICB)\\ &= 180^\circ - \frac{1}{2}(\angle B + \angle C)\\ &= 180^\circ - \frac{1}{2}(180^\circ - \angle A)\\ &= 90^\circ + \frac{1}{2}\angle A\end{aligned}$$

따라서 증명이 완료되었다.

삼각형의 중점연결정리

$\triangle ABC$에서 $\overline{AB}$의 중점을 점 D, $\overline{AC}$의 중점을 점 E로 하자. 점 D와 점 E를 연결하면 한 개의 선분이 생긴다. 결국 $\overline{DE}$와 $\overline{BC}$는 평행하고 이때 $\overline{DE}$의 길이는 $\overline{BC}$의 길이의 $\frac{1}{2}$이 된다. 이것을 삼각형의 중점연결정리라 한다. 이에 의한 길이의 비를 알아보자.

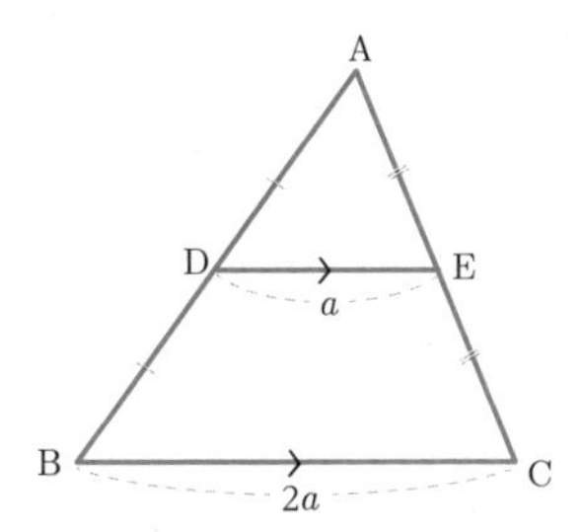

$\overline{AD}:\overline{DB}=1:1$이고, $\overline{AE}:\overline{EC}=1:1$이다. $\overline{DE}:\overline{BC}=1:2$인 것이 삼각형의 중점연결정리의 핵심이다. 만약 이를 역삼각형으로 생각하면,

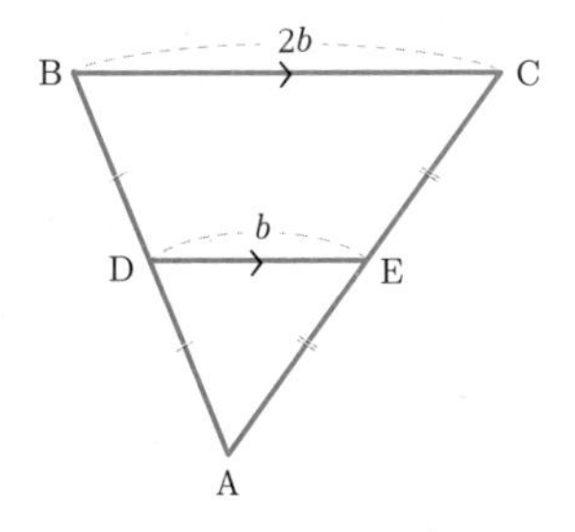

$\overline{AD}:\overline{DB}=1:1$이고, $\overline{AE}:\overline{EC}=1:1$인 조건이 같을 때 $\overline{DE}:\overline{BC}=1:2$이다.

삼각형 넓이의 비

두 직선 l과 m이 있다. 직선 m 위에 점 B, C가 있고 직선 l 위에 점 A가 있을 때 선분을 연결하면 $\triangle ABC$가 만들어진다.

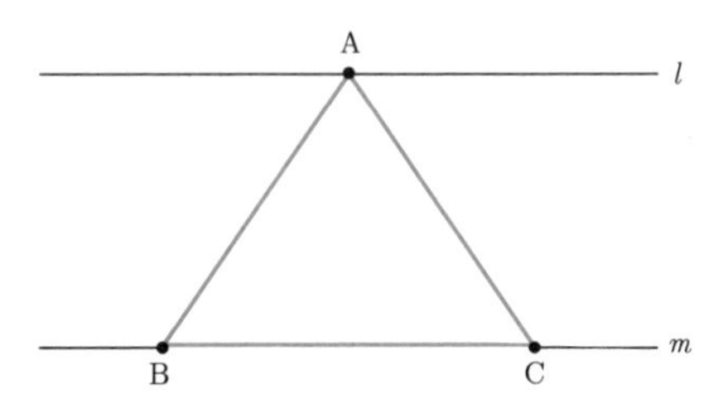

한편 직선 l 위에 점 A를 이동하면 삼각형의 모양은 달라지지만 넓이는 항상 같게 된다.

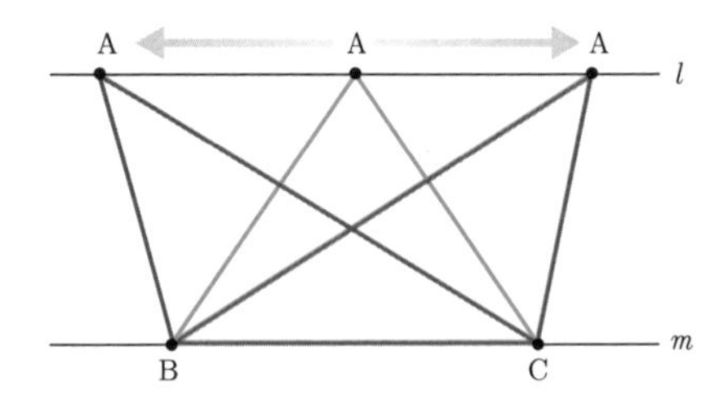

넓이가 같은 이유는 $\overline{BC}$는 길이가 일정하고 높이도 변하지 않기 때문이다. 다음 삼각형도 밑변의 길이가 같을 때 삼각형의 넓이가 같은 예이다.

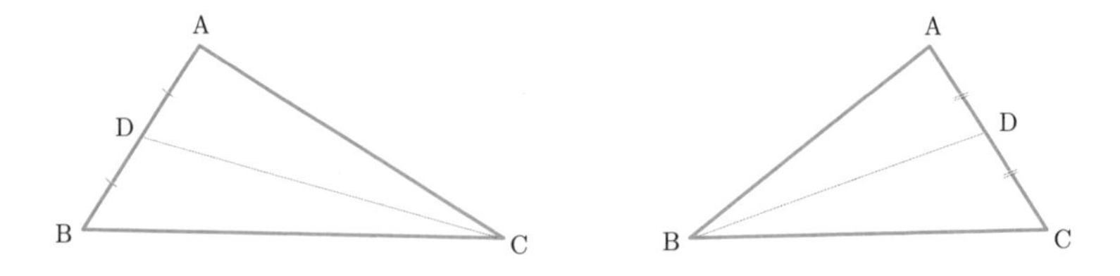

왼쪽 그림의 △CAD와 △CBD는 두 밑변의 길이가 같고 높이도 같으므로 넓이 또한 1 : 1로 같다. 오른쪽 그림의 △BAD와 △BCD도 두 밑변의 길이가 같고 높이가 같으므로 넓이 또한 1 : 1로 같다.

그렇다면 밑변의 길이의 비가 1 : 2일 때는 넓이의 비는 어떻게 변할까?

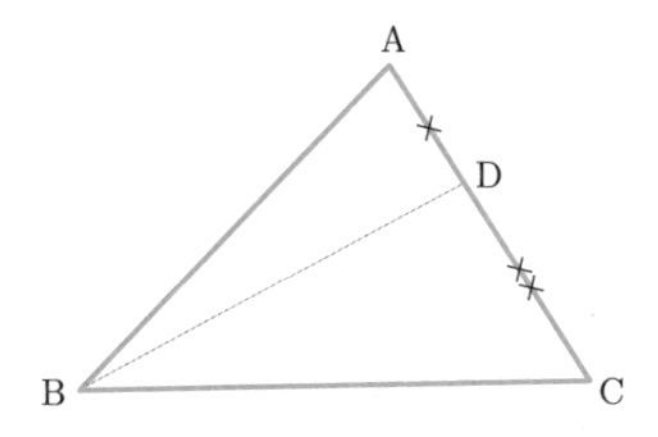

위의 삼각형처럼 밑변 길이의 비가 $\overline{AD}:\overline{CD}=1:2$일 때 높이는 일정하므로 넓이의 비는 1 : 2이다. 즉 밑변의 길이에 따라 넓이의 비가 결정된다.

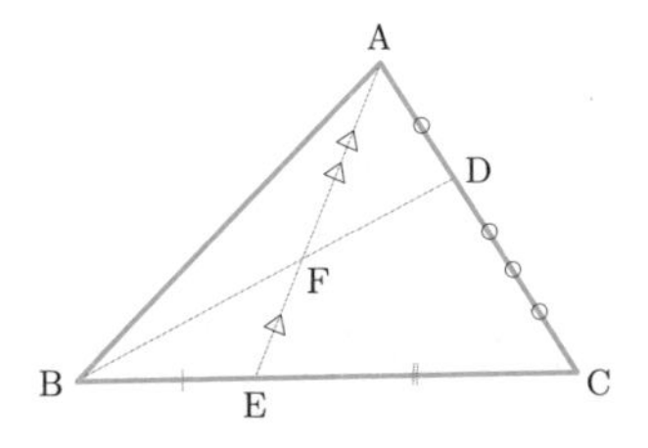

위의 삼각형에서 $\overline{AF}:\overline{EF}=2:1$, $\overline{BE}:\overline{EC}=1:2$, $\overline{AD}:\overline{CD}=1:3$이다. 네 개로 나뉜 다각형의 넓이의 비를 알아보자.

네 개의 다각형은 △ABF, △FBE, △AFD, □FECD이다. 가장 먼저 △ABF와 △FBE의 넓이의 비는 밑변의 길이가 2 : 1이므로 넓이의 비도 2 : 1이다. △ABC를 △ABE와 △AEC로 나누었을 때도 밑변의 길이의 비에 따라 넓이의 비가 1 : 2임을 알 수 있다. 이를 좀 더 이해하기 쉽게 숫자로 나타내보자.

넓이를 △ABF는 2, △FBE는 1로 하면 △ABE는 3이다. 따라서

$\triangle$AEC는 6이 된다.

이번에는 $\triangle$AEC를 보자. 이 삼각형은 $\triangle$AFD와 $\square$FECD로 나누어져 있다.

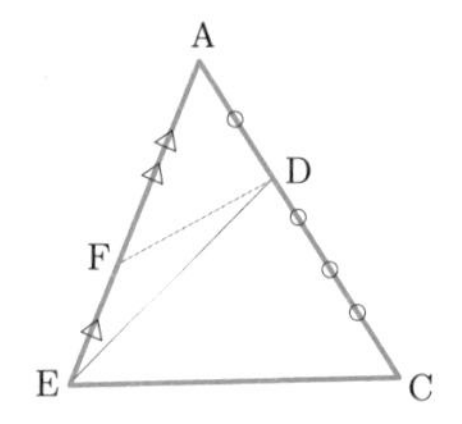

점 D와 점 E에 연장선을 하나 그으면 $\triangle$AED와 $\triangle$DEC의 넓이의 비를 알 수 있다. $\overline{AD}$, $\overline{CD}$를 밑변으로 하면 1 : 3이므로 넓이의 비도 1 : 3이다. 따라서 $\triangle AED=6\times\frac{1}{4}=\frac{3}{2}$, $\triangle DEC=6\times\frac{3}{4}=\frac{9}{2}$이다. 그리고 $\triangle$AED에서 $\triangle$AFD와 $\triangle$FED의 밑변이 각각 $\overline{AF}$와 $\overline{FE}$이므로 넓이의 비가 2 : 1이다. $\triangle$AED의 넓이가 $\frac{3}{2}$이므로 $\triangle$FED의 넓이는 $\frac{3}{2}\times\frac{1}{3}=\frac{1}{2}$이다.

$\triangle$AFD의 넓이는 $\frac{3}{2}\times\frac{2}{3}=1$이고, $\square$FECD의 넓이는 $\triangle$FED와 $\triangle$DEC의 합이므로 $\frac{1}{2}+\frac{9}{2}=5$이다. 따라서 $\triangle ABF:\triangle FBE:\triangle AFD:\square FECD=2:1:1:5$ 이다.

사각형의 성질

사각형은 네 변과 네 개의 꼭짓점을 가진 도형이다. 사각형은 주변에서 흔히 볼 수 있는 도형으로, 책, 문, 방패연, 지우개, 계산기, 자, 국기 등 여러 가지 물건에서 관찰할 수 있다. 사각형은 네 변과 네 개의 꼭짓점만을 가진 도형으로, 다음과 같은 모양들이 있으며 특별한 특징은 없다.

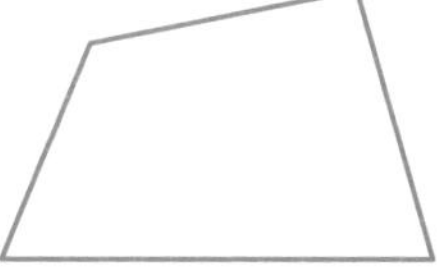

사각형은 이 외에도 수많은 다른 모양이 존재한다.

앞에서 삼각형은 세 변의 길이(3S)가 주어지면 하나의 삼각형을 만들 수 있지만 다른 형태의 삼각형은 만들 수 없다. 그러나 사각형은 네 변의 길이가 주어지면 다양한 형태의 사각형을 여러 개 만들 수 있다.

아래의 그림은 네 변이 주어지면 만들 수 있는 다른 형태의 사각형이다.

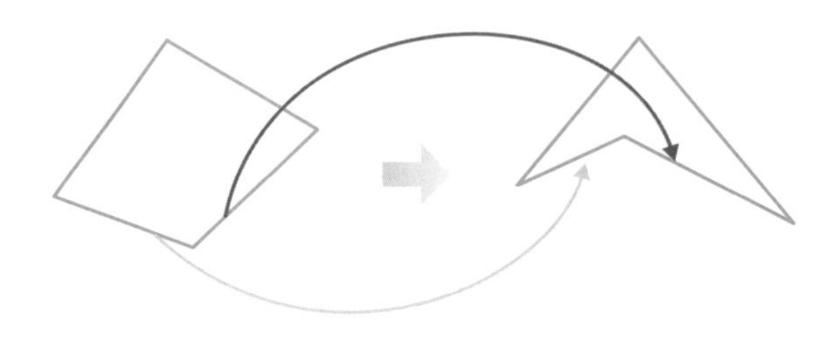

왼쪽 그림에서 두 변만 움직여 주어도 오른쪽 그림처럼 모양이 다른 사각형이 만들어진다. 왼쪽 사각형을 볼록 사각형, 오른쪽 사각형을 오목 사각형이라 한다.

사다리꼴의 성질

사각형에 한 단계 나은 특징을 붙여서 만든 사각형이 있다. 바로 사다리꼴이다. 한 쌍의 대변이 평행한 사각형을 사다리꼴trapezoid이라 한다.

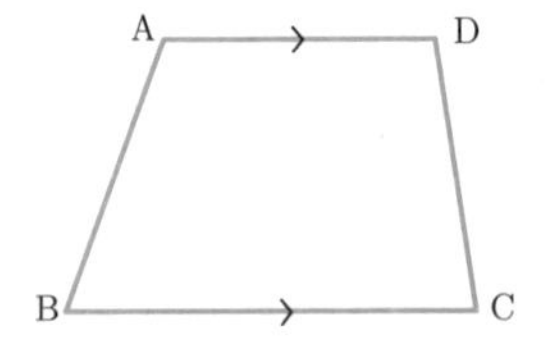

사다리꼴은 정의대로 한 쌍의 대변이 평행한 것 외에는 성질이 없다. 그래서 사다리꼴을 배우게 되면 등변사다리꼴이 나오게 된다. 등변사다리꼴isosceles trapezoid은 밑변의 양 끝각의 크기가 같은 사다리꼴이다.

두 변이 평행하고 양 끝각의 크기가 같으면 등변사다리꼴이다.

등변사다리꼴은 배를 거꾸로 뒤집은 모습, 텐트 옆모습 등 우리에게 친숙한 모양이 많다. 등변사다리꼴의 성질은 두 가지이다. 첫 번째는 평행하지 않는 한 쌍의 대변의 길이가 같은 것이다. 두 번째는 두 대각선의 길이가 같다.

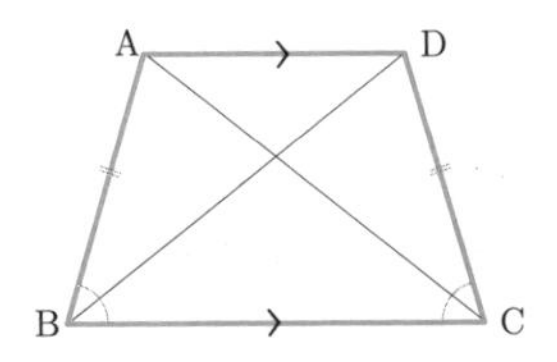

첫 번째 성질에서 평행하지 않은 한 쌍의 대변은 $\overline{AB}$와 $\overline{CD}$이다. 두 번째 성질에서 두 대각선 $\overline{AC}$와 $\overline{BD}$의 길이는 같음을 알 수 있다.

평행사변형의 성질

사다리꼴보다 더 특성 있는 사각형이 있다. 사다리꼴의 성질보다 조건을 더욱 갖춘 사각형으로, 평행사변형parallelogram이다. 평행사변형이란 두 쌍의 대변이 평행한 사각형이다.

평행사변형의 정의로 본다면 사다리꼴보다 한 쌍의 대변이 더 평행하다고 하나 세 가지 성질을 더 가지고 있다.

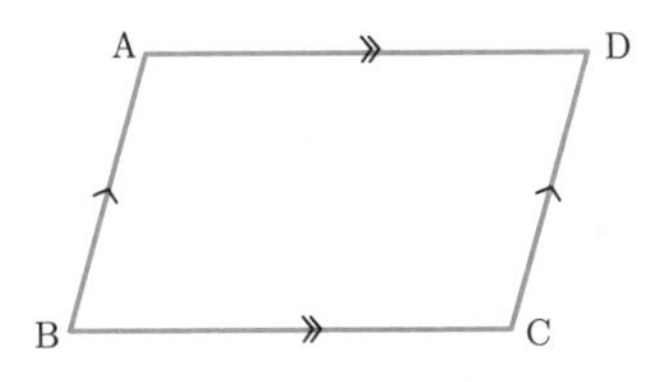

평행사변형의 성질은 세 가지가 있다.

첫 번째는 두 쌍의 대변의 길이가 각각 같다.

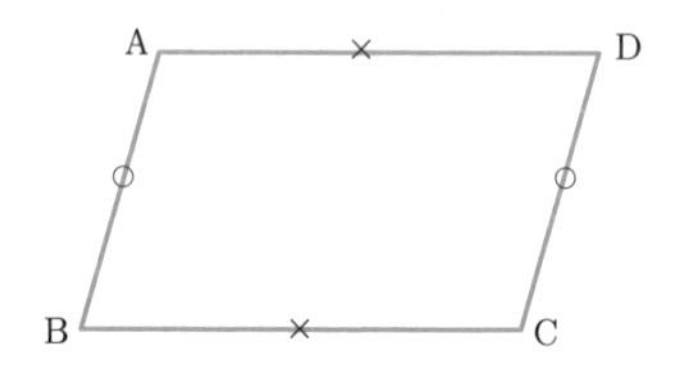

즉 $\overline{AB}$와 $\overline{CD}$가 같고, $\overline{AD}$와 $\overline{BC}$가 같다.

두 번째는 두 쌍의 대각의 크기가 각각 같다.

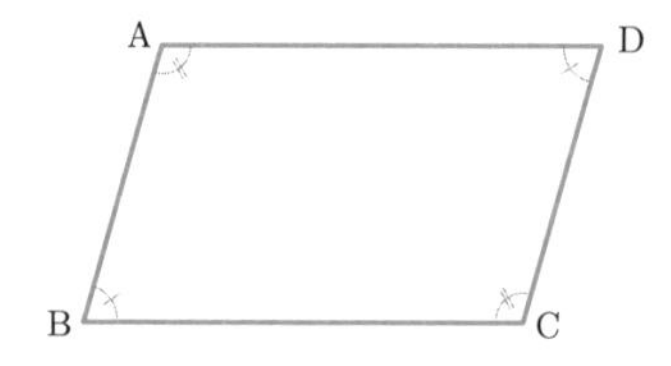

즉 $\angle A=\angle C$이고, $\angle B=\angle D$이다.

세 번째는 두 대각선은 서로 다른 것을 이등분한다.

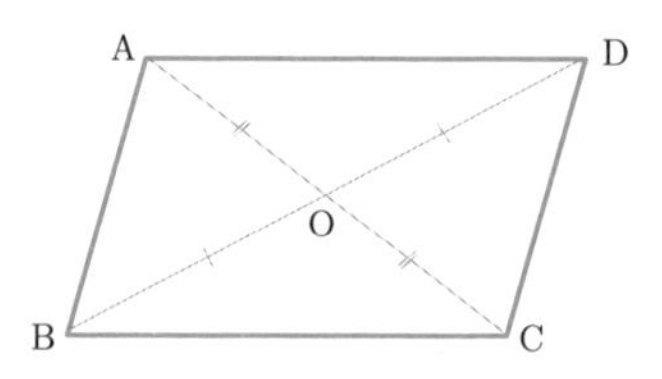

대각선 $\overline{BD}$가 대각선 $\overline{AC}$를 이등분하고 $\overline{AO}$와 $\overline{CO}$를 만드는 점 O는 두 대각선의 교점이 된다. 마찬가지로 대각선 $\overline{AC}$가 대각선 $\overline{BD}$를 이등분하고 $\overline{BO}$는 $\overline{OD}$와 같다.

사각형이 평행사변형이 되려면 정의에서 말한 것처럼 두 쌍의 대변이 각각 평행하면 된다. 그리고 앞서 설명한 세 가지 성질 중 하나에 해당해도 평행사변형이 된다. 또한 아래 그림에서 확인할 수 있듯, 한 쌍의 대변이 평행하고 그 길이가 같아도 평행사변형이 된다.

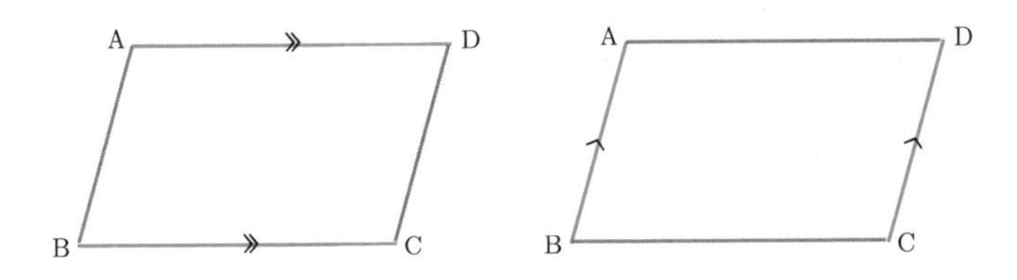

직사각형과 마름모의 성질

평행사변형에 조건을 더 붙이면 직사각형이나 마름모가 된다. 따라서 어떤 조건이 더 붙어서 직사각형이 되는지, 마름모가 되는지 구분해야 한다.

직사각형의 성질

직사각형의 정의는 네 내각의 크기가 같은 사각형이다. 평행사변형은 네 내각의 크기가 같지 않고 대각의 크기만 서로 같아서 직사각형의 조건에 맞지 않는다.

혹시 여러분 중에 직사각형의 정의를 네 내각이 90°인 사각형으로 알고 있다면 틀린 명제는 아니지만 정의라고는 할 수 없다. 직사각형의 정확한 정의는 네 내각의 크기가 모두 같은 사각형이다. 그리고 네 내각의 크기가 같은 것을 각으로 나타내면 $\angle A=\angle B=\angle C=\angle D=90^\circ$ 이다.

직사각형의 성질은 두 대각선의 길이가 같고 서로 다른 것을 이등분한다.

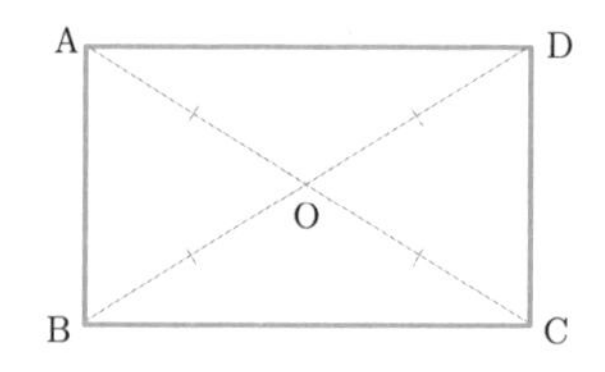

두 대각선의 길이가 같고 서로 이등분하므로 $\overline{AO}=\overline{CO}=\overline{BO}=\overline{DO}$ 이다.

마름모의 성질

평행사변형에서 네 각이 같아지면 직사각형이 된다. 평행사변형의 네 변이 같아지면 그때는 마름모가 된다. 따라서 마름모rhombus의 정의는 네 변의 길이가 같은 사각형이다. 성질은 세 가지가 있으며, 정의와 성질 세 가지 중 어느 하나에 해당하면 사각형은 마름모가 된다.

첫 번째는 평행사변형이면서 두 대각선이 수직으로 만난다. 평행사변형은 두 대각선이 서로 다른 것을 이등분한다. 수직은 아니다. 그러나 두 대각선이 수직으로 만나게 조건을 붙이면 이 도형은 마름모가 된다.

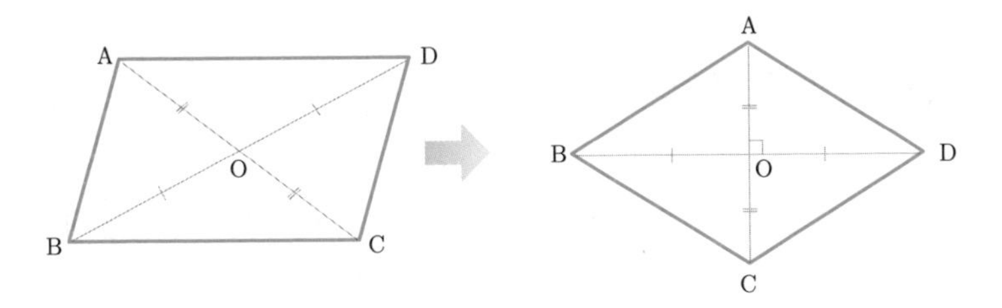

왼쪽 그림을 오른쪽 그림처럼 두 대각선만 수직으로 바꾸면 마름모가 되는 것이다.

두 번째는 평행사변형이면서 이웃하는 두 변의 길이가 같다.

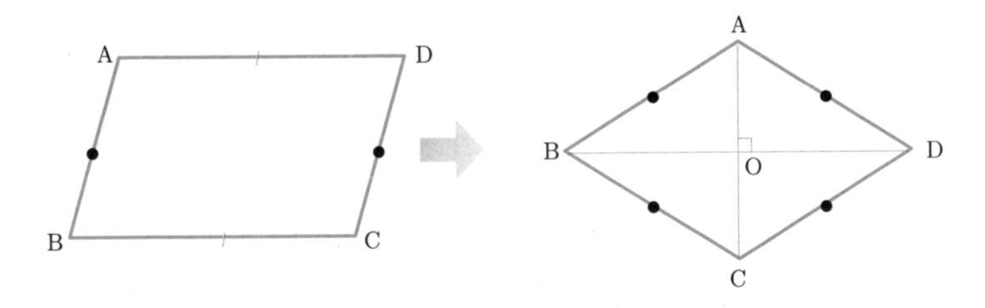

왼쪽 그림에서 평행사변형의 이웃하는 두 변 $\overline{AD}$와 $\overline{CD}$는 서로 다르지만 같게 하고 $\overline{AB}$와 $\overline{BC}$도 동일하게 하면 네 변이 같게 된다. 그 결과 마름모가 된다.

세 번째는 두 대각선이 서로 수직이등분한다. 이는 사각형이 두 대각선이 서로 수직이등분하는 조건을 가지게 되면 마름모가 된다는 의미이다.

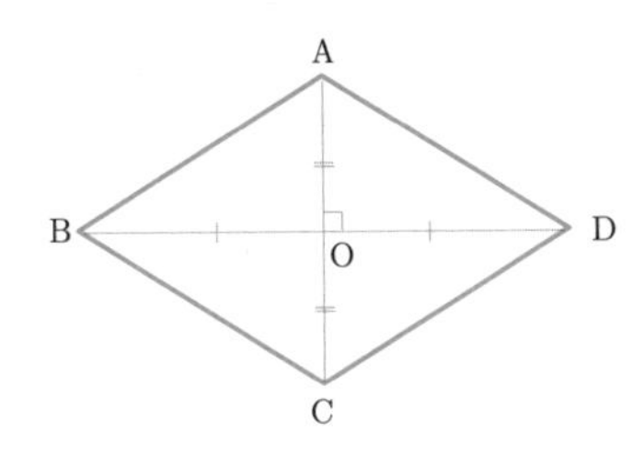

정사각형의 성질

정사각형square의 정의는 네 변의 길이가 같고, 네 각의 크기가 같은 사각형이다.

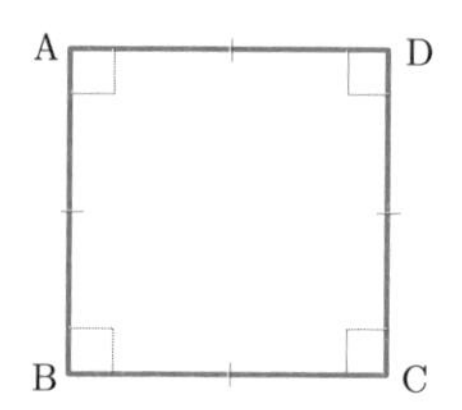

사각형 중에서 가장 이상적인 사각형이면서 조건이 가장 까다롭다. 직사각형과 마름모의 성질을 합한 사각형이라고 생각하면 된다. 직사각형이 정사각형이 되기 위한 조건은 두 대각선이 직각을 이루거나 이웃하는 두 변이 같으면 된다.

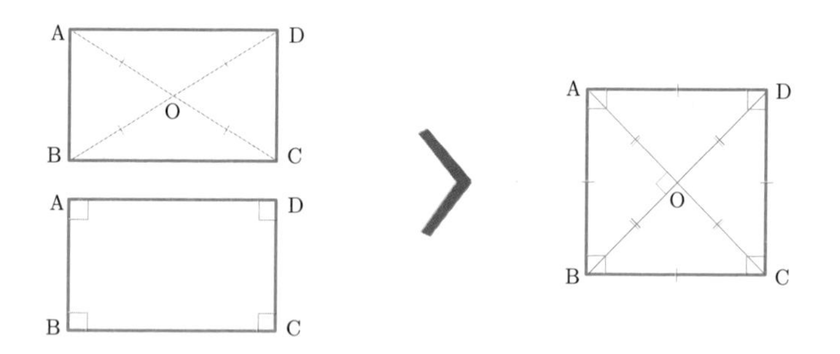

마름모가 정사각형이 되기 위한 조건은 한 내각이 직각이 되거나 두 대각선의 길이가 같으면 된다.

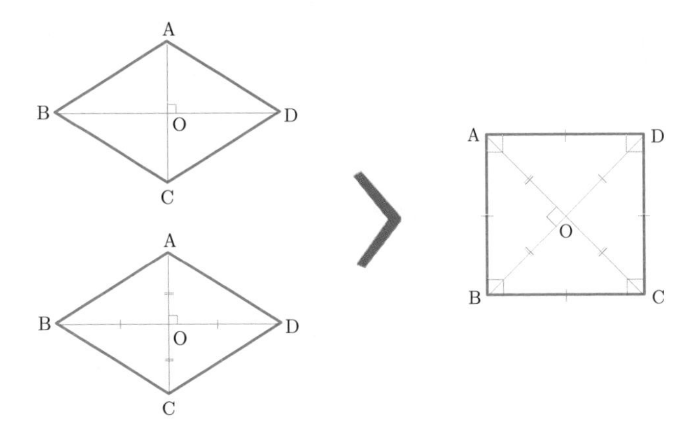

이때 알아두어야 할 것은 마름모의 한 내각이 직각이 되면 나머지 세 각도 직각이 되는 것이다. 또한 마름모 모양이지만 두 대각선의 길이가 같으면 그 도형 역시 정사각형이다.

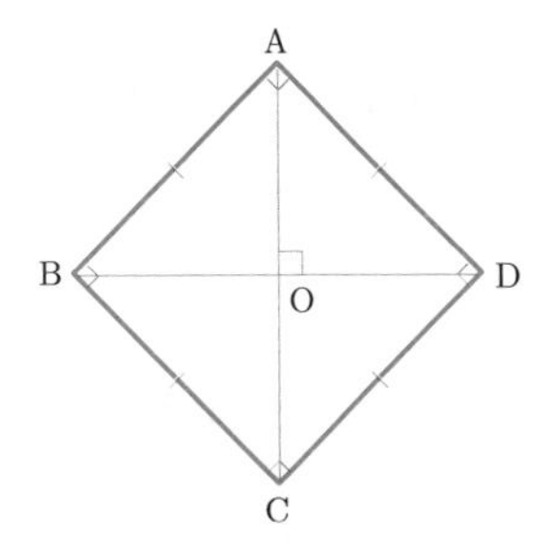

마름모처럼 보여도 한 내각이
직각이면 정사각형이다.

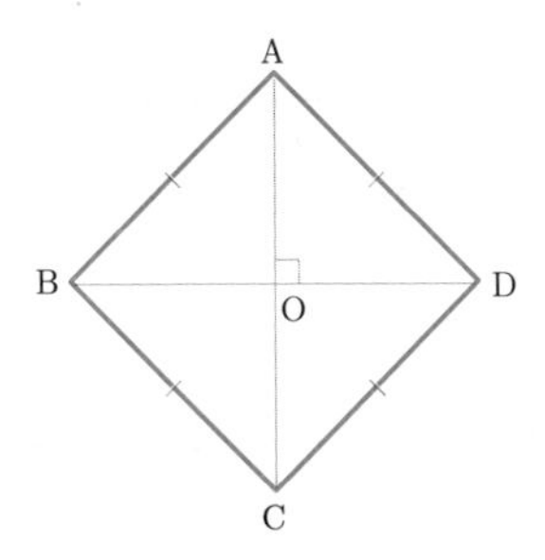

마름모처럼 보여도 두 대각선 $\overline{AC}$와 $\overline{BD}$가
같으면 정사각형이다.

도형의 닮음

우리가 어떤 두 사람의 얼굴이 닮았을 때 닮은꼴이라고 한다. 사람의 얼굴은 닮았더라도 구체적으로 어디가 닮았는지 분석하는 대신 눈으로 보이는 부분에 대해 닮았다고 할 뿐이므로 수학적 설명은 아니다. 그렇지만 도형의 닮음은 길이 또는 각이 어떤 일정한 비를 형성한다고 말할 수 있다.

두 개의 원을 보자. 두 원은 반지름의 길이가 1, 3으로 다르다.

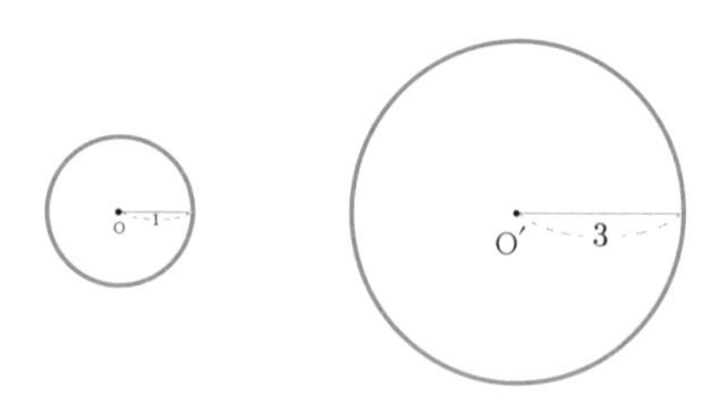

왼쪽 원의 반지름의 3배가 오른쪽 원의 반지름이다. 작은 원의 반지름

을 3배로 확대한 것이다. 이번에는 두 개의 정삼각형을 보자.

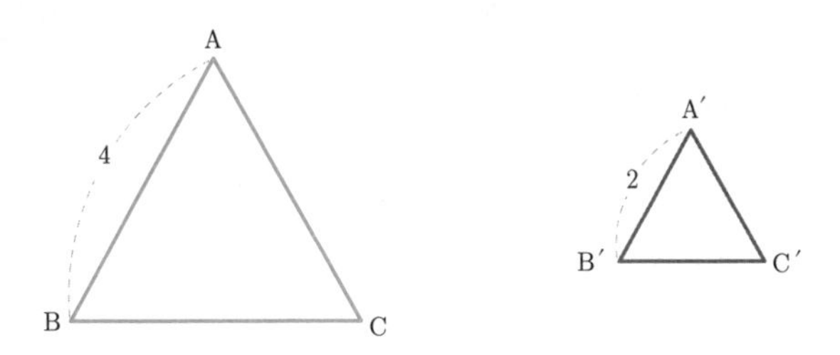

정삼각형 ABC는 한 변의 길이가 4이며 정삼각형 A′B′C′는 한 변의 길이가 2이다. 두 정삼각형을 비교하면 오른쪽 정삼각형의 변의 길이가 모두 $\frac{1}{2}$배로 줄었다.

다음은 합동인 두개의 정오각형을 그린 것이다.

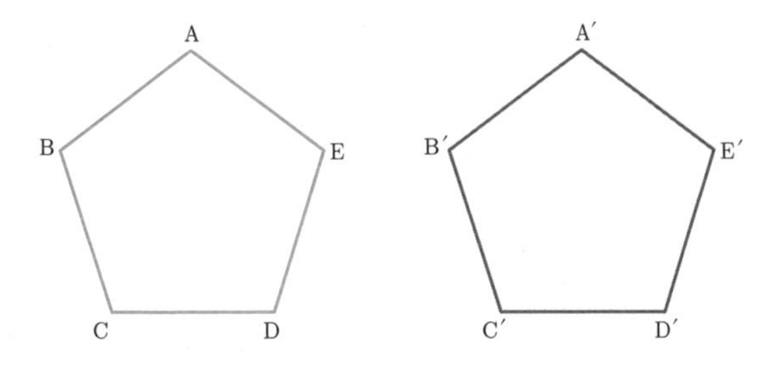

모든 변과 각이 1 : 1이다. 이 세 도형을 살펴보며 이해했듯이 두 도형을 일정한 비율로 축소 또는 확대하거나 그대로 포갤 수 있을 때 '두 도형은 서로 닮았다'고 한다. 또는 '닮음인 관계에 있다'고도 한다. 그리고 두 닮은 도형을 닮은 도형이라 한다. 합동도 닮음의 한 종류이다. 두 도형 □ABCD와 □A′B′C′D′가 닮았을 때 기호로 Similar의 약자인

S를 눕힌 ∽를 사용하여 □ABCD∽□A′B′C′D′로 나타낸다.

두 개의 삼각형을 보자. 두 개의 삼각형은 서로 닮은 도형이다. 변의 비는 1:2이며 각은 같다.

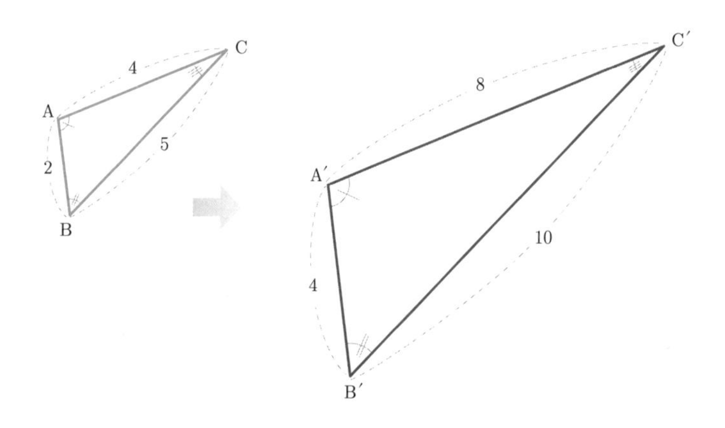

여기서 A와 A′를 대응점이라 한다. B와 B′, C와 C′도 대응점이다. ∠A와 ∠A′는 대응각이다. 대응각은 서로 같다. ∠B와 ∠B′, ∠C와 ∠C′도 대응각으로 같다. 그리고 어떠한 도형도 대응각이 모두 같다면 합동이거나 닮은 도형이 된다.

대응변은 $\overline{AB}$와 $\overline{A'B'}$이다. 변의 길이에 따라 닮음비가 결정이 되는데 위의 그림은 비가 1:2이다. 두 배 늘린 것이다. $\overline{BC}$와 $\overline{B'C'}$, $\overline{AC}$와 $\overline{A'C'}$도 대응변이다.

그리고 닮은 도형이 어떻게 생겨났는지를 확인하는 초점은 닮음의 중심이라 한다. 닮음의 중심은 O로 나타내며, 대응점을 이은 선분을 연장하여 한 초점이 모아지는 부분을 찾으면 된다.

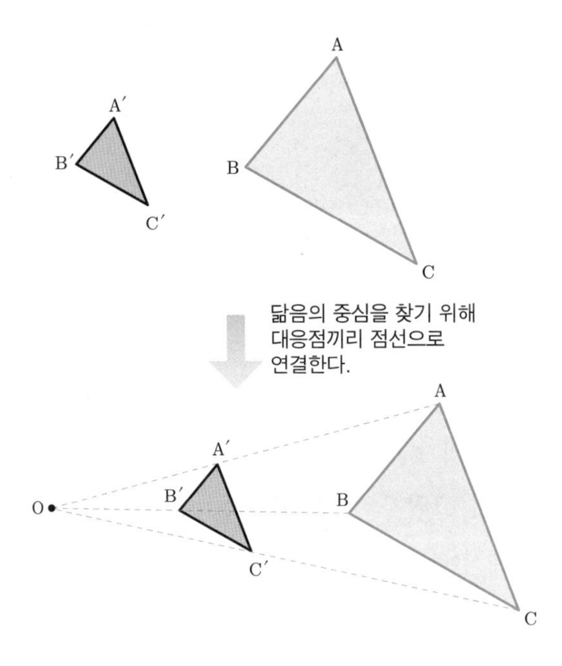

닮음의 중심과 한 도형이 주어지면 닮음의 중심에서 대응점을 계속 연장하여 그음으로써 확대 또는 축소된 닮은 도형을 얻을 수 있다. 이는 확대 또는 축소되는 비를 알면 그릴 수 있다.

수학자 탈레스Thales, 기원전 624~545는 기원전 570년 경에 직접 재어보지 않고 나무막대와 그림자의 길이만으로 피라미드의 높이를 알아냈다고 한다. 탈레스는 닮음으로 이를 알아냈으며 그 방법은 다음과 같다.

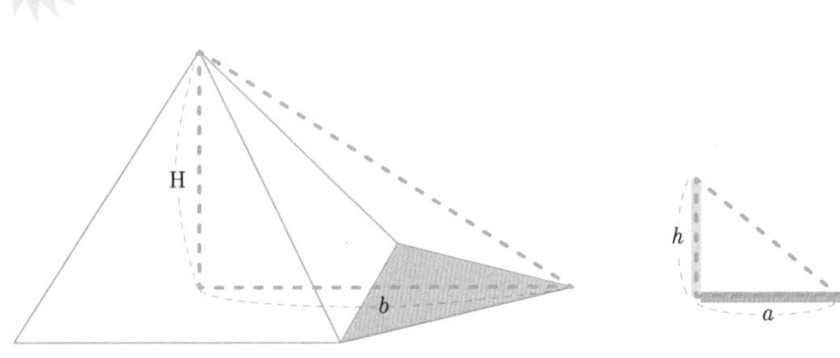

h는 막대의 높이, a는 막대의 그림자 길이, H는 피라미드의 높이, b는 피라미드의 그림자의 길이다. a, b, h가 주어지면 피라미드의 높이 H는 비례식에 의해 구할 수 있다.

$\mathrm{H} : b = h : a$로 식을 세워 $\mathrm{H} = \frac{bh}{a}$가 된다.

이와 같은 방법으로 고층빌딩의 높이를 알아볼 수 있다.

또한 도형의 닮음은 사진기, 영사기, 렌즈에도 쓰인다. 영사기의 렌즈를 조절하면 상하가 바뀌기는 하지만 그림처럼 이러한 원리로 도형의 닮음을 이용한다.

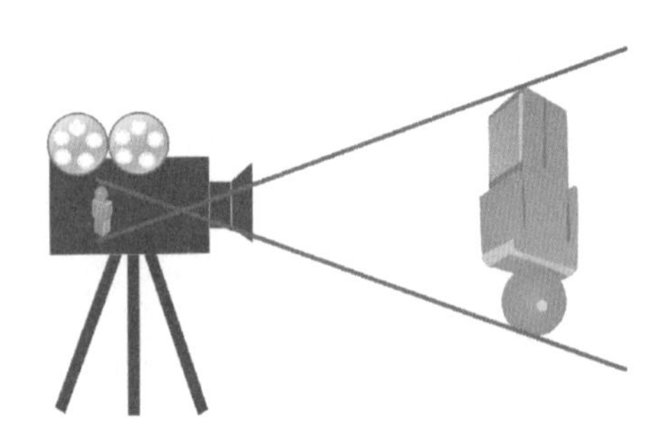

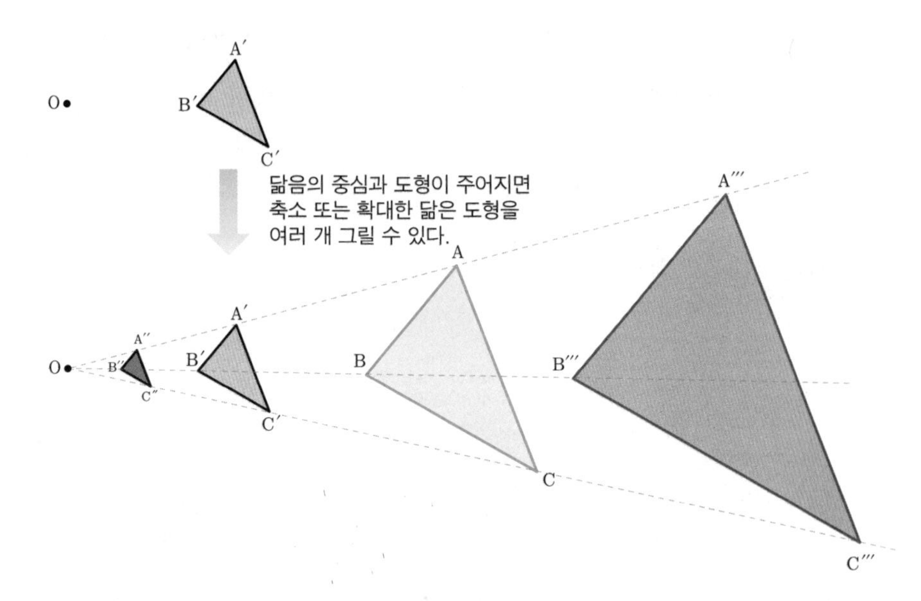

삼각형의 닮음 조건

삼각형의 합동조건은 SSS 합동조건, SAS 합동조건, ASA 합동조건이 있다. 닮음조건은 SSS 닮음조건, SAS 닮음조건, AA 닮음조건이 있다.

1) SSS 닮음조건

두 삼각형이 세 쌍(3S)의 대응변의 길이의 비가 같으면 닮은 도형이 되는 조건이다.

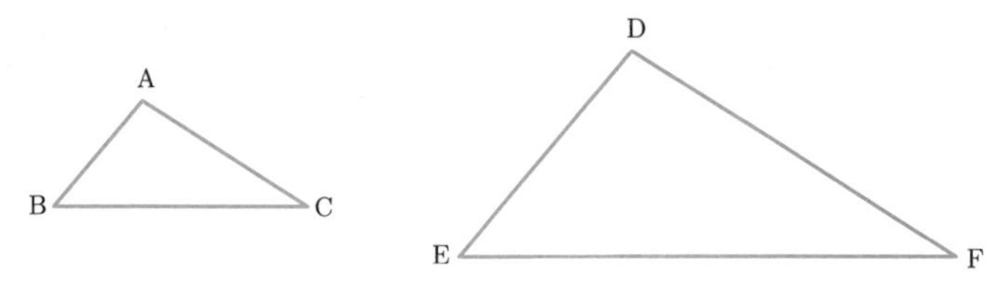

$\triangle ABC$와 $\triangle DEF$에서 $\overline{AB}:\overline{DE}=\overline{BC}:\overline{EF}=\overline{AC}:\overline{DF}$가 성립한다. 세 변의 길이에 대해 비가 일정하면 SSS 닮음조건인 것이다.

2) SAS 닮음조건

두 쌍의 대응변(2S)의 길이의 비가 같고, 끼인각이 같으면 SAS 닮음조건이다.

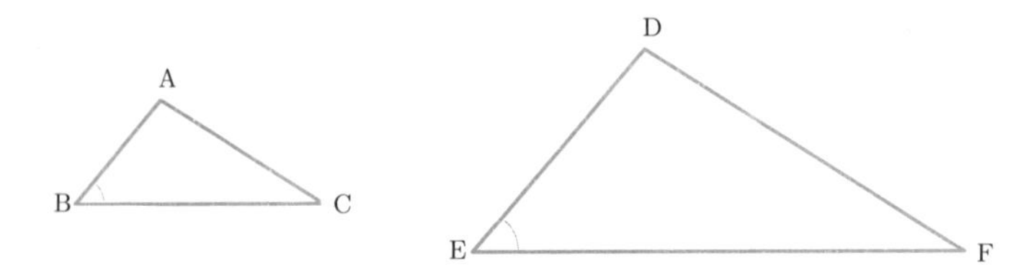

$\triangle ABC$와 $\triangle DEF$에서 $\overline{AB}:\overline{DE}=\overline{BC}:\overline{EF}$이고 $\angle B=\angle E$이면 이 조건에 만족한다.

3) AA 닮음조건

두 쌍의 대응각(2A)의 크기가 같은 닮음조건을 AA 닮음조건이라 한다. 두 대응각이 같으면 나머지 한 각도 같게 된다. 따라서 AAA 닮음조건이란 말은 쓰지 않는다. 두 개의 삼각형에서 각이 두 개만 같으면 닮음이 되는 것이다.

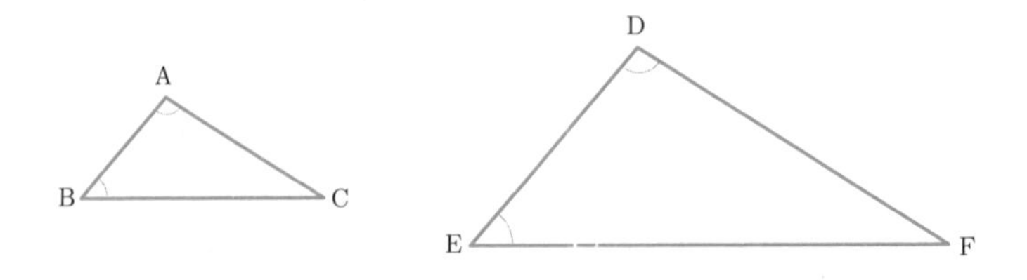

그림처럼 $\triangle ABC$와 $\triangle DEF$에서 $\angle A = \angle D$, $\angle B = \angle E$이면 AA 닮음조건이다.

직각삼각형의 닮음과 변에 관한 공식

직각삼각형의 넓이를 구하는 방법으로 두 가지가 있다. 물론 변의 길이가 주어져야 풀 수 있다.

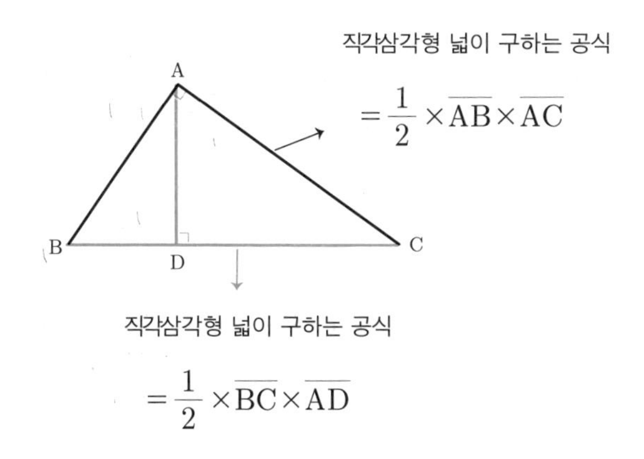

직각삼각형 ABC는 밑변이 $\overline{AB}$이고, 높이가 $\overline{AC}$일 때 $\frac{1}{2} \times \overline{AB} \times \overline{AC}$가 넓이이다. 또는 빗변 $\overline{BC}$를 밑변으로 하고 점 A에서 수선으로 내린 변을 높이로 하여 $\frac{1}{2} \times \overline{BC} \times \overline{AD}$로 직각삼각형의 넓이를 구할 수 있다.

그런데 여기서 무언가 떠오르는 것이 있을 것이다. 직각삼각형 ABC와 닮은 도형이 보이는가?

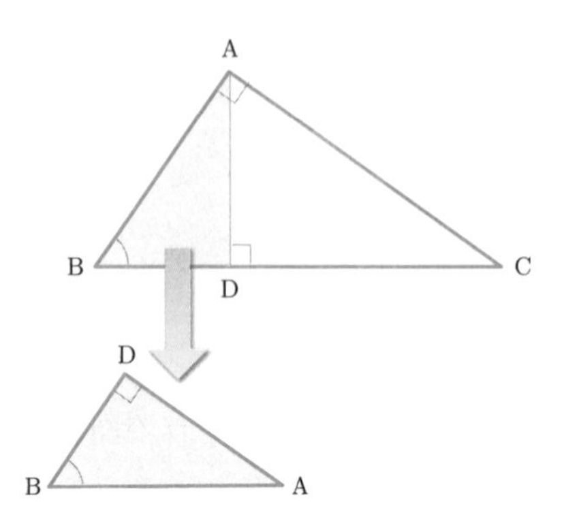

직각삼각형 ABC 안에 있는 직각삼각형 DBA를 회전시켜 보자. 두 직각삼각형은 ∠BAC와 ∠BDA를 각각 직각으로 갖는다. ∠B는 두 직각삼각형이 공통으로 가지는 각이므로 몇 도인지는 모르지만 같다. 두 각의 크기가 같으므로 AA 닮음조건이다. 그리고 $\overline{AB}:\overline{BC}=\overline{DB}:\overline{BA}$의 관계가 성립하므로 비례식의 성질인 내항끼리의 곱=외항끼리의 곱을 이용하여 $\overline{AB}^2=\overline{BD}\times\overline{BC}$ 라는 공식이 만들어진다.

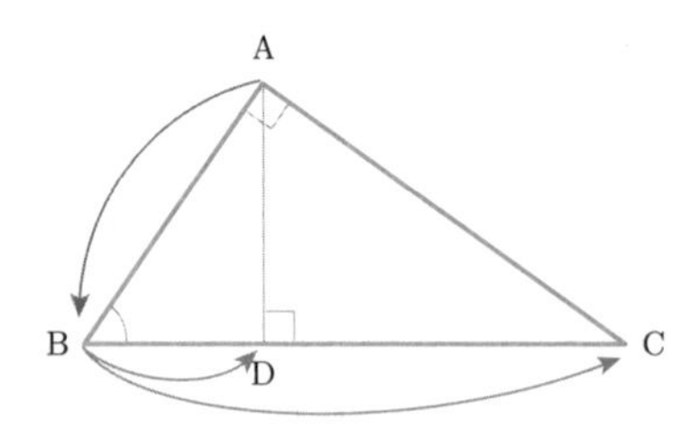

직각삼각형 ABC 안에서 닮은 도형을 더 찾아보자.

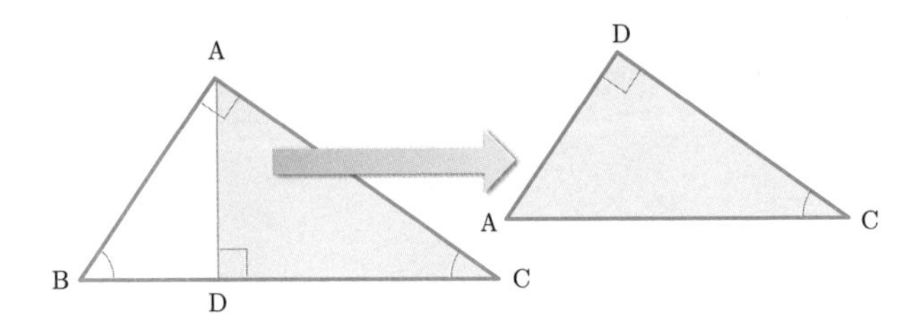

바로 직각삼각형 DAC이다. ∠BAC와 ∠ADC는 직각이고, ∠C는 공통각이다. 이것도 AA 닮음조건이다. 그리고 $\overline{AC}:\overline{BC}=\overline{DC}:\overline{AC}$이므로 $\overline{AC}^2=\overline{CD}\times\overline{CB}$라는 공식이 만들어진다.

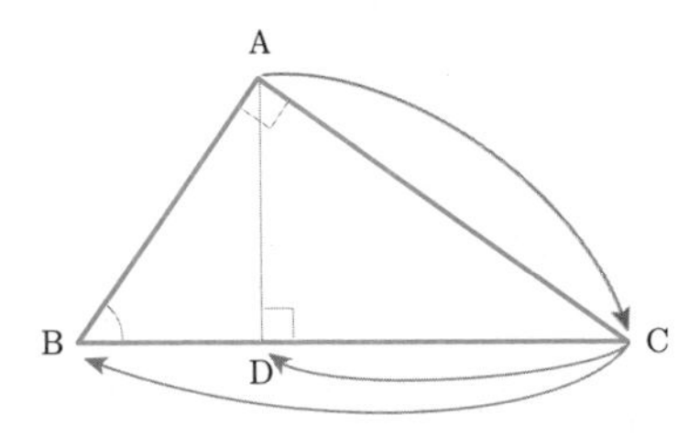

마지막으로 직각삼각형 DBA와 직각삼각형 DAC는 닮은 도형이다. 이에 따라 직각삼각형 DBA와 직각삼각형 DAC에서 공식이 하나 만들어진다. 아래 그림을 보자.

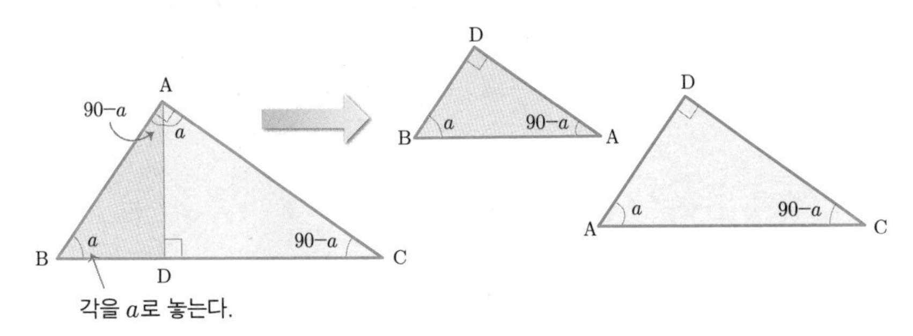

$\overline{BD} : \overline{AD} = \overline{AD} : \overline{CD}$이며 $\overline{AD}^2 = \overline{BD} \times \overline{CD}$이다.

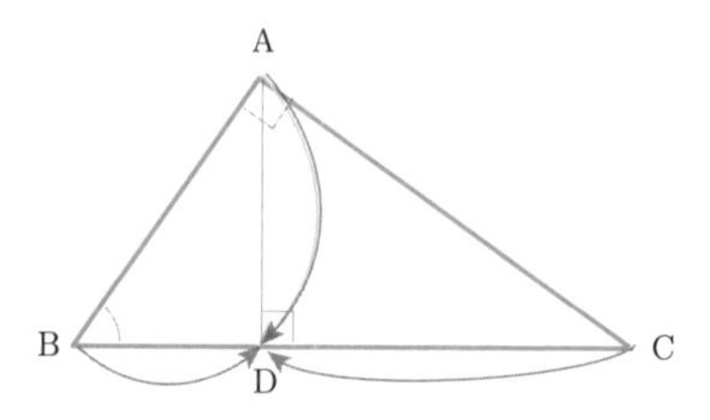

따라서 $\triangle ABC \backsim \triangle DBA \backsim \triangle DAC$이다.

평행선의 성질을 이용한 길이의 비

평행선은 한 평면 위에서 만나지 않는 두 직선을 말한다. 그래서 하나 또는 여러 도형을 관찰하다 보면 흔히 발견할 수 있다. $\triangle ABC$에서 점 D가 $\overline{AB}$ 위에, 점 E가 $\overline{AC}$ 위에 있으며 두 점을 이은 선분이 $\overline{BC}$와 평행하다면 닮음비를 이용하여 길이의 비를 나타낼 수 있다.

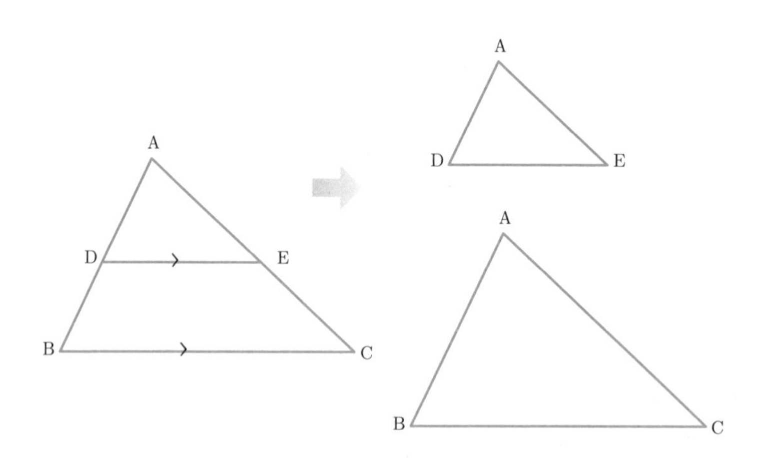

그리고 세 변의 길이의 비 $\overline{AD} : \overline{AB} = \overline{AE} : \overline{AC} = \overline{DE} : \overline{BC}$가 성립한다. 왼쪽의 삼각형을 보고 세 변의 길이의 비를 떠올리면 된다. 오른쪽 그림은 연비를 나타내기 위해 두 개로 나눈 것이다. 두 삼각형의 닮음조건은 AA 닮음조건이다.

계속해서 두 삼각형의 꼭짓점을 맞붙여 그린 듯한 도형을 보자.

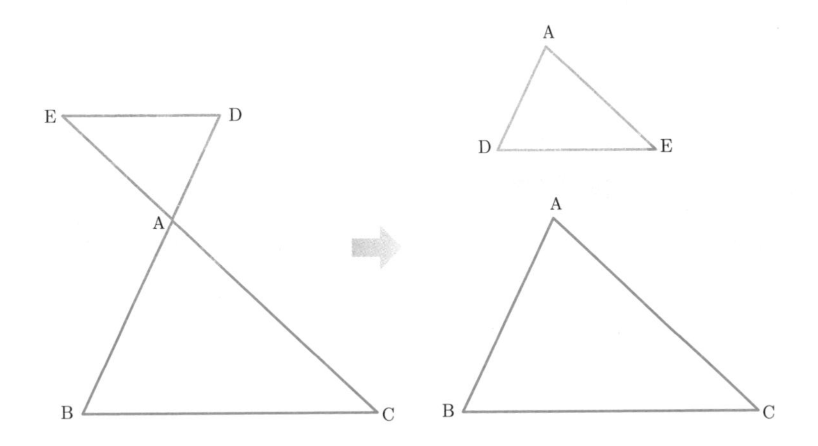

이 도형도 세 변의 길이의 비 $\overline{AD} : \overline{AB} = \overline{AE} : \overline{AC} = \overline{DE} : \overline{BC}$가 성립한다. 두 삼각형의 닮음조건은 AA 닮음조건이다.

세 개의 평행선 l, m, n이 가로지르는 두 직선과 만난다고 생각해 보자. 다음 그림과 같다.

평행선과 두 직선이 만나는 점을 A, B, C, A′, B′, C′로 하면,

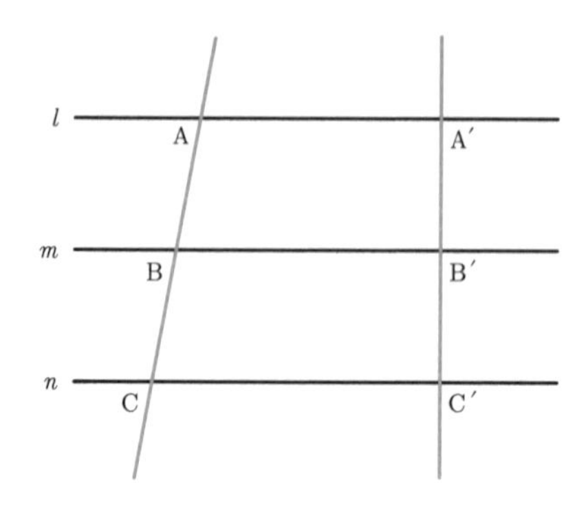

$\overline{AB} : \overline{A'B'} = \overline{BC} : \overline{B'C'}$가 성립한다. 또한 $\overline{AC} : \overline{A'C'} = \overline{AB} : \overline{A'B'} = \overline{BC} : \overline{B'C'}$도 성립하게 된다.

이번에는 위의 평행선을 나타낸 그림에서 사다리꼴 모양만 떼어내어 선분의 길이의 비를 알아보자.

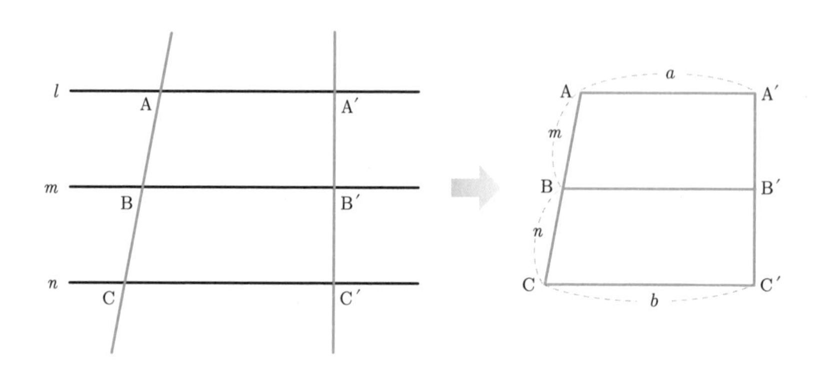

$\overline{AA'}$를 a, $\overline{CC'}$를 b, $\overline{AB}$를 m, $\overline{BC}$를 n으로 하자. 그리고 $\overline{AC'}$를 다음 그림처럼 대각선으로 긋는다. 이 대각선은 선분의 길이의 비를 증명하는 데 필요하다. 그리고 보조선으로 생각할 수도 있다.

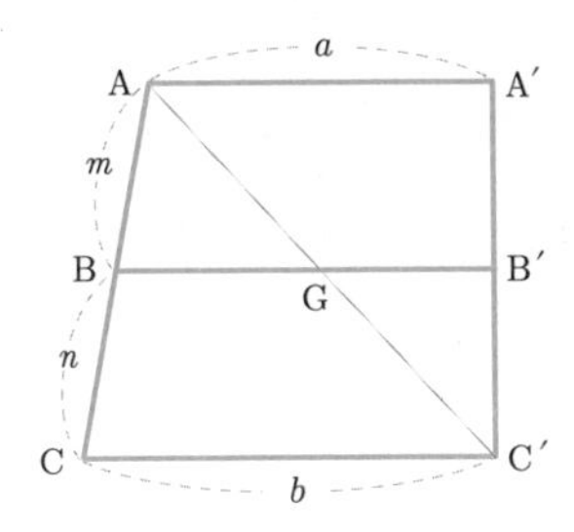

$\triangle$ACC′에서 $\overline{AB} : \overline{BG} = \overline{AC} : \overline{CC'}$이다. 이것은 $m : \overline{BG} = m+n : b$로 나타내어 비례식의 성질을 이용해 내항끼리의 곱과 외항끼리의 곱을 구한 후 $\overline{BG}$에 관한 식으로 나타내면,

$$\overline{BG} = \frac{mb}{m+n} \quad \cdots ①$$

계속해서 $\overline{AC'}$에 의해 나누어진 $\triangle$ACC′와 $\triangle$AC′A′에서 $\triangle$AC′A′만 살펴보자. 이 삼각형을 거꾸로 회전하면 아래 그림과 같은데 앞에서 $\overline{AB} : \overline{BC} = m : n$이므로 $\overline{A'B'} : \overline{B'C'} = m : n$인 것을 미리 표시한다.

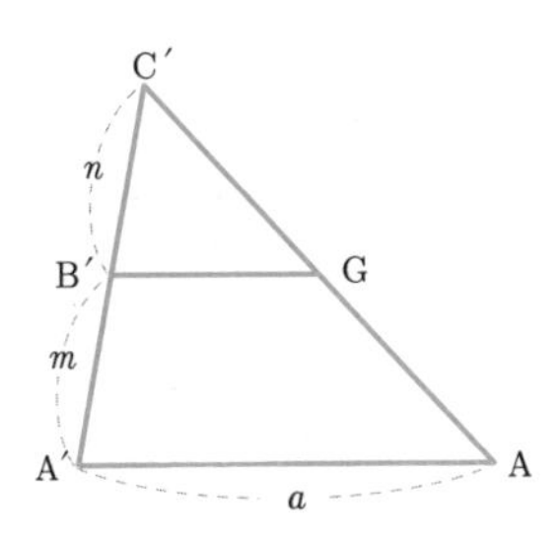

이때 $m : n$은 길이가 아닌 길이의 비로 나타낸 것이니 반드시 구분해야 한다.

여기서 비례식을 이용하면 $\overline{B'C'}:\overline{A'C'}=\overline{B'G}:\overline{A'A}$이다. 이것을 $n:m+n=\overline{B'G}:a$로 나타내어 비례식의 성질을 이용해 내항끼리의 곱과 외항끼리의 곱을 구한 후 $\overline{B'G}$에 관한 식으로 나타내면,

$$\overline{B'G}=\frac{na}{m+n}\cdots②$$

①과 ②에서 $\overline{BG}+\overline{B'G}=\frac{mb}{m+n}+\frac{na}{m+n}=\frac{na+mb}{m+n}$이며 $\overline{BB'}$의 길이가 된다.

삼각형의 내각과 외각의 이등분선

삼각형 내각의 이등분선과 외각의 이등분선은 삼각형의 각을 이등분하는 것이 내부에 있는지 외부에 있는지에 따라 다르다. 이등분선이 삼각형의 내부에 있을 때를 먼저 살펴보자.

△ABC에서 ∠A의 이등분선과 $\overline{BC}$의 교점을 점 D로 정하면,

$\overline{AB}:\overline{AC}=\overline{BD}:\overline{CD}$이다.

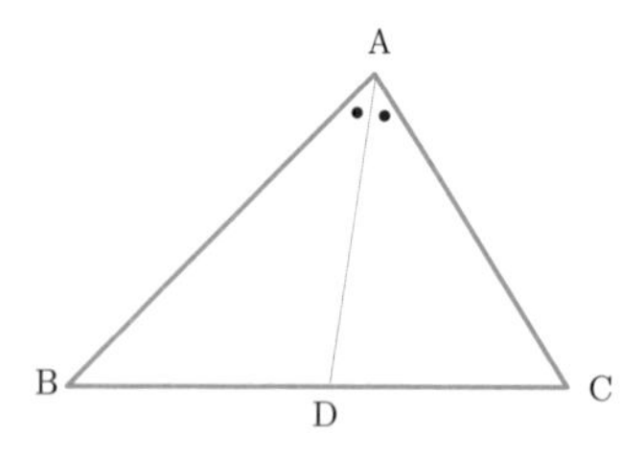

가오리를 연상시키는 이 삼각형에서 처음 보는 공식이 나왔다. 이것은 응용문제로 자주 나오는 문제 중 하나이니 증명을 하면서 이 공식이

어떻게 나오게 되었는지 알아보자.

가정 $\angle BAD = \angle CAD$

결론 $\overline{AB} : \overline{AC} = \overline{BD} : \overline{CD}$

가정과 결론을 세웠으면 증명을 하면 된다.

증명 $\overline{AD}$에 평행하고 점 C를 지나는 선분을 긋고 $\overline{AB}$의 연장선과 만나는 점을 점 E로 하면,

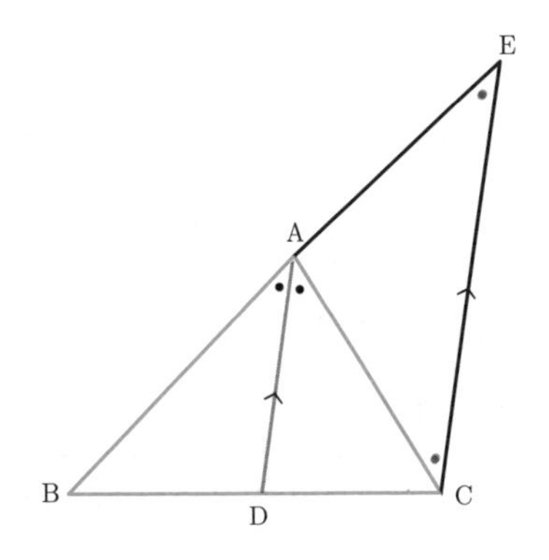

$\angle BAD = \angle BEC$(동위각) …①

$\angle CAD = \angle ACE$(엇각) …②

$\angle BAD = \angle CAD$는 가정이므로 $\angle BEC = \angle ACE$이다.

따라서 $\triangle ACE$는 이등변삼각형이다. …③

$\triangle ABD \backsim \triangle EBC$(AA 닮음조건)이므로 $\overline{AB} : \overline{AE} = \overline{BD} : \overline{CD}$이다. ③에 의해 $\overline{AE} = \overline{AC}$이므로 $\overline{AB} : \overline{AC} = \overline{BD} : \overline{CD}$가 성립한다.

이번에는 삼각형 외각의 이등분선의 성질을 보자.

$\overline{AB}:\overline{AC}=\overline{BD}:\overline{CD}$가 성립한다.

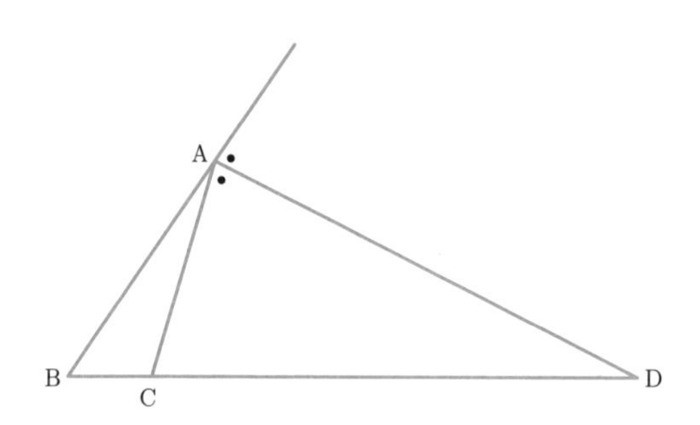

단번에 이해하기 어려운 비례관계가 나왔다. 처음이라 생소하겠지만 천천히 생각하며 증명하면 그리 어렵지 않다.

가정 $\triangle ABC$에서 $\angle BAC$의 두 외각의 이등분선이 같다.

결론 $\overline{AB}:\overline{AC}=\overline{BD}:\overline{CD}$

증명 점 C를 지나고 $\overline{AB}$의 연장선과 평행인 직선을 그어보자.

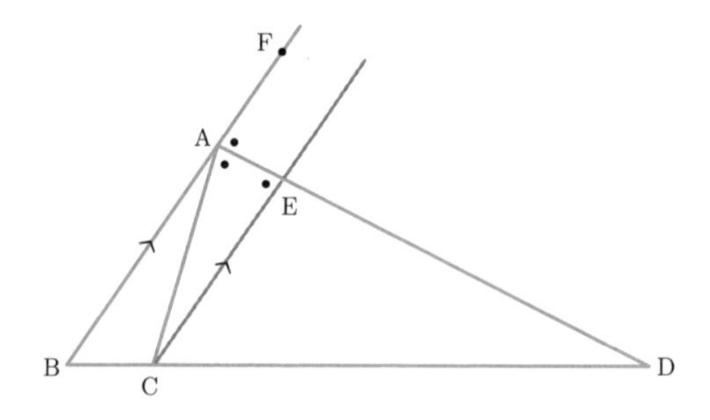

점 C를 지나는 직선이 $\overline{AD}$와 만나는 점을 점 E로 하고, $\overline{AB}$의 연장선 위의 한 점을 점 F로 하자.

$\angle FAE = \angle AEC$ (엇각) …①

①에 의해 $\overline{AC} = \overline{CE}$ …②

한편 $\triangle DBA \backsim \triangle DCE$(AA 닮음조건)이므로

$\overline{AB} : \overline{CE} = \overline{BD} : \overline{CD}$이며,

②에 의해 $\overline{CE}$에 $\overline{AC}$를 대입하면

$\overline{AB} : \overline{AC} = \overline{BD} : \overline{CD}$ 이다.

삼각형의 중선

중선은 한 꼭짓점에서 대변의 중점을 이은 선분을 말하며, 삼각형의 중선은 넓이를 이등분한다.

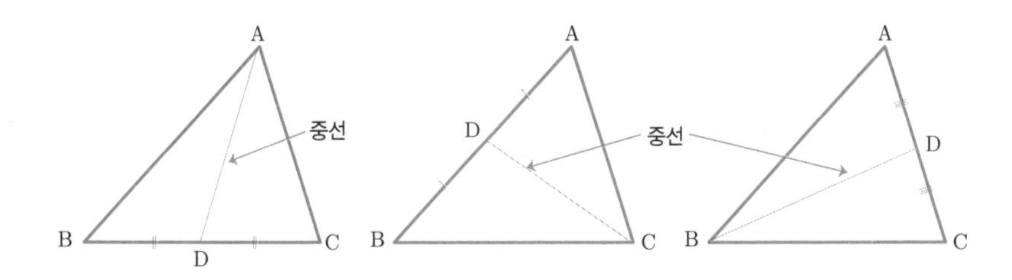

중선에 의해 넓이가 같은 두 개의 삼각형으로 나누어진다.

삼각형의 무게중심

다음 그림처럼 삼각형에서 세 개의 중선이 만나는 점을 **무게중심**이라 한다. 무게중심은 영어로 Center of Gravity이며 여기서 Gravity의 약자인

G로 나타낸다.

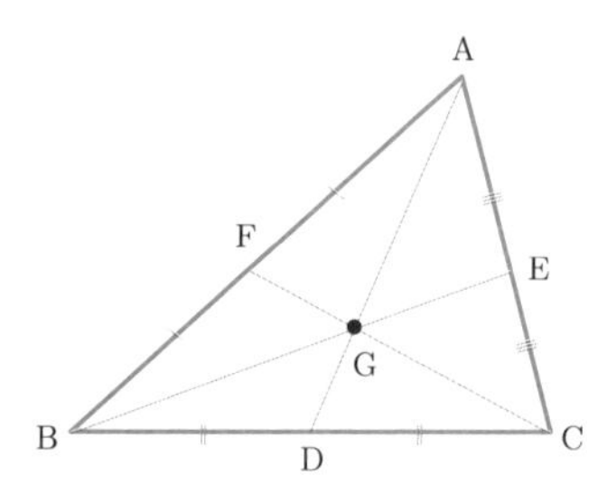

이때 꼭 기억해야 할 중요한 것이 있다. 바로 중선의 교점에 의해 무게중심이 생기면 6등분된 삼각형은 넓이가 같다는 것이다. 따라서 △AGF=△BGF=△GBD=△GCD=△CGE=△AGE이다.

그리고 무게중심에서 긴 변은 짧은 변의 두 배이다.

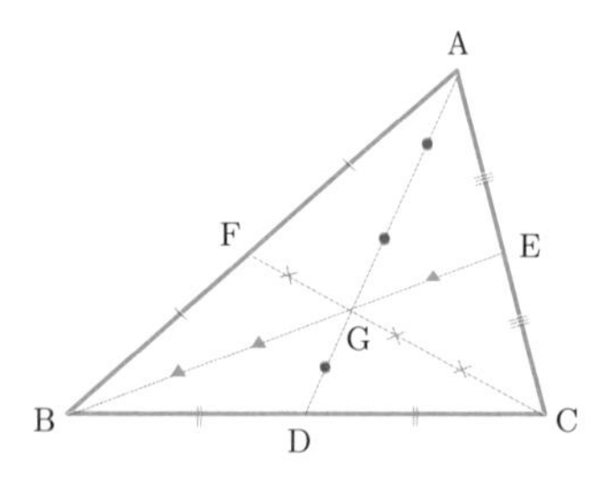

이는 무게중심 정리에서 중요한 것으로 공식 $\overline{AG}:\overline{GD}=\overline{BG}:\overline{GE}=\overline{CG}:\overline{GF}=2:1$을 꼭 기억해 두자. 또 6등분된 삼각형의 넓이가 같으므로 번호를 메기면,

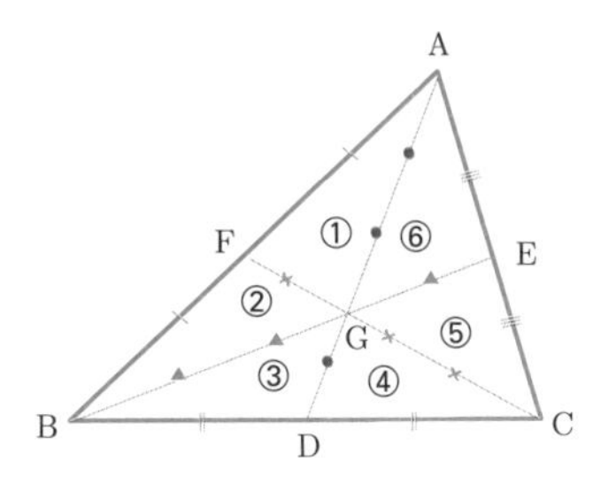

①+②=③×2이므로 △ABG : △GBD=2 : 1,

⑤+⑥=④×2이므로 △AGC : △GDC=2 : 1임을 알 수 있다.

닮음에서 넓이와 부피의 비

닮은 두 도형의 닮음비가 $m:n$일 때 넓이의 비는 $m^2:n^2$이다. 예를 들어 반지름이 $m:n$인 원을 떠올려보자. 넓이의 비 $\pi m^2:\pi n^2$을 간단히 하면 $m^2:n^2$이다. 이는 모든 평면도형에 적용된다.

따라서 평면도형의 닮음비가 $m:n$이면 넓이의 비는 $m^2:n^2$이다.

입체도형은 닮음비에 따라 겉넓이와 부피의 비를 알 수 있다. 평면도형과 마찬가지로 입체도형도 닮은비가 $m:n$이면 겉넓이의 비도 $m^2:n^2$이다.

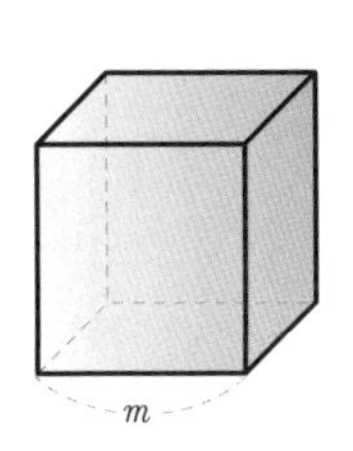

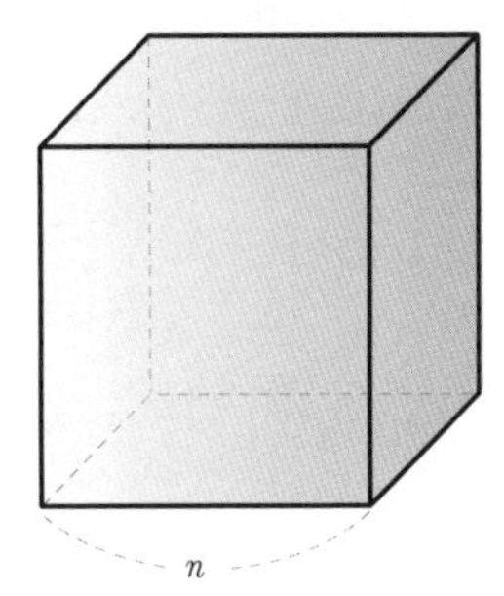

291쪽 아래 그림처럼 닮음비가 $m:n$인 정육면체의 겉넓이는 $6m^2:6n^2$이므로 약분하면 $m^2:n^2$이다. 그리고 부피의 비는 $m^3:n^3$이다. 이것도 모든 입체도형에 적용된다.

따라서 입체도형에서 닮음비가 $m:n$일 때 겉넓이의 비는 $m^2:n^2$이며, 부피의 비는 $m^3:n^3$이다.

축도와 축척

지도를 보면 실제 길이와 넓이를 줄여서 지형을 나타낸 것을 볼 수 있다. 도형에 이를 활용하여 실제 도형을 일정한 비율로 줄인 그림을 축도a reduced size drawing라 한다. 그리고 축도에서 실제 도형을 줄인 비율을 축척이라 한다.

$\text{축척}=\dfrac{\text{축도에서 길이}}{\text{실제 길이}}$이다. 예를 들어 축척이 $\dfrac{1}{100000}$인 지도에서 길이가 6cm인 도로의 실제 길이를 구해 보자.

$\text{축척}=\dfrac{\text{축도에서 길이}}{\text{실제 길이}}$을 $\text{실제 길이}=\dfrac{\text{축도에서 길이}}{\text{축척}}$로 바꾸어 대입하면

$\text{실제 길이}=\dfrac{6}{\frac{1}{100000}}=600000\text{cm}$가 된다.

이것을 미터로 계산하면 6000m이다.

다음 그림을 보자.

축척이 $\dfrac{1}{50000}$인 지도가 있는데 주곡선 사이의 길이가 20m이면,

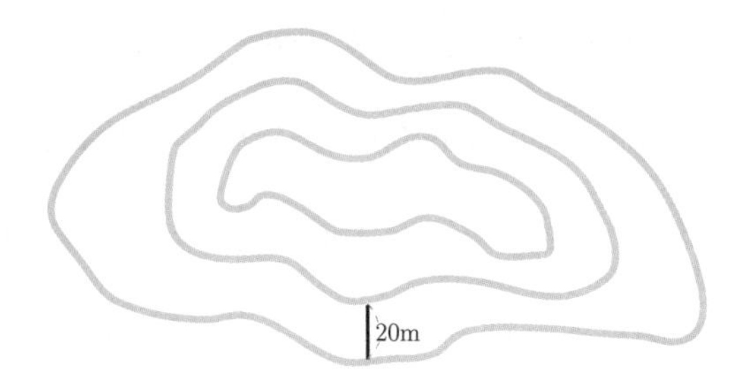

지도에는 $20\text{m} \times \frac{1}{50000} = 2000\text{cm} \times \frac{1}{50000} = 0.04\text{cm}$로 나타낼 수 있다.

계속해서 다음 문제를 풀어보자.

두 섬 사이에 다리를 세우기 위해 교판을 설치한다고 할 때 다리의 넓이가 20km^2이고, 축척이 $\frac{1}{25000}$일 때 지도 상에는 몇 cm^2로 나타내야 할까?

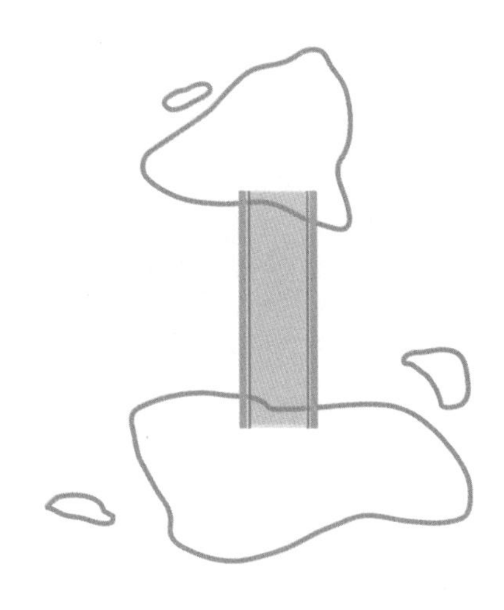

다리의 넓이가 20km^2이므로 cm^2로 단위를 바꾸면,

$20\text{km}^2=20000000\text{m}^2=200000000000\text{cm}^2$이다. 0의 수에 대해 실수를 하지 않기 위해서 $2\times10^{11}\text{cm}^2$으로 나타내는 것도 계산하기에 좋은 표기이다. 여기에 길이에 대한 축척이라면 $\frac{1}{25000}$을 곱하겠지만 넓이에 대한 축척이므로 $\frac{1}{25000}$을 두 번 곱한다.

따라서 지도 상에는 $2\times10^{11}\text{cm}^2\times\frac{1}{25000}\times\frac{1}{25000}=320\text{cm}^2$이다.

피타고라스의 정리

피타고라스의 정리

토목과 건축에 많이 쓰이는 유명한 수학 정리가 있다. 직각을 낀 두 변의 길이 제곱합은 빗변 길이의 제곱과 같다.라는 피타고라스의 정리이다. 직각삼각형의 변을 각각 a, b로 하고 빗변의 길이를 c로 했을 때 $c^2=a^2+b^2$이 성립한다.

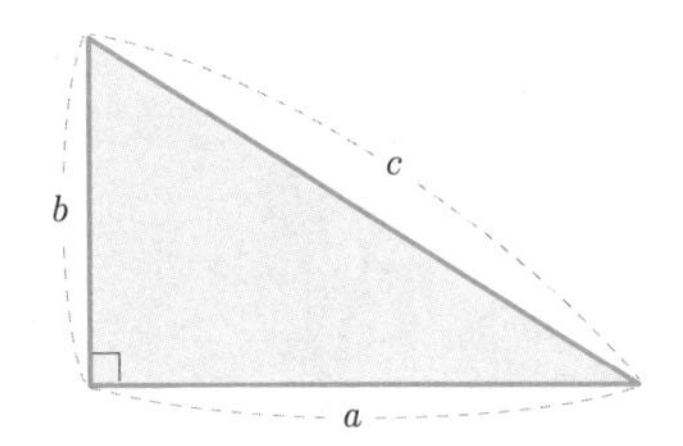

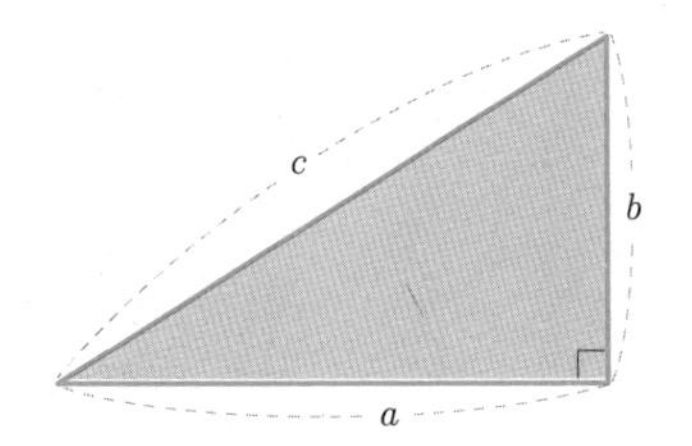

예를 들면 밑변의 길이가 x이고, 높이가 12, 빗변의 길이가 13인 직각삼각형이 있을 때 밑변의 길이를 구하는 식을 세워볼 수 있다.

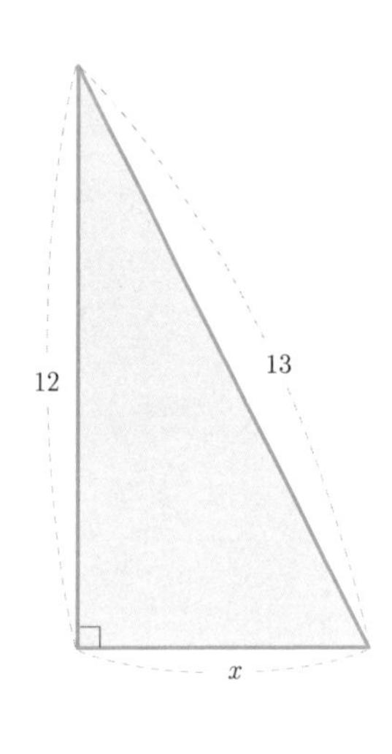

$x^2+12^2=13^2$

상수항을 우변으로 이항하면

$x^2=13^2-12^2$

$x^2=169-144=25$

따라서 $x=5$

다음 내용을 기억해 두면 도움이 될 것이다. 피타고라스의 정리에 관한 문제를 푸는 도중에 변의 길이를 구할 때 미지수의 제곱값을 몰라서 막히는 경험이 있다면 11부터 19까지의 제곱수를 기억해 두자. 아래 실로폰 그림 안에 있는 제곱수를 구구단 외우듯이 기억하면 된다.

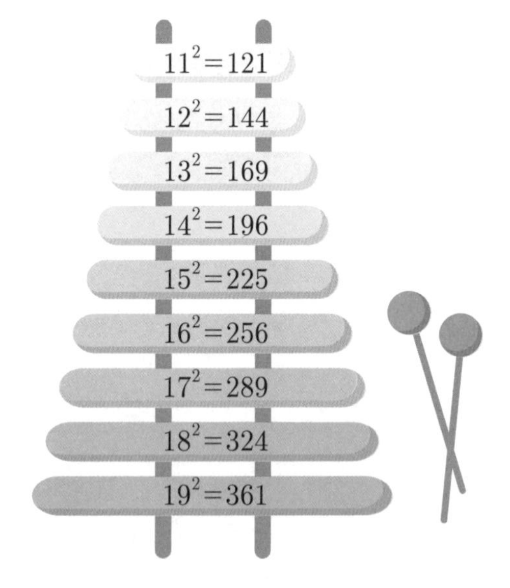

피타고라스의 정리에 대한 증명-유클리드의 증명방법

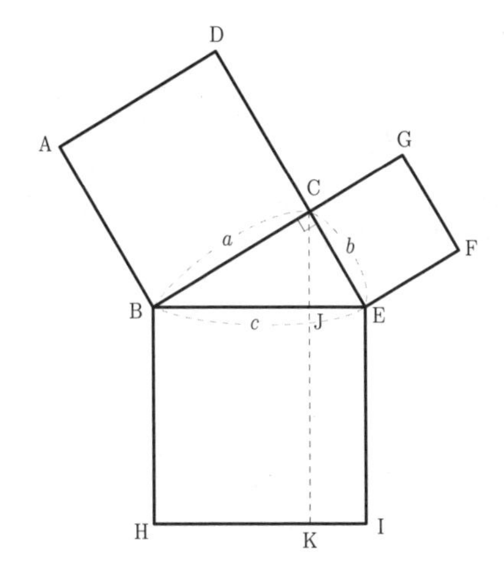

피타고라스의 정리에 대한 증명방법은 400여 가지가 넘는다.

여기서는 4가지의 증명방법을 소개한다.

△CBE는 두 변의 길이가 각각 a, b이며 빗변의 길이가 c이다. △CBE의 각 변에는 정사각형이 1개씩 붙어 있다. 그리고 색칠한 삼각형은 정사각형의 넓이의 $\frac{1}{2}$이다.

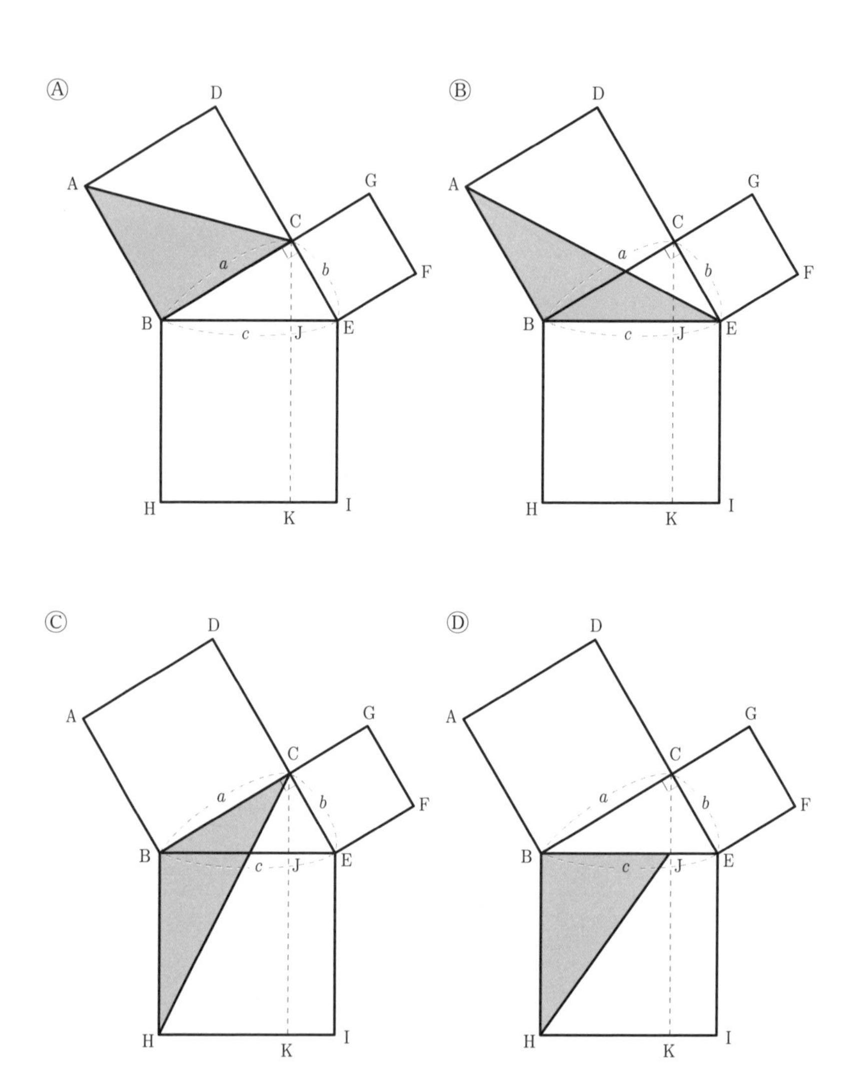
Ⓐ
D
A
G
C
a
b
F
B
c
J
E
H
K
I
Ⓑ
D
A
G
C
a
b
F
B
c
J
E
H
K
I
Ⓒ
D
A
G
C
a
b
F
B
c
J
E
H
K
I
Ⓓ
D
A
G
C
a
b
F
B
c
J
E
H
K
I

그림 Ⓐ와 Ⓑ에서 $\triangle ABC = \triangle ABE$이다. 즉 넓이가 같다.

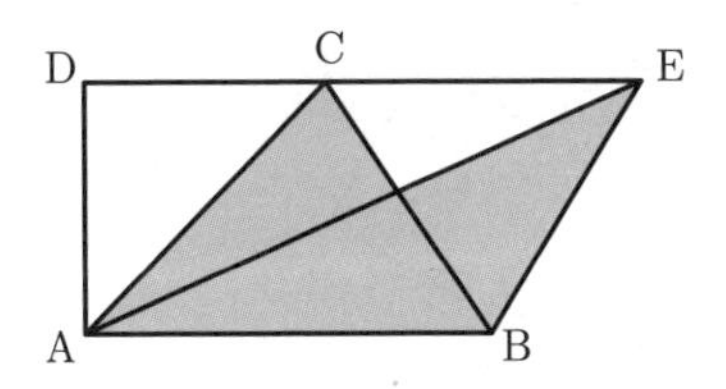

$\overline{DE} /\!/ \overline{AB}$ 이며 $\overline{AB}$가 공통으로 밑변이고, 두 삼각형의 높이는 같기 때문에 넓이가 같은 것이다.

그림 Ⓑ와 Ⓒ에서 $\triangle ABE \equiv \triangle CBH$이다. $\overline{AB} = \overline{CB}$, $\overline{BE} = \overline{BH}$이고, 끼인각의 크기가 같으므로 SAS 합동이다.

그림 Ⓒ와 Ⓓ에서 $\triangle CBH = \triangle JBH$이다. 이것도 $\overline{BH}$는 공통된 밑변이고, 두 삼각형이 높이가 같기 때문에 두 삼각형의 넓이는 같다.

따라서 왼쪽 4개의 그림을 통하여 $\triangle ABC = \triangle ABE \equiv \triangle CBH = \triangle JBH$가 되는 것을 알 수 있으며, $\square ABCD = \square BHKJ$로 넓이가 같음을 알 수 있다.

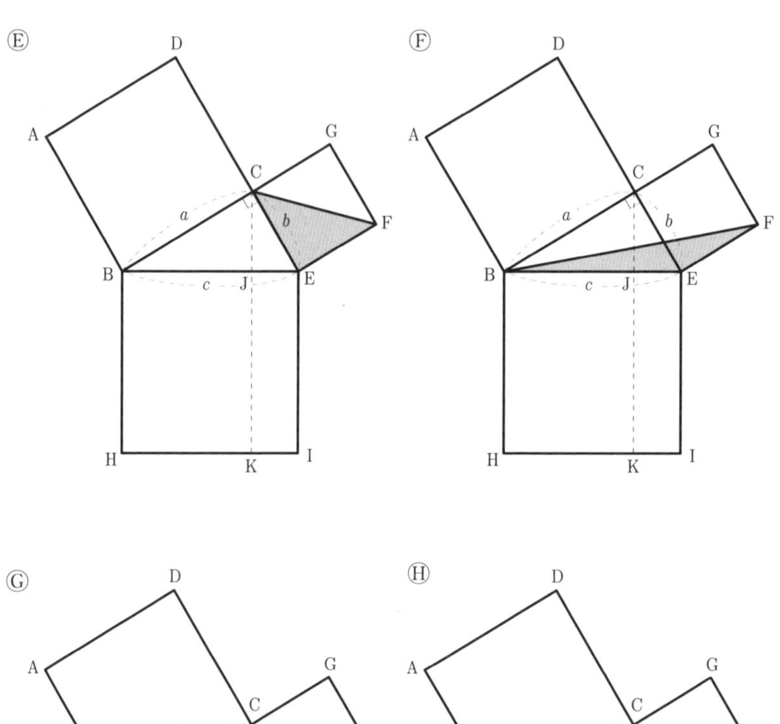

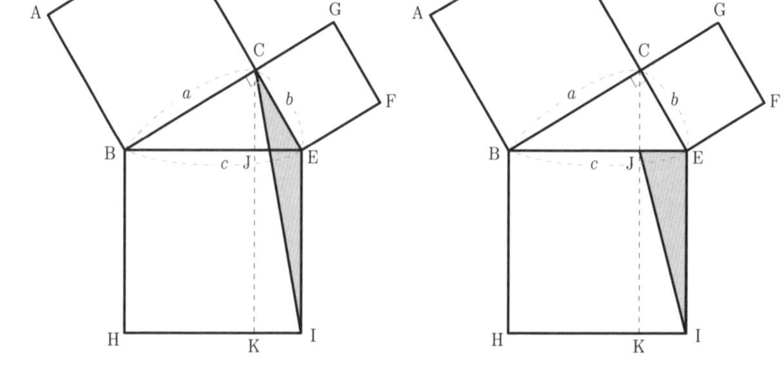

마찬가지의 방법으로 $\triangle$CEF = $\triangle$EJI이므로, $\square$GCEF = $\square$JKIE임을 알 수 있다.

결과적으로 다음 그림처럼 같은 색끼리는 넓이가 같음을 알 수 있다.

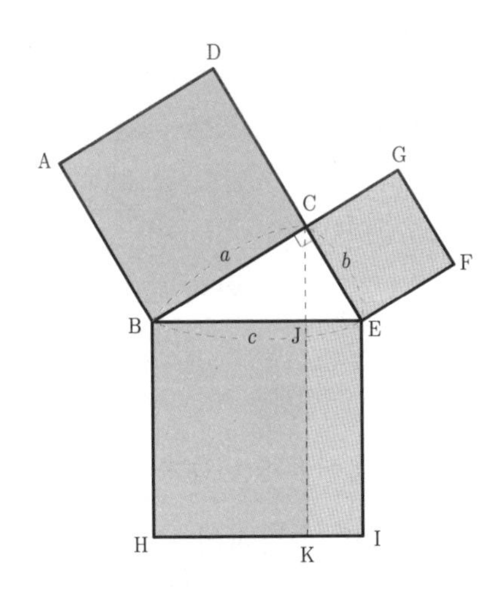

□ABCD의 넓이는 a^2이고, □GCEF의 넓이는 b^2이다. □ABCD와 □GCEF의 넓이의 합은 □BHIE의 넓이와 같으므로 $a^2+b^2=c^2$인 것을 알 수 있다. 따라서 증명이 끝나게 되었다.

피타고라스의 정리에 대한 증명-가필드의 증명

미국의 20대 대통령이었던 가필드James Abram Garfield, 1831~1881는 수학에도 업적을 남겼다. 그가 증명한 피타고라스의 정리는 다음과 같다.

가필드는 합동인 두 개의 직각삼각형을 한 점에 만나게 그리고, 선분을 1개 연결하여 사다리꼴을 만들어 그 넓이로 피타고라스의 정리를 증명했다. 즉, 하나의 사다리꼴을 3개의 직각삼각형의 합으로 나타내어 피타고라스의 정리를 유도한 것이다.

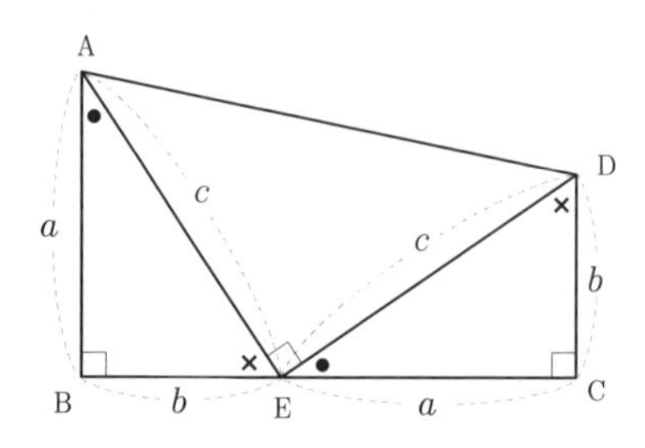

'사다리꼴 ABCD의 넓이=△ABE의 넓이+△AED의 넓이+△DEC의 넓이'를 이용하여 증명하면

$$\frac{1}{2}(a+b)(b+a)=\frac{1}{2}ab+\frac{1}{2}c^2+\frac{1}{2}ab$$

$$\frac{1}{2}(a+b)^2=ab+\frac{1}{2}c^2$$

양변에 2를 곱하면

$$(a+b)^2=2ab+c^2$$

중3 과정의 곱셈공식(1) 참고

좌변의 식을 전개하면

$$a^2+2ab+b^2=2ab+c^2$$

식을 정리하면

$$a^2+b^2=c^2$$

피타고라스의 정리에 대한 증명-월리스의 증명

월리스John Wallis, 1616~1703의 증명방법은 직각삼각형의 닮음을 이용한다. 하나의 직각삼각형 안에 3개의 크고 작은 직각삼각형이 있기 때문에 두 차례의 닮음의 성질을 이용하여 증명할 수 있다.

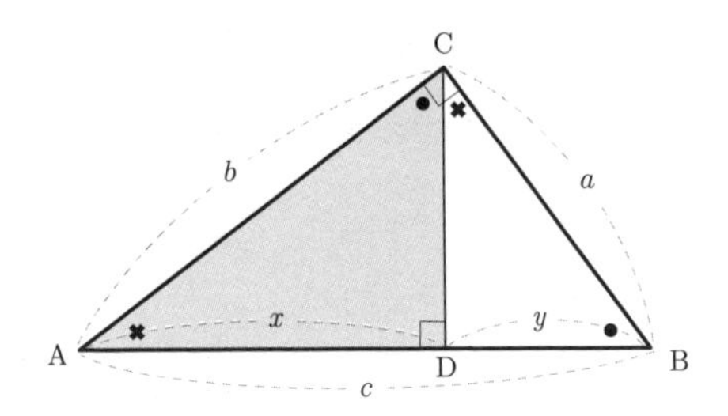

$\triangle ABC \backsim \triangle ACD$ (AA닮음)이므로

$\overline{AC} : \overline{AB} = \overline{AD} : \overline{AC}$에서

$b : c = x : b$

$b^2 = cx \quad \cdots ①$

$\triangle ABC \backsim \triangle CBD$ (AA닮음)이므로

$\overline{CB} : \overline{AB} = \overline{BD} : \overline{BC}$에서

$a : c = y : a$

$a^2 = cy \quad \cdots ②$

두 개의 식 ①+②를 하면 $a^2 + b^2 = cx + cy$

$= c\underbrace{(x + y)}_{=c}$

$= c^2$

따라서 $a^2 + b^2 = c^2$

퍼즐같이 한 눈에 확인할 수 있는 피타고라스의 정리

퍼즐을 보듯 조각으로 끼워 맞추어 한 눈에 피타고라스의 정리를 확인할 수도 있다.

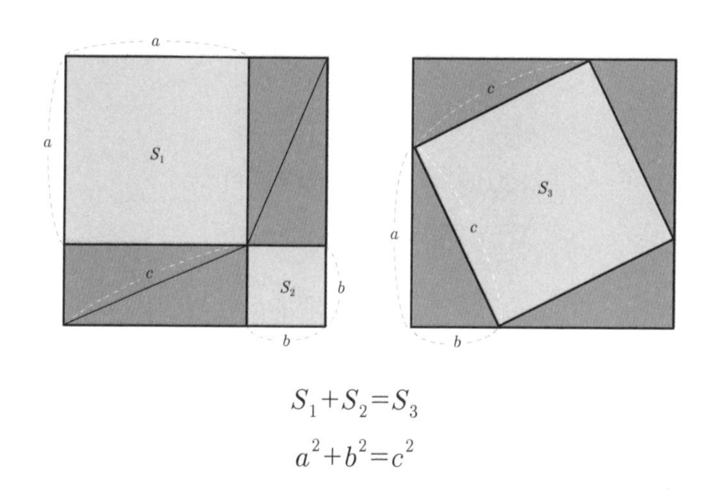

$$S_1+S_2=S_3$$
$$a^2+b^2=c^2$$

피타고라스의 정리 비

피타고라스의 정리에서 많이 쓰이는 비는 3 : 4 : 5, 5 : 12 : 13, 7 : 24 : 25, 8 : 15 : 17, 9 : 40 : 41 등이 있다.

피타고라스의 정리에서 3가지 삼각형 형태

피타고라스의 정리는 직각삼각형일 때 세 변의 길이에 대해 $c^2=a^2+b^2$ 가 성립하는 것은 이미 알지만 예각삼각형 또는 둔각삼각형일 때는 다음과 같이 부등호의 관계식이 성립한다.

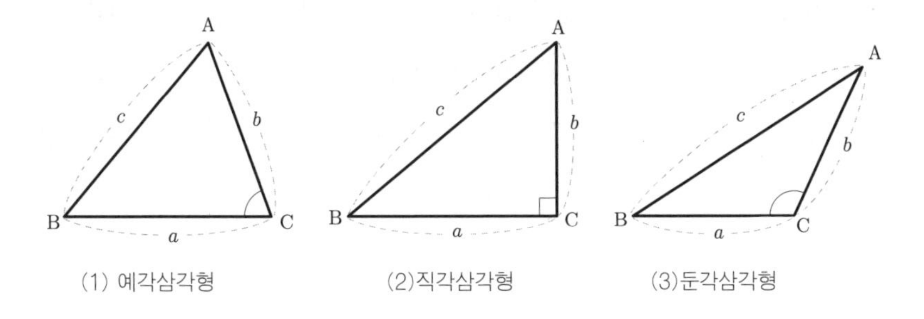

(1) 예각삼각형 (2)직각삼각형 (3)둔각삼각형

(1) $c^2 < a^2 + b^2$이면 $\angle C < 90°$ 이므로 예각삼각형

(2) $c^2 = a^2 + b^2$이면 $\angle C = 90°$ 이므로 직각삼각형

(3) $c^2 > a^2 + b^2$이면 $\angle C > 90°$ 이므로 둔각삼각형

(1)과 (3)은 각각 예각삼각형과 둔각삼각형의 예로, 등식이 아닌 부등식의 관계가 성립한다.

피타고라스 정리의 응용

직교하는 두 대각선을 가진 사각형의 성질

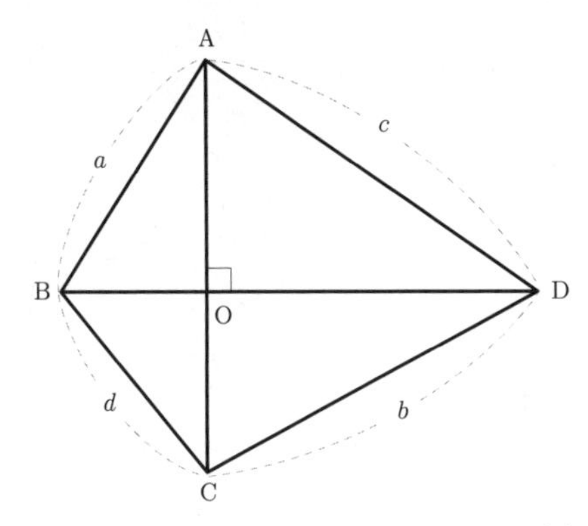

□ABCD에서 a, b, c, d가 네 변의 길이를 나타내고 $\overline{AC}$와 $\overline{BD}$가 서로 직교이면, $a^2+b^2=c^2+d^2$이 성립한다.

피타고라스의 정리를 이용한 직각삼각형의 성질

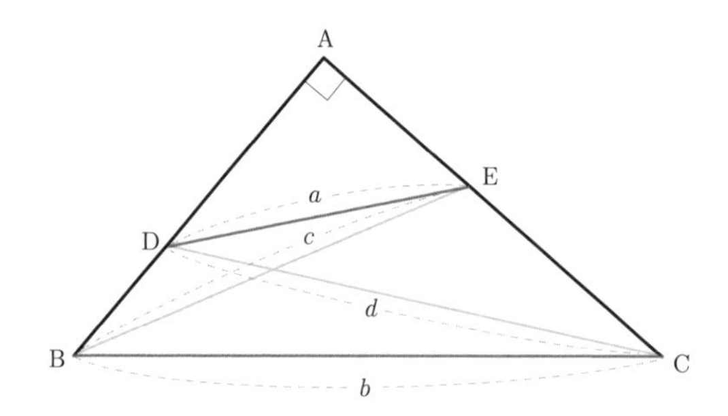

∠A가 직각인 직각삼각형 ABC가 있을 때, $\overline{AB}$ 위에 점 D를, $\overline{AC}$ 위에 점 E를 정하면 $a^2+b^2=c^2+d^2$이 성립한다.

직각삼각형의 3개의 변에 있는 3개의 반원과의 관계

유클리드의 증명방법에서 3개의 변 위에 정사각형을 각각 그려 피타고라스의 정리가 성립함을 알 수 있었다. 이번에는 직각삼각형의 3개의 변 위에 반원을 그려서 살펴보자.

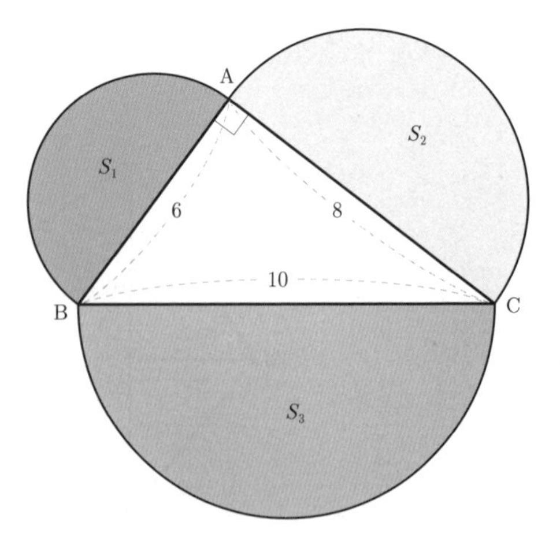

$\overline{AB}$의 길이를 6, $\overline{AC}$의 길이를 8, $\overline{BC}$의 길이를 10으로 하면 세 변의 길이의 비는 3 : 4 : 5로, 피타고라스의 비이다. 반원의 반지름의 길이의 비도 3 : 4 : 5이며, 넓이를 각각 구하여 비로 나타내면 $S_1 : S_2 : S_3 = \frac{9\pi}{2} : 8\pi : \frac{25\pi}{2} = 9 : 16 : 25$이다.

따라서 $S_1 + S_2 = S_3$가 성립한다.

히포크라테스의 원의 넓이

직각삼각형의 빗변을 원의 지름으로 정하고 반원을 그린 후, 직각을 낀 두 변 위에 두 개의 반원을 그려서 나타나는 도형과의 관계는 어떻게 될까? 결론적으로 아래처럼 두 개의 초승달 모양 도형의 2개의 넓이의 합이 색칠한 직각삼각형의 넓이와 같게 된다.

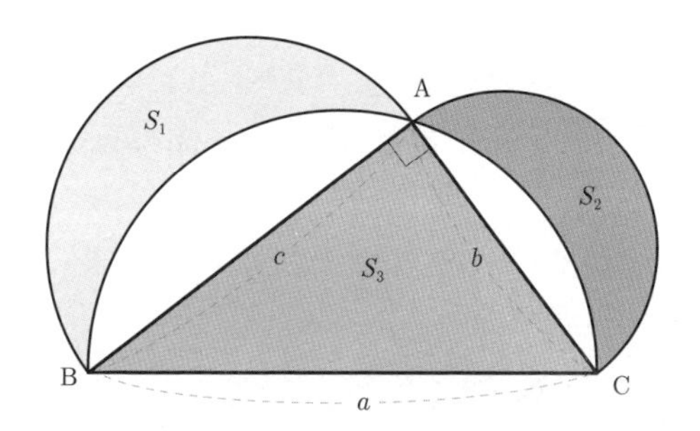

이것이 참인지 궁금할 것이다. 직접 확인해 보자.

직각삼각형 ABC 위의 2개의 반원의 지름을 각각 c, b로 정하고 빗변의 길이를 a로 하면,

$$S_1 + S_2 = \frac{1}{2} \times \pi \left(\frac{c}{2}\right)^2 + \frac{1}{2} \times \pi \left(\frac{b}{2}\right)^2 + \frac{1}{2}bc - \frac{1}{2}\pi \times \left(\frac{a}{2}\right)^2$$

$$= \frac{\pi c^2}{8} + \frac{\pi b^2}{8} + \frac{1}{2}bc - \frac{\pi a^2}{8} = \frac{\pi}{8}(b^2 + c^2) + \frac{1}{2}bc - \frac{\pi a^2}{8}$$

$b^2+c^2=a^2$이므로

$$= \frac{\pi a^2}{8} + \frac{1}{2}bc - \frac{\pi a^2}{8} = \frac{1}{2}bc$$

$$S_3 = \frac{1}{2}bc$$

따라서 $S_1+S_2=S_3$가 성립한다.

최단거리

평면에서의 최단거리

점 P는 평면 위의 임의의 점일 때 $\overline{\mathrm{AP}} + \overline{\mathrm{BP}}$ 의 최솟값을 구하는 방법을 알아보자.

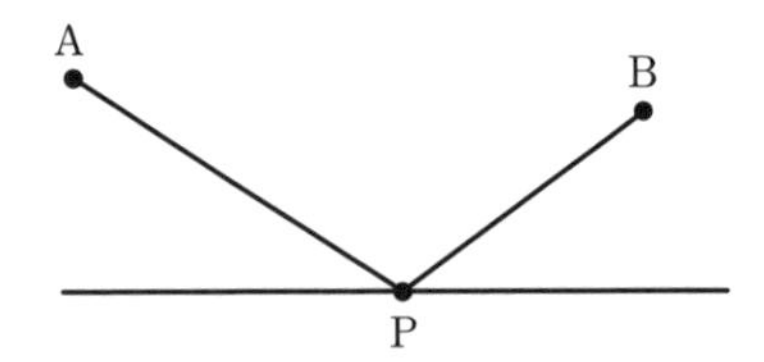

점 A를 직선으로 보이는 평면에 대칭점을 A′ 로 하여 점 B를 선분으로 이으면 점 P′를 지난다. 다음 그림에서 $\overline{\mathrm{A'P}} + \overline{\mathrm{BP}} \geq \overline{\mathrm{A'B}}$ 이기 때

문에 $\overline{A'P}+\overline{BP}$의 최단거리는 $\overline{A'B}$이다.

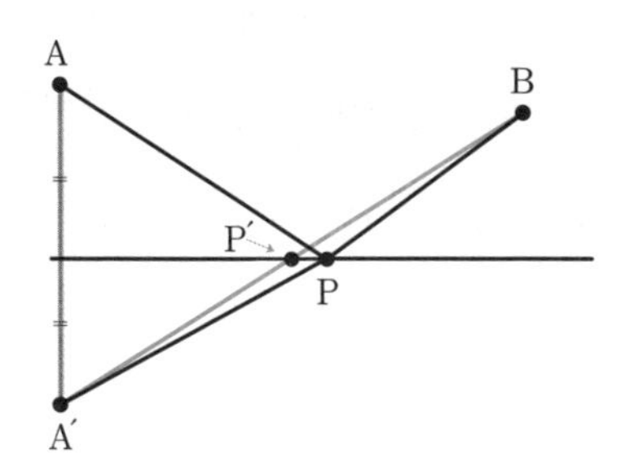

그렇다면 $\overline{A'B}$의 길이는 어떻게 구할까? 피타고라스의 정리를 이용하면 된다. $\overline{A'B}$는 직각삼각형의 빗변의 길이이며, 최단거리이다. 점 B에서 수직으로 내리고, 점 A′에서 오른쪽으로 평행하게 직선을 그어, 두 점이 만나서 직각삼각형 BA′H를 만든다.

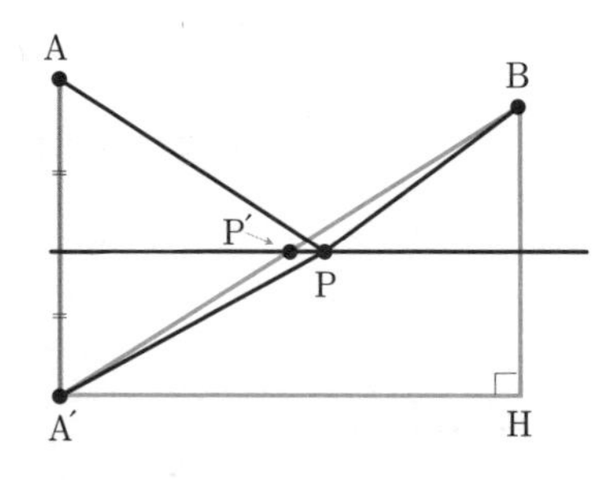

직각삼각형 BA′H에서 피타고라스의 정리를 식으로 나타내면 $\overline{A'H}^2+\overline{BH}^2=\overline{A'B}^2$이 성립하는 것을 알 수 있다. 따라서 점 A와 B의 좌표가 주어지면 $\overline{A'B}$의 길이를 구할 수 있으며 그것이 최단거리이다.

입체도형의 최단거리

입체도형의 최단거리는 겨냥도를 전개도로 다시 그려서 해결한다.

아래 직육면체의 4개의 면을 지나는 선분의 길이는 옆면의 전개도를 그려서 피타고라스의 정리로 그릴 수 있다. 이 선분의 길이가 입체도형의 최단거리이다.

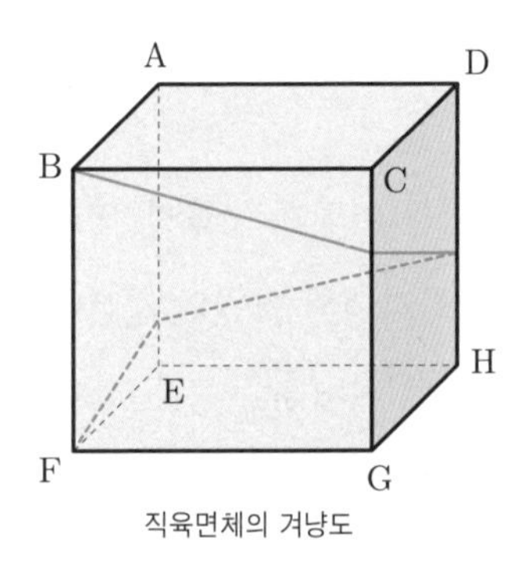

직육면체의 겨냥도

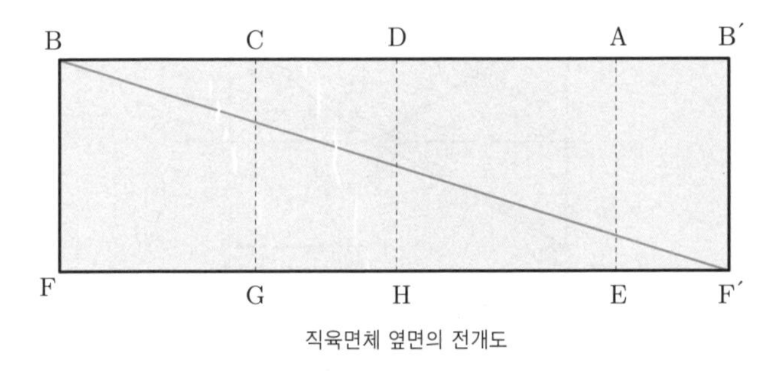

직육면체 옆면의 전개도

따라서 직각삼각형 BFF′에서 $\overline{FF'}^2+\overline{BF}^2=\overline{BF'}^2$이 성립한다. 그래서 직육면체의 가로의 길이, 세로의 길이, 높이가 주어지면 $\overline{BF'}$의 길이를 구할 수 있다. 원기둥의 옆면을 감싸는 선분의 길이도 옆면의 전개도를 통해 구할 수 있다.

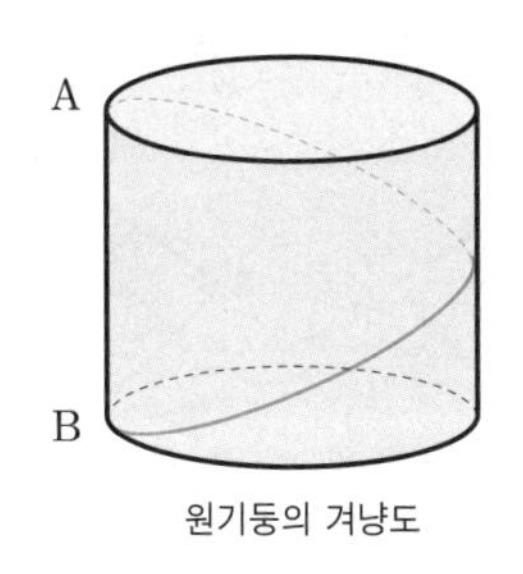

원기둥의 겨냥도

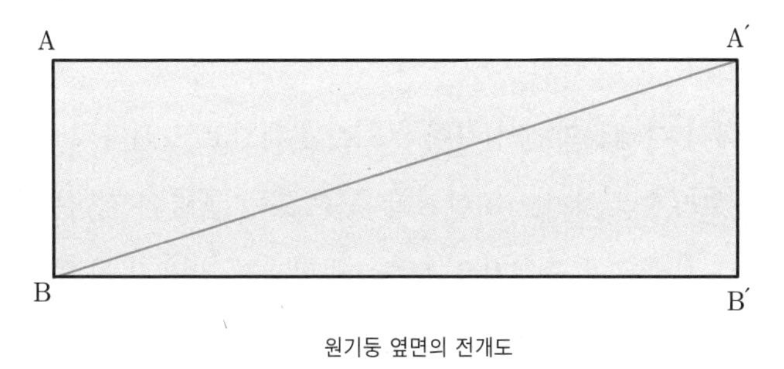

원기둥 옆면의 전개도

또한 원뿔의 최단거리도 피타고라스의 정리를 이용해 구할 수 있다.

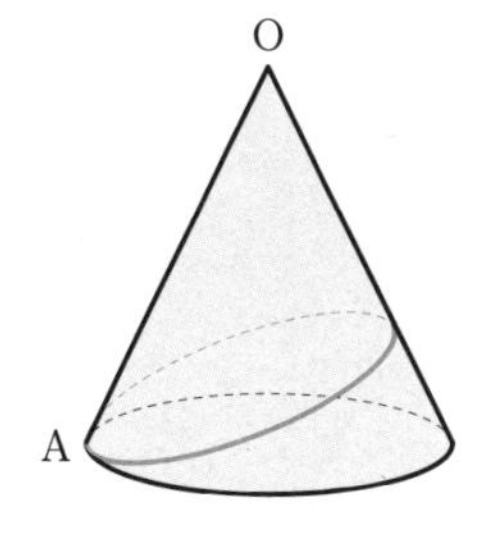

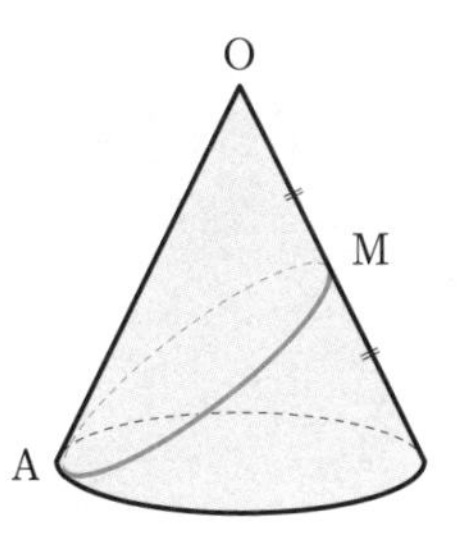

원뿔의 겨냥도

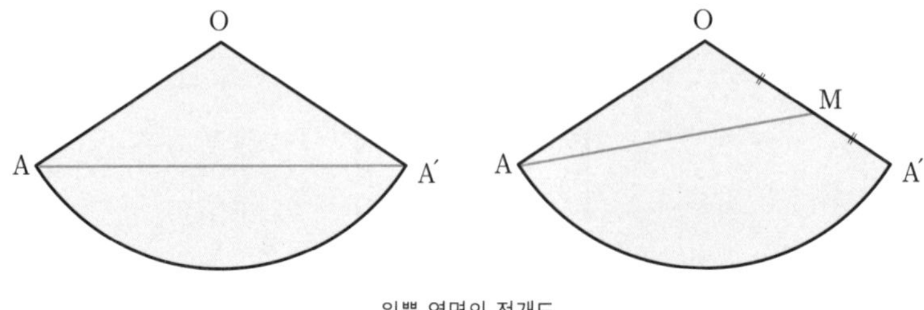

원뿔 옆면의 전개도

전개도에서 부채꼴의 중심각이 90°로 정해지고 모선의 길이도 정해지면 피타고라스의 정리로 최단거리 $\overline{AA'}$ 또는 $\overline{AM}$의 길이를 구할 수 있다. 또한 부채꼴의 중심각을 모를 때 정해진 밑면 반지름의 길이와 모선의 길이로 부채꼴의 호의 길이를 구하는 계산을 한다. 그래서 부채꼴의 중심각을 알게 되어 피타고라스의 정리를 이용하면 최단거리를 구할 수 있다.

이 단원에서 꼭 기억할 것은 피타고라스의 정리는 직각삼각형에서 항상 성립한다는 것이다. 따라서 앞으로는 직각삼각형을 보면 피타고라스의 정리를 떠올리는 수학적 사고를 갖자.

지식 up 톡톡

350여 년간 수학자들을 괴롭힌 난제 페르마의 마지막 정리

피타고라스의 정리와 함께 알아두면 좋은 유명한 정리가 있다.

바로 오랜 시간 수학자들을 사로잡았던 미제 문제 '페르마의 마지막 정리'이다. 페르마의 마지막 정리는 피타고라스의 정리를 확장한 이론으로 보면 된다. 증명 과정을 이해하기는 어렵지만 세계 3대 난제로 꼽힐 만큼 수학사에서는 중요한 문제였다.

프랑스의 수학자 페르마는 변호사이자 지방의원으로 아마추어 수학자였다.

그는 수학 분야에 많은 업적을 남겼으며 그중 대표적으로 꼽히는 것이 미적분학과 해석기하학이다. 이는 로켓을 포함한 우주공학의 발전에 기여했으며, 파스칼과 함께 확률이론에도 영향을 주어 금융업과 보험업, 기상학 발전에도 족적을 남겼다.

이처럼 다양한 연구를 했음에도 그는 단 한 편의 논문만을 남겼다. 재미있는 것은 과학 발전에 큰 영향을 미쳤음에도 불구하고 그를 유명하게 만든 것은 오랜 기간 수많은 수학자들의 도전을 받았던 페르마의 마지막 정리이다.

페르마의 마지막 정리를 증명하려던 수학자들의 노력은 정수론의 발전을 불러왔다.

시작은 단순한 페르마의 메모였다. 당시 디오판토스의 《산법》을 증명하고 싶어 했던 페르마는 그 책의 여백에 "나는 이 문제에 대한 놀라운 증명을 해냈지만 여백이 좁아서 적을 수 없다."라고 썼다. 최고의 수학자 중 한 명으로 꼽히는 피타고라스만큼이나 수에 대해 관심이 많았던 페르마의 이 의미심장한 메모는 수학자들에게 편지를 보내 증명을 자랑하던 그의 성격이 그대로 드러나 있다.

페르마의 마지막 정리는 $x^n+y^n=z^n$에서 n이 3 이상일 때 양의 정수 x, y, z가 존재하지 않는 것을 증명하는 것이다. 이 문제가 성립하는 것을 증명하면 페르마의 마지막 정리는 끝이 난다.

그런데 단순하게 보였던 이 문제는 오랜 시간 수학자들을 괴롭히는 수수께끼가 되었다. 천재로 불리던 수학자들도 증명에 실패하면서 페르마도 증명을 못했을 거라는 억측까지 나올 정도였다.

그중 한 명이었던 오일러는 페르마의 마지막 정리를 증명하는 과정에서 복소수의 적용과 함께 허수 i를 발견했다. 우리가 배운 소인수분해와 중3 과정에서 배우게 되는 인수분해도 페르마의 마지막 정리를 증명하는 데 사용하는 방법 중 하나이다.

20세기 중반에 수학자 3명의 이름을 딴 《시무라-다니야마-베 이유의 추론》을 통해 페르마의 마지막 정리는 타원곡선과 관계가 있음이 발견됐다.

타원곡선은 여러분이 사용하는 교통카드에도 적용하는 수학 분야로, 최초 연구자는 노르웨이의 수학자 아벨이다. 뿐만 아니라 공개키 암호설정으로 안정적인 암호 전송이나 암호 방식 추구에도 이용된다. 즉 페르마의 마지막 정리를 증명하는 과정에서 발견된 수학은 과학과 기술의 발전에 영향을 주었던 것이다.

수백 년 동안 증명되지 않아 수학계를 괴롭히던 페르마의 마지막 정리는 1993년 프린스턴 대학 교수였던 앤드류 와일즈Andrew John Wiles, 1953~가 증명했다. 와일즈는 페르마의 마지막 정리를 증명하기 위해 19세기와 20세기의 수학 기법과 타원곡선을 이용했다. 그 방법은 보물섬의 위치를 발견하고, 찾아가는 과정에서 항로를 안전하게 운항할 수 있는지 확인하는 것과 같았다.

1993년 와일즈는 케임브리지의 뉴턴 연구소에서 200여 명의 수학자를 대상으로 3일 동안 칠판에 수식을 써내려가면서 증명했다.

그런데 오류가 발견되어 2년 동안 수학자 리처드 테일러와 공동 연구 후 다시 발표함으로써 페르마의 마지막 정리는 증명을 종결짓게 되었다.

1997년 와일즈는 페르마의 마지막 정리를 증명한 업적으로 볼

프스켈 상을 수상했으며, 5만 달러의 상금도 받게 되었다. 또한 기네스북에 가장 어려운 수학 문제 증명으로 와일즈의 증명방법이 등재되었다.

몇 세기에 걸쳐 수학계를 흔들었던 페르마의 마지막 정리의 증명은 이렇게 끝을 맺게 되었다. 그런데 여러분은 궁금하지 않은가? 페르마는 17세기의 수학 기법으로 증명했을 텐데, 와일즈는 19세기와 20세기의 수학적 해법으로 증명했다. 그렇다면 와일즈가 했던 증명만이 유일한 증명 방법이었을까? 또 다른 증명 방법이 있는 것은 아닐까?

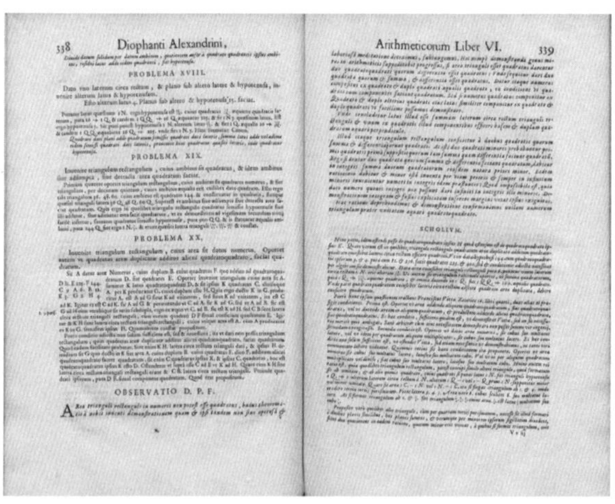
338 Diophanti Alexandrini,

PROBLEMA XVIII.

PROBLEMA XIX.

PROBLEMA XX.

OBSERVATIO D. P. F.

Arithmeticorum Liber VI. 339

SCHOLIUM.

1670년 출판된 디오판토스의 《산법》으로, 페르마의 마지막 정리 내용이 담긴 페이지.

확률

경우의 수

어떤 대상을 조사하거나 관찰, 실험하는 행위를 시행이라 한다. 해외 여행을 가기 전 나라의 날씨를 조사하거나 여행 경비를 조사하는 것도 이에 속한다. 조사 방법은 경험자의 의견을 듣거나 가이드 자료를 찾아보는 등 여러 가지가 있다. 겨울의 별자리를 관찰하면서 날씨를 예측할 수도 있고, 화학 실험을 통해 원소의 성질을 알아낼 수도 있다. 이처럼 시행을 하다가 얻어지는 결과를 사건이라 한다. 사건은 다음의 일이나 결과를 예상하는 데 중요한 자료가 될 수 있으며 정확하지 않아도 어느 정도의 위험을 줄이는 데 활용한다.

경우의 수는 어떤 사건이 일어나는 가짓수를 나타낸 것이다. 내일 날씨는 어떤가에 대한 경우의 수는 맑음, 흐림, 비의 세 가지가 있다. 그러나 겨울이면 맑음, 흐림, 비, 눈의 네 가지가 된다. 경우의 수는 이렇게 계절에 따라 변한다. 한편 동전을 던졌을 때 나오는 경우의 수는 앞면과 뒷면으로 두 가지이다.

합의 법칙과 곱의 법칙

두 사건 A, B가 있다. 두 사건이 동시에 일어나지 않는다는 가정하에서 사건 A가 일어나는 경우의 수를 m가지, 사건 B가 일어나는 경우의 수를 n가지로 하면 사건이 일어날 확률은 $(m+n)$ 가지가 된다. 이것이 합의 법칙이다.

주사위를 한 번 던져서 2 이하 6 이상 나오는 경우의 수는 1, 2의 두 가지에 6의 한 가지를 더해 3가지가 된다. 이 사건은 동시에 일어나지 않는다.

그러나 두 사건 A, B가 동시에 일어나면 경우의 수는 $m \times n$가지로 계산한다. 따라서 주사위 한 개와 동전 한 개를 던질 때 나오는 경우의 수는 $6 \times 2 = 12$가지이다. 이는 순서쌍을 만들어 생각할 수도 있으며 곱의 법칙이 적용된다. 이 경우의 순서쌍은 다음과 같다.

(1, 앞면), (2, 앞면), (3, 앞면), (4, 앞면), (5, 앞면), (6, 앞면),
(1, 뒷면), (2, 뒷면), (3, 뒷면), (4, 뒷면), (5, 뒷면), (6, 뒷면)

이때 앞면은 Head의 약자인 H, 뒷면은 Tail의 약자인 T로 표기하기도 한다.

여러 가지 경우의 수

1) 한 줄로 세우기

일렬로 세우기로도 불리는 한 줄로 세우기는 경우의 수에 많이 나온다. 인수와 민수가 있다고 하자. 이들을 일렬로 세우면 (인수, 민수), (민수, 인수)로 두 가지가 된다.

이번에는 경운이까지 세 명을 세워보자.

(인수, 민수, 경운), (인수, 경운, 민수), (민수, 인수, 경운), (민수, 경운, 인수), (경운, 민수, 인수), (경운, 인수, 민수)의 여섯 가지가 있다. 한 명 더 넣으면 일렬로 세우는 경우를 일일이 나열하기가 조금 더 복잡해지고, 10명을 일렬로 세운다면 더더욱 복잡해지는 만큼 일일이 쓰다가는 틀릴 수도 있다. 이러한 문제를 해결하기 위해 수학에서는 공식을 생각한다.

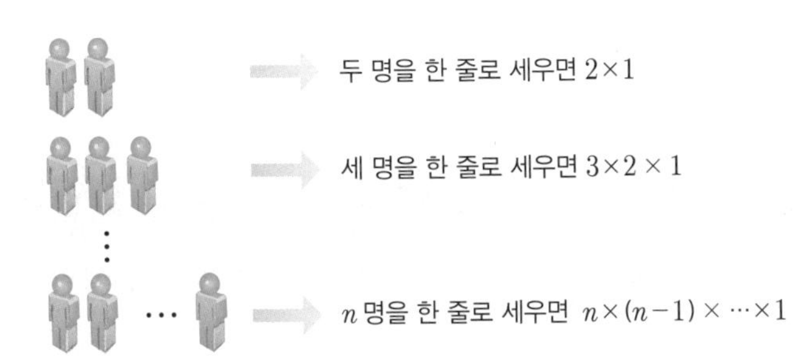

그 결과 n명을 한 줄로 세우면 $n\times(n-1)\times\cdots\times1$이 공식임을 배웠다. 공식은 아니지만 한 줄로 세울 때 서로 이웃하여 세우는 경우가 있다.

사람 이름을 A, B, C, D로 하자. 미리 알려두지만 사람 수가 많아질 때는 알파벳으로 표기하는 것도 좋은 방법이다. 왜냐하면 이름을 일일이 다 쓰느라 풀려던 문제에 혼란이 생겨 오히려 함정에 빠질 수도 있기 때문이다. 이제 직접 문제를 풀어보자.

A, B 두 사람을 이웃하게 하고 일렬로 세워보면 어떻게 될까?

(A, B, C, D)

(A, B, D, C)

A, B를 이웃하여 앞에 세웠다. 한 칸 오른쪽으로 옮기면,

(C, A, B, D)

(D, A, B, C)

A, B를 맨 뒤로 옮기면,

(C, D, A, B)

(D, C, A, B)

가 된다. 다 끝난 것 같지만 여섯 가지에서 A, B의 자리를 B, A로 바꿀 수도 있다. 두 배씩 더한 것이다. 따라서 답은 $6\times2=12$가지가 된다.

2) 대표 뽑기

n명 중에서 대표와 부대표를 뽑는 경우와 대표 2명을 뽑는 경우는 같을까? 다를까? 언뜻 생각하기에는 두 사람을 뽑는 것이니 같다고 느낄

수도 있지만 사실 다르다. 먼저 대표와 부대표를 뽑아 보자. 이때는 가장 작은 수부터 생각해야 한다.

A, B 두 사람이 있다. 두 명 중에서 대표와 부대표를 뽑는다면 둘 다 무슨 직책이든 맡아야 한다. (대표, 부대표)를 순서쌍으로 하면 (A, B), (B, A)로 2가지이다.

이번에는 A, B, C 세 사람이 대표, 부대표를 맡는 경우의 수를 생각해 보자.

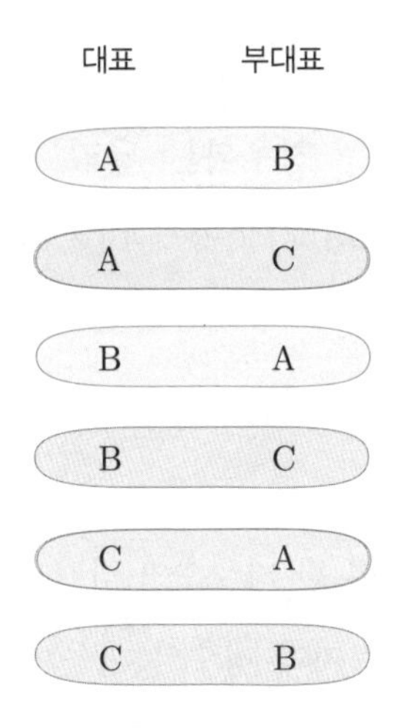

여섯 가지가 된다. 계속 사람 수를 늘려서 n명 중에서 대표, 부대표를 뽑는 경우의 수를 구하는 방법은 $n \times (n-1)$ 가지가 된다.

반면에 대표 두 명을 뽑는 경우를 보면 다음과 같다.

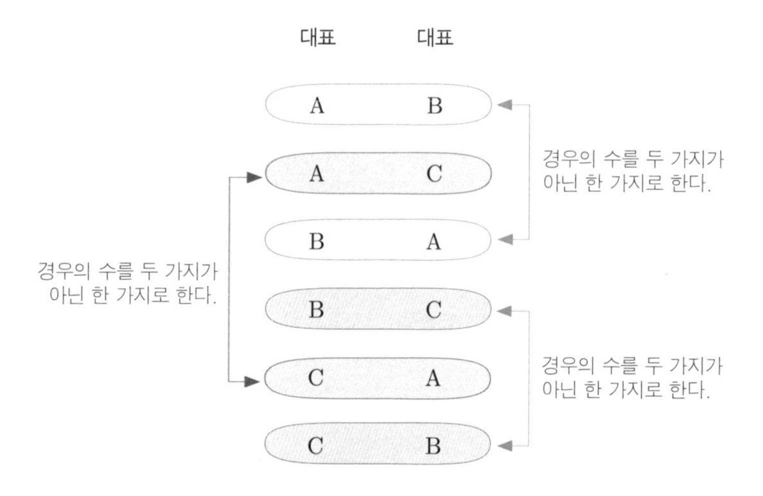

대표와 부대표를 뽑는 경우와는 달리 중복된 경우가 각각 2번씩 나오기 때문에 3가지이다. 따라서 대표 두 명을 뽑는 경우의 수는 $\frac{n\times(n-1)}{2}$ 가지이다.

3) 정수 만들기

1에서 n까지 서로 다른 한 자릿수가 각각 적힌 n장의 카드에서 2장을 뽑아 만들 수 있는 두 자리 정수의 개수는 $n\times(n-1)$가지이다. 예를 들어 1에서 9까지 카드가 있는데 카드 두 장을 뽑아서 만들 수 있는 카드의 경우의 수는,

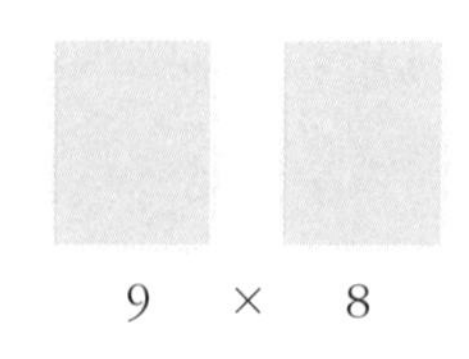

$$9 \quad \times \quad 8$$

$9\times8=72$가지이다. 십의 자릿수에는 1에서 9까지 중에서 어느 하나

를 뽑아 넣고, 일의 자릿수에는 십의 자릿수의 수와 다른 것을 뽑아 넣는 것이다.

반면 두 자릿수를 뽑아서 만들 수 있는 카드의 경우의 수는,

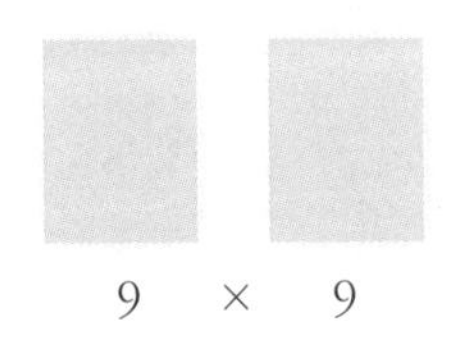

9 × 9

$9\times9=81$가지이다. 서로 다른 두 자릿수가 아니라 중복된 수도 넣을 수 있기 때문이다.

4) 선분과 삼각형의 개수 구하기

여러분은 선분이 두 점을 곧게 이은 선임을 이미 알고 있다. 그렇다면 원 위에 다섯 개의 점이 있을 때 만들 수 있는 선분의 개수는 몇 개일까?

이것을 알기 위해 원 위에 점 두 개가 있는 것부터 차례대로 다섯 개가 있는 것까지 생각해 보자.

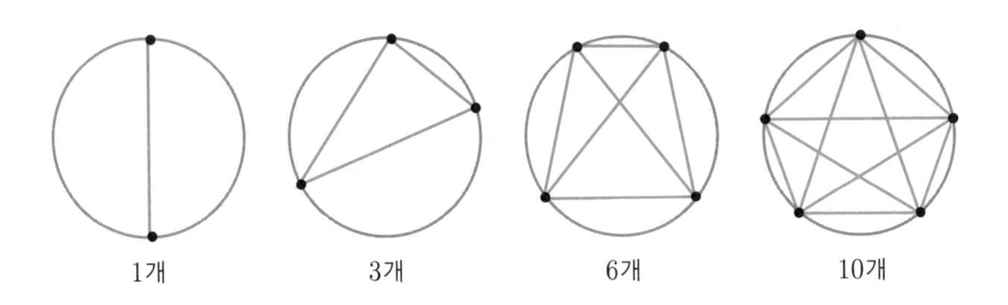

직접 그려보면 위의 그림과 같다. 먼저 답을 말하면 10개이다. 그러

나 선분이 만들어지는 규칙을 생각하면 다음과 같다.

점이 두 개일 때는 $\frac{2\times1}{2}=1$개,

세 개일 때는 $\frac{3\times2}{2}=3$개,

네 개일 때는 $\frac{4\times3}{2}=6$개,

다섯 개일 때는 $\frac{5\times4}{2}=10$개가 된다.

점이 다섯 개일 때 선분이 10개인 것은 오각형의 대각선이 10개로 그려지기도 하지만 한 점에서 4개의 선분을 그을 수 있고 이러한 점이 다섯 개이므로 $5\times4=20$개인데 중복되는 것이 두 개씩 있으므로 $20\div2=10$개가 된다.

그렇다면 원 위에 점이 다섯 개 있을 때 만들어지는 삼각형의 개수는 몇 개일까? 한 꼭짓점에서 만들 수 있는 삼각형의 개수는 6개이다. 꼭짓점의 개수는 모두 5개이므로 그릴 수 있는 삼각형의 개수는 $6\times5=30$개이다. 그러나 원 위의 삼각형을 전부 만들었을 때 중복되는 삼각형의 개수가 3개씩이므로 $30\div3=10$개가 된다.

확률의 정의

하나의 사건이 일어나는 사건의 수를 확률 probability이라 한다. 확률은 첫 글자를 따 p로 나타내며 $p=\frac{\text{어떤 사건이 일어날 경우의 수}}{\text{모든 경우의 수}}$로 나타낸다. 동전을 하나 던졌을 때의 경우의 수는 앞면과 뒷면의 두 가지이며

확률은 $\frac{1}{2}$이다. 분모에 앞면과 뒷면의 2가, 분자는 어느 한 사건의 경우의 수인 1이 되므로 $\frac{1}{2}$이다.

한 개의 주사위에서 홀수일 때의 확률은 $\frac{3}{6}=\frac{1}{2}$이며 짝수 역시 $\frac{1}{2}$이다. 소수의 확률 또한 2, 3, 5가 소수이므로 $\frac{1}{2}$임을 알 수 있다.

확률의 성질

확률은 세 가지 성질이 있다. 이 성질은 러시아의 수학자 콜모고로프 Andrei Kolmogorov, 1903~1987가 정리했다.

(1) 어떤 사건이 일어날 확률을 p로 하면 $0 \leq p \leq 1$이다.

(2) 반드시 일어나는 사건의 확률은 1이다.

(3) 절대로 일어날 수 없는 사건의 확률은 0이다.

(1)번에서 p의 범위에 대해 말했는데 p가 -1이거나 2일 수는 없다. 대부분 p는 0 초과 1 미만이며 (2)번에서 반드시 일어나는 확률은 1인 것을 알 수 있다. (3)번은 전혀 일어날 수 없는 확률을 나타낸 것이다.

해가 동쪽에서 떠서 서쪽으로 지는 것은 확률이 1이다. 운동을 하면 평상시보다 땀이 많이 나는 것도 1이다. 주사위를 던져 7의 눈이 나오는 경우나 동전을 던져 옆면이 나올 확률은 0이라 할 수 있다. 즉 일어날 수 없는 확률인 것이다.

여사건에 대한 확률

여사건은 어떤 사건이 일어나지 않을 확률을 뜻한다. 남자가 7명, 여자가 3명으로 구성된 팀이 있다면 전체가 10명이므로 남자가 있을 확률은 $\frac{7}{10}$, 여자가 있을 확률은 $\frac{3}{10}$이다. 따라서 1에서 남자일 확률인 $\frac{7}{10}$을 빼면 $\frac{3}{10}$이 되어 여자일 확률이 된다.

어떤 사건 확률을 p로 할 때 여사건일 확률은 $1-p$가 된다. 여사건 $1-p$는 q로 더 많이 쓰인다. 따라서 $p+q=1$이다.

남자 3명과 여자 2명이 있는데 2명의 대표를 뽑는다면 이때 남자가 적어도 한 명은 뽑힐 확률을 구해 보자.

먼저 여자만 뽑힐 확률을 구하면 두 명의 대표를 뽑는 것이므로 $\frac{2}{5}\times\frac{1}{4}=\frac{1}{10}$이고, 남자가 적어도 한 명은 뽑힐 확률은 $1-\frac{1}{10}=\frac{9}{10}$가 된다.

확률의 덧셈과 곱셈

확률의 덧셈과 곱셈은 동시에 일어나는가에 따라 구분된다. 확률의 덧셈에서 두 사건 p, q가 동시에 일어나지 않을 때의 확률은 $p+q$가 되는 것이다. 한 개의 주사위를 던져서 3의 배수가 나올 확률은 3, 6이므로 $\frac{1}{3}$, 5의 배수가 나올 확률은 5밖에 없으므로 $\frac{1}{6}$이다.

5의 배수나 3의 배수가 나올 확률을 구하는 것은 어떨까? 이 경우 두 확률이 동시에 일어나지 않으므로 $\frac{1}{6}+\frac{1}{3}=\frac{1}{2}$이다.

확률의 곱셈은 동시에 일어날 때의 확률이며 $p\times q$이다. 두 사건이 동시에 일어나면 곱하면 된다. 예를 들어 주사위를 두 번 던져서 처음에는 3의 배수가, 두 번째는 5의 배수가 나올 확률을 구하면 $\frac{1}{3}\times\frac{1}{6}=\frac{1}{18}$ 이다.

확률의 덧셈과 곱셈의 큰 차이점은, 확률의 곱셈은 동시에 일어나는 사건이어서 확률이 낮다는 것이다. 예를 들어 체육대회에서 줄넘기 대회가 있는데 열 명의 참가자 중 내가 1등이 될 확률은 $\frac{1}{10}$ 이다. 그런데 마라톤 대회까지 1등을 노린다면 $\frac{1}{10}\times\frac{1}{10}=\frac{1}{100}$ 의 확률을 예상하고 두 종목 다 1등을 노려야 한다. 이는 즉 동시에 달성하는 것은 어렵다는 의미이다.

복원추출과 비복원추출

한자어이지만 복원추출復元抽出은 꺼낸 것을 다시 집어넣어 연속으로 꺼낸 것을 곱한 확률을 의미한다. 복원추출의 대상은 카드일 수도 있고 공일 수도 있다. 제비뽑기도 가능하다. 비복원추출非復元抽出은 꺼낸 것을 다시 집어넣지 않고 남은 수에서만 계속해서 꺼내는 것을 곱한 확률이다.

컬러 공 4개와 검은 공 2개가 들어 있는 상자가 있다. 이 상자에서 연속으로 두 번 뽑아 컬러 공이 나올 확률을 구해 보자.

복원추출은 4개의 컬러 공과 2개의 검은 공이 들어간 상자에서 컬러 공을 뽑아도 다시 그 공을 넣어 뽑기 때문에 여전히 6개의 공 중에서 뽑는다.

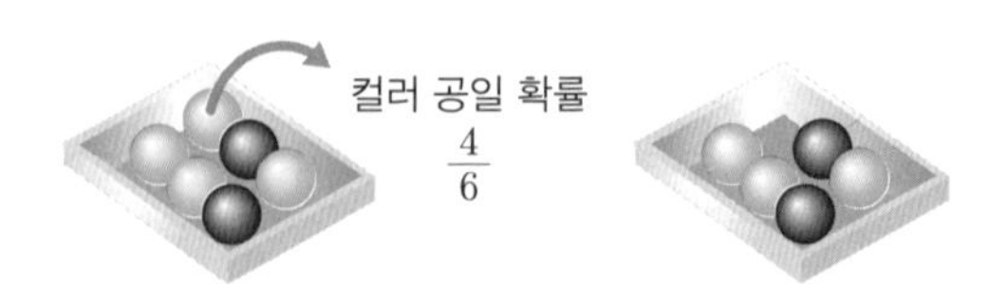

따라서 첫 시행에서 컬러 공일 확률은 $\frac{4}{6}$이며 두 번째 시행에서도 컬러 공일 확률 역시 $\frac{4}{6}$이다.

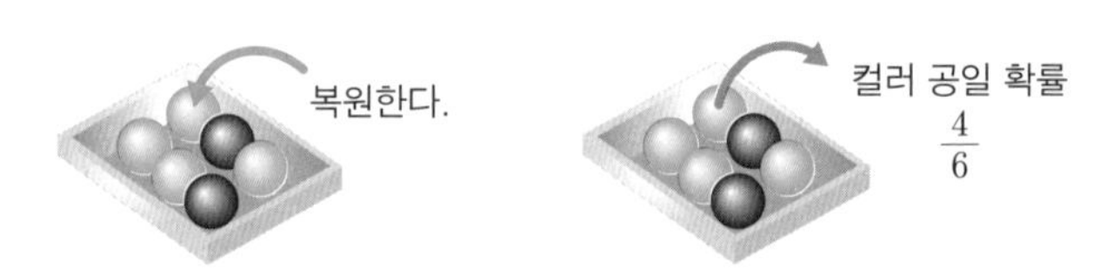

따라서 이 두 번의 시행은 복원추출에서는 $\frac{4}{6}\times\frac{4}{6}=\frac{4}{9}$이다.

이번에는 비복원추출을 살펴보자.

처음 시행은 복원추출과 같은 확률인 $\frac{4}{6}$이다.

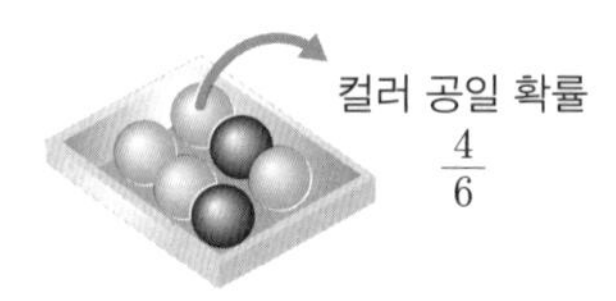

하지만 두 번째는 처음 꺼낸 공을 제외한 상태에서 남은 5개의 공 가운데 컬러 공을 선택해야 한다. 이때의 컬러 공은 3개이므로 $\frac{3}{5}$이다.

따라서 비복원추출의 확률은 $\frac{4}{6} \times \frac{3}{5} = \frac{2}{5}$ 이다.

복원추출 확률은 $\frac{4}{9}$ 이고 비복원추출은 $\frac{2}{5}$ 이므로 복원추출 확률이 비복원추출 확률보다 더 크다는 것을 알 수 있다.

도형의 확률

여러분은 다트darts 놀이를 한 번쯤은 해봤을 것이다. 다트 놀이는 과녁 안의 점수가 다르며 높은 점수를 획득하는 것이 목적이다. 다트는 점수를 따는 것도 있지만 과녁 안의 점수 배당이 같아 확률을 구하는 것도 있다.

그림처럼 1에서 8까지 팔등분된 과녁이 있다. 다트를 두 번 던졌을 때 짝수만 맞힐 확률을 구해 보자.

짝수는 2, 4, 6, 8이므로 확률이 $\frac{1}{2}$인 것을 알 수 있다. 그렇다면 두 번 던져서 둘 다 짝수일 확률은 $\frac{1}{2} \times \frac{1}{2} = \frac{1}{4}$ 이다. 이는 확률을 구하는 방법이 복원추출과 같다고 볼 수 있다. 한 번 맞힌 과녁의 번호라도 또 맞힐 수 있는 것이다.

이번에는 과녁을 빗나갈 확률이 $\frac{1}{4}$일 때, 두 번 던져서 짝수일 확률을 구해 보자. 과녁을 빗나갈 확률이 $\frac{1}{4}$ 이면 과녁 안에 맞힐 확률은 $\frac{3}{4}$ 이다.

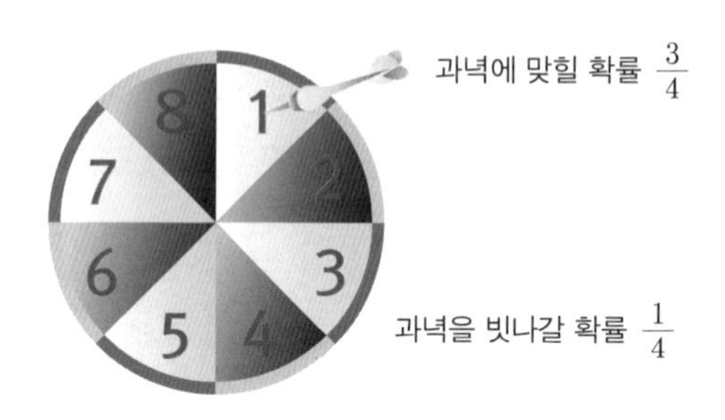

때문에 짝수일 확률은 $\frac{3}{4}\times\frac{1}{2}=\frac{3}{8}$ 이다. 물론 홀수일 확률도 $\frac{3}{8}$ 이다. 따라서 구하고자 하는 확률은 $\frac{3}{8}\times\frac{3}{8}=\frac{9}{64}$ 이다.

초등학교 6학년 때 배운 비율그래프에서 원그래프를 기억할 것이다. 원그래프는 설문 조사를 한 눈에 분석할 때 많이 쓰인다.

어느 중학교에서 학생들의 독서량이 부족한 것이 안타까워 한 달에 한 권씩 읽기를 장려하기 위해 독서시간을 만드는 문제로 설문조사를 했더니 다음과 같은 결과가 나왔다. 답변은 찬성, 관심없다, 반대, 무응답의 네 가지로 할 수 있었다.

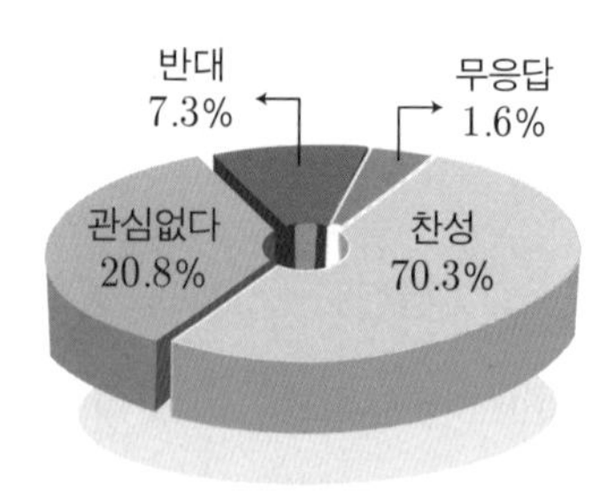

관심없다 또는 무응답으로 답변한 학생은 20.8%+1.6%=22.4%

이며 확률은 $\frac{28}{125}$이다.

날씨에 관한 확률

날씨에 관한 확률은 오늘, 내일, 모레 중 두 개 이상을 정해 날씨를 예상하는 확률이다. 오늘 비가 오면 내일 비가 오거나 안 올 수도 있다. 이러한 가능성을 가지도로 나타낸 것을 **수형도**tree diagram라 한다.

오늘 비가 올 확률을 $\frac{2}{3}$, 비가 오지 않을 확률을 $\frac{1}{3}$로 하자. 내일 비가 올 확률은 $\frac{3}{4}$, 비가 오지 않을 확률은 $\frac{1}{4}$로 하여 수형도를 그리면 다음과 같다.

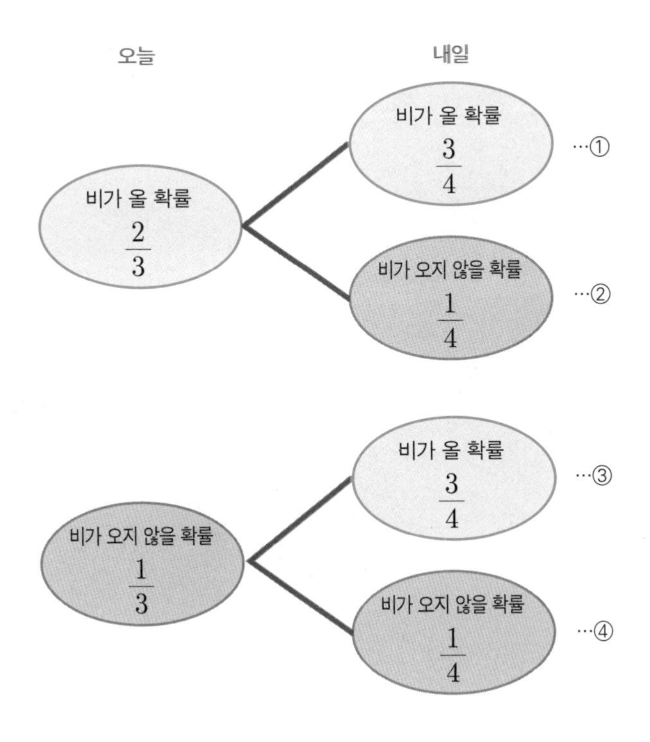

그림처럼 네 가지의 경우가 생긴다.

①은 오늘과 내일 비가 올 확률로,

$\frac{2}{3} \times \frac{3}{4} = \frac{1}{2}$ 이다.

②는 오늘은 비가 오지만 내일은 비가 오지 않을 확률로,

$\frac{2}{3} \times \frac{1}{4} = \frac{1}{6}$ 이다.

③은 오늘은 비가 오지 않지만 내일은 비가 올 확률로,

$\frac{1}{3} \times \frac{3}{4} = \frac{1}{4}$ 이다.

④는 오늘도 내일도 비가 오지 않을 확률로,

$\frac{1}{3} \times \frac{1}{4} = \frac{1}{12}$ 이다.

지식 up 톡톡

도박사의 오류
이번에는 반드시 그러나
확률은 독립적으로 발생한다

도박에서 매번 잃는 도박사가 여태까지는 많이 잃었으니 다음 번에는 딸 거라는 착각을 도박사의 오류라 한다. 확률은 일정하며 과거와 미래가 연관성이 없는데, 연관성이 있다고 잘못 믿음으로써 벌어지는 착각인 것이다.

어느 도박사가 카지노에서 룰렛을 하고 있다. 룰렛은 빨간색과 검은색 칸으로 이루어져 있으며 구슬이 굴러가는 방향을 예상해서 알아맞히면 고액을 벌 수 있는 게임이다.

구슬이 빨간색 칸에 들어갈 확률은 $\frac{1}{2}$, 검은색 칸에 들어갈 확률도 $\frac{1}{2}$이다. 처음 게임에서 빨간색 칸에 들어갔다. 그런데 두 번째도 빨간색, 세 번째도 빨간색, …… 이렇게 7번씩이나 구슬은 빨간색 칸으로 들어갔다.

"지금까지 계속 빨간색이었으니 다음번에는 검은색 칸으로 들어가겠지!"

도박사는 혼잣말을 한다.

수학적으로 계산해 보면 8번째도 빨간색 칸에 들어갈 확률은 $\left(\frac{1}{2}\right)^8$ 즉 0.00390625로 약 0.4%의 확률이다. 그렇다면 검은색 칸으로 들어갈 확률은 약 99.6%가 될 거라 생각한 것이다. 그래서 도박사는 구슬이 8번째에는 검은색 칸에 들어갈 것으로 확신했다.

그러나 과거의 결과가 미래에 전혀 영향을 끼치지 않는 것이 도박이다. 따라서 8번째 룰렛 역시 구슬이 검은색 칸으로 들어갈 확률은 여전히 $\frac{1}{2}$이다. 혹시 당신은 11번째도 빨간색에 들어간 구슬을 보며 다음번에는 검은색 칸에 들어갈 확률이 매우 크지 않을까 확신할 수도 있지만 여전히 확률은 $\frac{1}{2}$일 뿐이다. 복권을 매주 사는 사람과 축구 경기에서 승부차기에 거는 도박사의 오류는 이런 도박에서는 여전히 과거의 일이 미래에 반영되지 않는다는 것을 미처 깨닫지 못하는 것에서 발생한다. 게임을 하는 횟수가 많아지더라도 결과는 결국 독립적 확률이 좌우하는 것이다.

3
학년

중학 수학의 완성

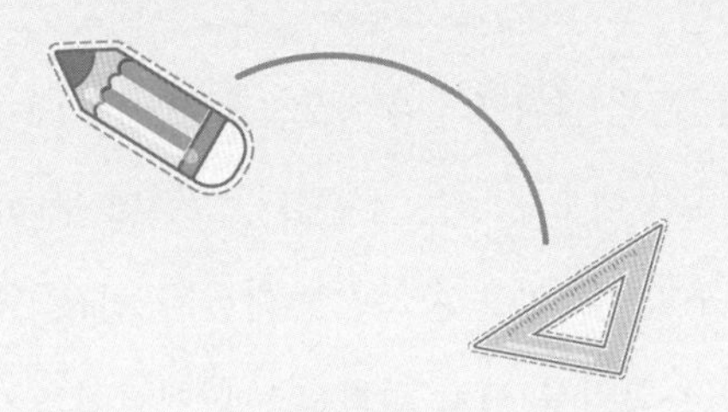

실수와 연산

여러분은 전자계산기에서 $\sqrt{\quad}$ 기호를 본 적이 있을 것이다. 점차 수학에 대한 범위를 넓혀서 이 기호를 만나면 이제는 실수까지 알게 하는 단원이다. 그리고 실수 범위를 알게 되면 수직선 위에 나타나는 수는 이제 모두 다 알게 된다.

제곱근

어떤 수 x를 두 번 곱하여 1이 나오는 x는, $x \times x=1$에서 $x=\pm 1$이다. 두 번 곱하여 4가 나오는 x는 ± 2이다. 그런데 두 번 곱하여 2나 3이 나오는 x를 구할 수 있을까? 이에 대한 고민은 고대부터 시작되었으며, 피타고라스학파를 거쳐 히파수스에 이르렀을 때 두 번 곱하여 2나 3이 나오는 수가 존재함을 알게 되었다. 그들은 그 수를 무리수라 정의했고 이후에도 무리수는 계속 발전했다. 그렇다면 무리수와 밀접한 연관이 있는 제곱근을 좀 더 자세히 알아보자.

x를 두 번 곱하여 a가 될 때 x를 제곱근이라 한다. 제곱근의 기호는 $\sqrt{\ }$ 이며, 루트root 또는 제곱근으로 읽는데 요즘은 제곱근으로 많이 부른다. 따라서 $x \times x = a$로 만드는 x는 $\sqrt{a}$ 또는 $-\sqrt{a}$가 된다. 두 번 곱하여 2가 되는 제곱근은 $\pm\sqrt{2}$ 로, 제곱근끼리 곱하면 제곱근이 없어 진다.

$$\sqrt{a} \times \sqrt{a} = a$$
$$-\sqrt{a} \times -\sqrt{a} = a$$

여기서 $\sqrt{a}$ 를 양의 제곱근, $-\sqrt{a}$ 를 음의 제곱근으로 읽는다. 그리고 두 번 곱해서 음수가 되는 제곱근은 없다.

$$x \times x = -a \quad ✖$$

모든 양수 a의 제곱근은 양수와 음수 두 개가 있다. 하지만 0의 제곱근은 0으로, 한 개다.

이제 수학의 발전에 지대한 공헌을 한 제곱근에 대해 살펴보면서 수 체계에 대해 알아보자.

수 체계

수 체계에서 복소수는 가장 광범위한 수를 포함한다. 복소수는 크게 실수와 허수로 나눈다. 허수는 고등학교 때부터 배우는 부분이며 실수는 이 단원을 통해 전부 알게 될 것이다. 이제 무리수를 배우기 때문이다. 무리수는 $\sqrt{2}$, $\sqrt{3}$ 같은 제곱근뿐만 아니라 π 같은 원주율도 포함된다. 그리고 이들 사이에는 끝이 없다는 공통점이 있다. 지금부터 제곱근을 비롯해 이 단원을 하다 보면 무리수에 대한 궁금증이 무럭무럭 자라게 될 것이다.

제곱근의 연산규칙

제곱근은 알아야 할 규칙이 있다.

(1) a가 양수일 때 $\sqrt{a} \times \sqrt{a} = (\sqrt{a})^2 = a$.

제곱근끼리 곱하면 제곱근이 없어지면서 제곱근 안의 수가 된다. 그리고 제곱근 안의 a가 음수인 수는 없다.

(2) a가 양수일 때 $\sqrt{(-a)^2}=\sqrt{a^2}=a$.

제곱근 안의 수를 완전히 계산한 후 제곱근과 제곱을 없애서 계산한다. 예를 들어 $\sqrt{(-2)^2}=\sqrt{4}=2$이다.

(3) $a \neq b$이고 a가 양수, b도 양수일 때 $\sqrt{a}+\sqrt{b}=\sqrt{a}+\sqrt{b}$.

제곱근 안의 수가 다를 때는 덧셈을 하여도 더해지지 않는다. $\sqrt{a}$를 x, $\sqrt{b}$를 y로 해 $x+y$를 간단히 해도 $x+y$인 것과 같은 이치이다. 예를 들어 $\sqrt{2}+\sqrt{5}$는 $\sqrt{2}+\sqrt{5}$인 것이다.

(4) $a \neq b$이고 a가 양수, b도 양수일 때 $\sqrt{a}-\sqrt{b}=\sqrt{a}-\sqrt{b}$.

제곱근 안의 수가 다를 때는 뺄셈을 해도 빼어지지 않는다. $\sqrt{a}=x$, $\sqrt{b}=y$로 하면 $x-y$를 간단히 해도 $x-y$인 것과 같은 이치이다. 예를 들어 $\sqrt{2}-\sqrt{5}$는 $\sqrt{2}-\sqrt{5}$인 것이다.

(5) $a \neq b$이고 a가 양수, b도 양수일 때 $\sqrt{a}\times\sqrt{b}=\sqrt{ab}$.

서로 다른 두 제곱근을 곱하면 제곱근 안의 수끼리 곱할 수 있다. 예를 들어 $\sqrt{2}\times\sqrt{3}=\sqrt{2\times3}=\sqrt{6}$이다.

(6) 제곱근은 분배법칙이 성립한다. $\sqrt{a}\left(\sqrt{b}\pm\sqrt{c}\right)=\sqrt{ab}\pm\sqrt{ac}$.

예를 들어 $\sqrt{3}\left(\sqrt{2}+\sqrt{5}\right)=\sqrt{6}+\sqrt{15}$ 이다.

(7) $a \neq b$이고 a가 양수, b도 양수일 때 $\sqrt{a^2b}=\sqrt{a^2}\times\sqrt{b}=a\sqrt{b}$

이다. 제곱근을 분리하여 간단히 나타낸 것이다. $\sqrt{12}$는 $\sqrt{2^2 \times 3}$로 제곱근 안이 소인수분해되어, $\sqrt{2^2 \times 3} = 2\sqrt{3}$이다.

(8) $a \neq b$이고 a가 양수, b도 양수일 때 $\sqrt{a} \div \sqrt{b} = \frac{\sqrt{a}}{\sqrt{b}} = \sqrt{\frac{a}{b}}$이다.

제곱근의 대소비교

$\sqrt{2}$와 $\sqrt{3}$ 중 어느 것이 더 클까? 제곱근도 단순히 양수를 비교하는 것처럼 제곱근 안의 수가 크면 제곱근을 씌어도 그 수는 크다. $\sqrt{2} < \sqrt{3}$이다. 그렇다면 $-\sqrt{2}$와 $-\sqrt{3}$의 대소관계는 어떻게 될까? 음수의 특징을 생각하면 된다. 음수가 붙으면 부등호가 바뀌게 되어 $-\sqrt{2} > -\sqrt{3}$이다.

제곱근을 수직선 위에 나타내기

제곱근을 수직선 위에 나타내려면 원점에서 시작한다. 한 변의 길이가 $\sqrt{2}$인 정사각형이 화살표처럼 내린 점의 위치는 $\mathrm{A}(\sqrt{2})$이다. 물론 한 변의 길이가 $\sqrt{2}$이므로 넓이는 2이다. 점의 위치를 나타낼 때는 원점에 컴퍼스를 대고 한 점에서 호를 그리며 수직선에 위치를 표시한다.

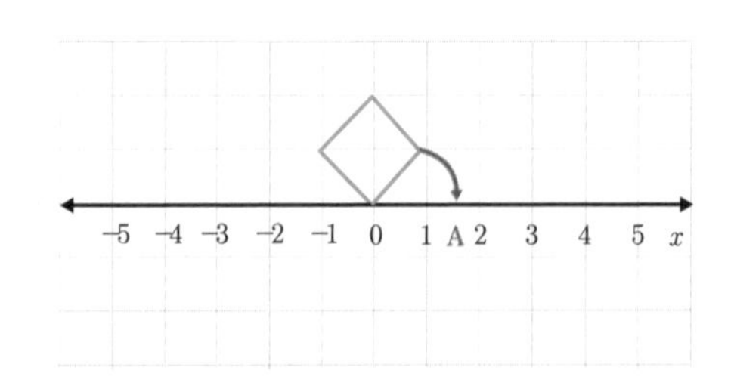

여기서 정사각형을 오른쪽으로 2만큼 이동하여 내린 점은 $B\left(2+\sqrt{2}\right)$이다.

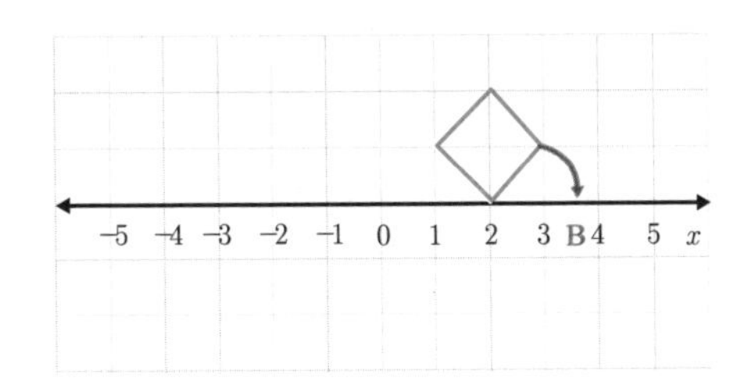

이번에는 한 변의 길이가 $\sqrt{2}$인 정사각형을 왼쪽으로 내릴 때 $C\left(-\sqrt{2}\right)$이다.

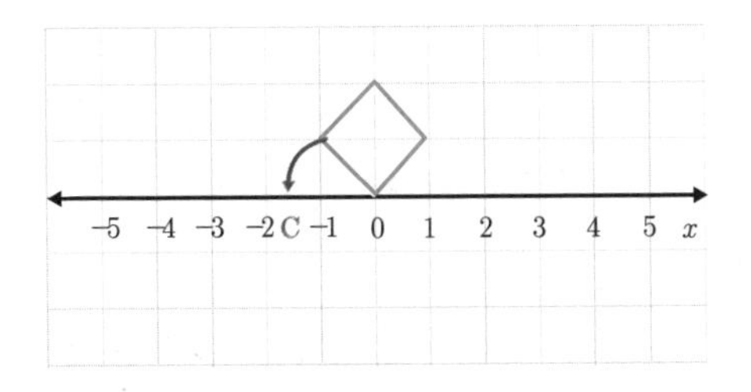

점 C를 음의 방향으로 3만큼 이동하면 $D\left(-3-\sqrt{2}\right)$이다.

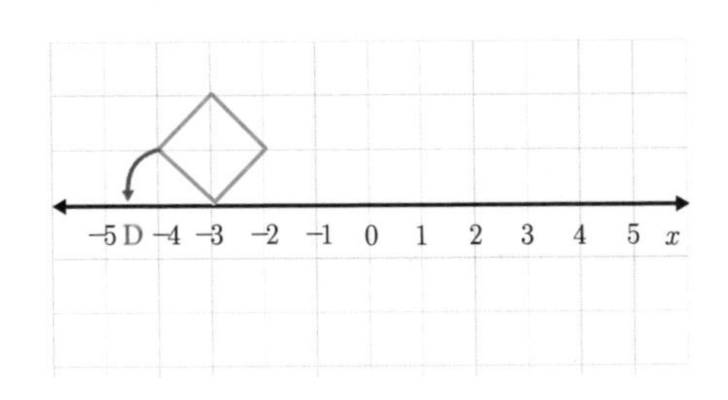

제곱근의 근삿값

제곱근의 근삿값 중에서 기억해야 할 것은 $\sqrt{2}$, $\sqrt{3}$, $\sqrt{5}$ 이다. $\sqrt{2} \fallingdotseq 1.414$, $\sqrt{3} \fallingdotseq 1.732$, $\sqrt{5} \fallingdotseq 2.236$인데 자주 나오기 때문에 기억해 두면 제곱근의 연산을 할 때 좋다.

$\sqrt{10}$을 계산하려면 $\sqrt{10}=\sqrt{2}\times\sqrt{5}=1.414\times2.236 \fallingdotseq 3.161704$이며 소수점 넷째 자릿수에서 반올림하여 3.162로 계산하면 된다. $\sqrt{40}$은 $\sqrt{2^2}\times\sqrt{10}=2\sqrt{10}$이므로 $2\times3.162 \fallingdotseq 6.324$이다.

물론 여기서 근삿값 3개를 기억하고 있을 때 $\sqrt{2}+\sqrt{3}$을 계산한다면 $1.414+1.732 \fallingdotseq 3.146$이므로 3보다 크고 4보다 작은 수라는 것을 짐작할 수 있다.

$\sqrt{2}$는 약 1.414이므로 정수 부분은 1이다. 소수 부분은 약 0.414로 정수 부분인 1을 빼면 된다. 따라서 $\sqrt{2}-1$로 쓴다. $\sqrt{5}$는 약 2.236이므로 정수 부분이 2, 소수 부분은 $\sqrt{5}-2$이다.

$\sqrt{21}$은 $\sqrt{16}$보다 크고 $\sqrt{25}$보다 작은 수이다. 즉 4보다 크고 5보다 작다. 따라서 정수 부분은 4이며 소수 부분은 $\sqrt{21}-4$이다.

결과적으로 무리수의 소수 부분=무리수−무리수의 정수 부분이다.

제곱근표를 이용해 근삿값 찾기

제곱근표를 이용해 근삿값을 찾는 방법은 가로 칸과 세로 칸이 만나는 부분의 수를 찾으면 된다.

수	0	1	2	3	4	5	6	7	8	9
1.0	1.000	1.005	1.010	1.015	1.020	1.025	1.030	1.034	1.039	1.044
1.1	1.049	1.054	1.058	1.063	1.068	1.072	1.077	1.082	1.086	1.091
1.2	1.095	1.100	1.105	1.109	1.114	1.118	1.122	1.127	1.131	1.136
1.3	1.140	1.145	1.149	1.153	1.158	1.162	1.166	1.170	1.175	1.179
1.4	1.183	1.187	1.192	1.196	1.200	1.204	1.208	1.212	1.217	1.221
1.5	1.225	1.229	1.233	1.237	1.241	1.245	1.249	1.253	1.257	1.261
1.6	1.265	1.269	1.273	1.277	1.281	1.285	1.288	1.292	1.296	1.300
1.7	1.304	1.308	1.311	1.315	1.319	1.323	1.327	1.330	1.334	1.338
1.8	1.342	1.345	1.349	1.353	1.356	1.360	1.364	1.367	1.371	1.375
1.9	1.378	1.382	1.386	1.389	1.393	1.396	1.400	1.404	1.407	1.411
2.0	1.414	1.418	1.421	1.425	1.428	1.432	1.435	1.439	1.442	1.446
2.1	1.449	1.453	1.456	1.459	1.463	1.466	1.470	1.473	1.476	1.480
2.2	1.483	1.487	1.490	1.493	1.497	1.500	1.503	1.507	1.510	1.513
2.3	1.517	1.520	1.523	1.526	1.530	1.533	1.536	1.539	1.543	1.546
⋮	⋮	⋮	⋮	⋮	⋮	⋮	⋮	⋮	⋮	⋮
93.0	9.644	9.644	9.645	9.645	9.646	9.646	9.647	9.647	9.648	9.648
94.0	9.695	9.696	9.696	9.697	9.697	9.698	9.698	9.699	9.699	9.700
95.0	9.747	9.747	9.748	9.748	9.749	9.749	9.750	9.750	9.751	9.751
96.0	9.798	9.798	9.799	9.799	9.800	9.801	9.801	9.802	9.802	9.803
97.0	9.849	9.849	9.850	9.850	9.851	9.851	9.852	9.852	9.853	9.853
98.0	9.899	9.900	9.901	9.901	9.902	9.902	9.903	9.903	9.904	9.904
99.0	9.950	9.950	9.951	9.951	9.952	9.952	9.953	9.953	9.954	9.954

제곱근표.

앞의 표에서 세로 칸의 수는 제곱근 안에 가장 먼저 들어가는 수이고, 가로 칸의 수는 그 수의 뒤에 들어가는 수이다. 세로 칸의 수 1.2와 가로 칸의 수 2가 만나면 $\sqrt{1.22}$ 의 근삿값을 찾게 된다.

제곱근표에서 세로 칸의 수 1.0과 가로 칸의 수 0이 만나면 $\sqrt{1.00}$ 이 되어 1.000이 됨을 알 수 있다. 이럴 때는 $\sqrt{1}=1$이므로 소수점은 생략한다. 계속해서 세로 칸의 1.8과 가로 칸의 3이 만나면 $\sqrt{1.83}$ 이 되어 1.353이 나온다. 마찬가지로 세로 칸의 2.3과 가로칸의 4가 만나면 $\sqrt{2.34}$ 는 1.530이다.

343쪽의 제곱근표는 전부 기재한 것이 아니며 중간 부분은 너무 많아서 생략했는데 제곱근표는 $\sqrt{99.9}$ 까지 근삿값을 찾을 수 있다. 또 어떤 제곱근표는 소수점 여섯째 자릿수까지 나타내기도 한다.

한편 $\sqrt{230}$과 $\sqrt{2300}$ 은 제곱근표에서 직접 근삿값을 찾을 수 없으므로 $\sqrt{230}=\sqrt{2.3\times10^2}=10\sqrt{2.3}$ 으로 고친 후 근삿값을 찾는다. 마찬가지로 $\sqrt{2300}=\sqrt{23}\times\sqrt{10^2}=10\sqrt{23}$ 으로 고친 후 근삿값을 찾는다.

지식 up 톡톡

조선 시대 천재 수학자가 제곱근을 구하는 방법

조선 후기 학자 홍길주[1786~1841]는 나눗셈과 뺄셈을 이용하여 제곱근을 풀이했다. 이는 제곱근을 나타내는 기호를 사용하지 않았을 뿐 제곱근의 풀이법으로는 획기적인 방법이있다. 하지만 양의 제곱근을 구하는 방법에만 국한된다는 단점이 있다.

조선시대의 방법으로 제곱근을 풀어보자.

4의 제곱근을 구하면 ±2이다. 그런데 조선 후기에는 음의 제곱근을 나타내기 어려워서 양의 제곱근만 존재했으므로 양의 제곱근이 나오는 방법을 알아보면 된다. 4를 2로 나누면 2이다. 2에서 1을 뺀다. 그러면 1이다. 1에 2를 곱하면 2가 된다. 여기서 2가 바로 4의 양의 제곱근이다.

그러면 9의 양의 제곱근을 구해 보자. 9를 2로 나눈다. 4.5인데 여기서 1을 빼면 3.5이다. 이번에는 3.5에서 2를 뺀다. 1.5가 되는데 여기서 2를 곱하면 3이다.

방법을 일반화하면 다음과 같다.

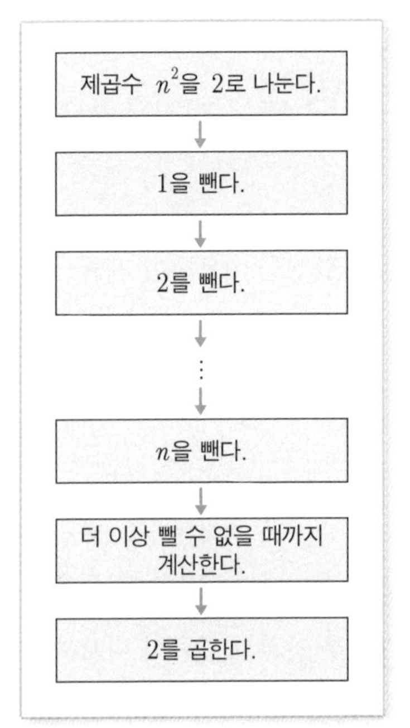

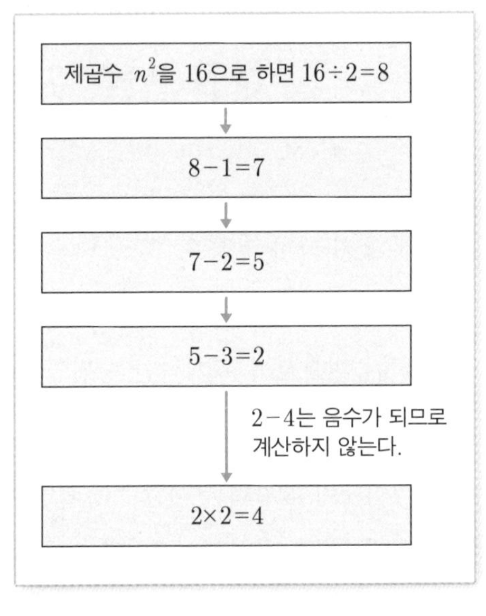

오른쪽 그림은 제곱수를 16으로 하여 예를 든 것이다. 제곱근을 구하니 양의 제곱근 4가 되었다.

다항식의 곱셈공식과 인수분해

곱셈 공식

곱셈공식은 다음의 4가지가 있다.

(1) $(a+b)^2=a^2+2ab+b^2$

(2) $(a-b)^2=a^2-2ab+b^2$

(3) $(a+b)(a-b)=a^2-b^2$

(4) $(ax+b)(cx+d)=acx^2+(ad+bc)x+bd$

(1), (2)번은 한데 묶어 $(a\pm b)^2=a^2\pm 2ab+b^2$으로 나타내기도 한다.

(1)번 증명은 다음과 같다.

$$(a+b)^2=(a+b)(a+b)$$

①②③④

$$=a^2+ab+ab+b^2$$

$$=a^2+2ab+b^2$$

(2)번 증명은 다음과 같다.

$$(a-b)^2=(a-b)(a-b)$$

①②③④

$$=a^2-ab-ab+b^2$$

$$=a^2-2ab+b^2$$

(3)번 증명은 다음과 같다.

$$(a+b)(a-b)=a^2-ab+ab-b^2$$

$$=a^2-b^2$$

(4)번은 전개를 하여 나타낸 결과로, 자주 보면 익숙해지는 공식이 될 것이다.

(1), (2), (3)번은 많이 쓰이는 공식이며 특히 $(a+b)^2=a^2+b^2$으로 쓰지 않도록 조심해야 한다. 기본임에도 자칫 잘못 생각해 틀리는 경우가 많다.

곱셈 공식의 형태 바꾸기

곱셈 공식의 형태를 바꾸는 방법은 대개 세 가지가 있다. 곱셈 공식을 바꾸는 이유는 문제에 대한 정확한 답을 구하기 위해서이다.

(1) $a^2+b^2=(a+b)^2-2ab=(a-b)^2+2ab$

(2) $(a+b)^2=(a-b)^2+4ab$

$(a-b)^2=(a+b)^2-4ab$

(3) $a^2+\frac{1}{a^2}=\left(a+\frac{1}{a}\right)^2-2=\left(a-\frac{1}{a}\right)^2+2$

(1)번을 증명하면서 예제를 풀어보자.

$$a^2+b^2=\underbrace{(a+b)^2-2ab}_{①}=\underbrace{(a-b)^2+2ab}_{②}$$

a^2+b^2이 ①의 식과 같은 것을 증명하려면 다음과 같은 순서로 한다.

$$(a+b)^2=a^2+2ab+b^2$$

$2ab$를 좌변으로 이항하면

$$(a+b)^2-2ab=a^2+b^2$$

좌변과 우변을 바꾸면

$$\therefore\ a^2+b^2=(a+b)^2-2ab$$

a^2+b^2이 ②의 식과 같은 것을 증명하려면 다음과 같은 순서로 한다.

$$(a-b)^2=a^2-2ab+b^2$$

$-2ab$를 좌변으로 이항하면

$$(a-b)^2+2ab=a^2+b^2$$

좌변과 우변을 바꾸면

$$\therefore\ a^2+b^2=(a-b)^2+2ab$$

$a+b=2$이고, $ab=1$일 때 a^2+b^2을 풀어보자.

a값과 b값이 정해져 있지 않고 a, b의 합과 곱만이 주어졌을 때 a^2+b^2을 풀어야 한다면 (1)번 공식이 필요하다.

$$a^2+b^2=\underbrace{(a+b)^2}_{=2}-2\underbrace{ab}_{=1}$$

$$=2^2-2\times1$$

$$=2$$

이번에는 $a-b=2$이고, $ab=-1$일 때 a^2+b^2을 풀어보자.

$$a^2+b^2=\underbrace{(a-b)^2}_{=2}+2\underbrace{ab}_{=-1}$$

$$=2^2+2\times(-1)$$

$$=2$$

$(a+b)^2$을 $(a-b)^2$에 관한 식으로 바꿀 수 있을까? (2)번은 그것에 관한 식이자 공식이다.

$$(a+b)^2=(a-b)^2+\square$$

□에 알맞은 문자식을 구하려면 좌변과 우변을 우선 전개한다.

$$a^2+2ab+b^2=a^2-2ab+b^2+\square$$

우변에 □만 남기고 이항하면

$$a^2+2ab+b^2-a^2+2ab-b^2=\square$$

동류항끼리 묶어 계산하면

$$4ab=\square$$

좌변과 우변을 바꾸면

$$\therefore\ \square=4ab$$

$(a+b)^2=(a-b)^2+\square$에 $\square=4ab$를 대입하면

$$(a+b)^2=(a-b)^2+4ab$$

위의 증명 과정을 이해하면 $(a-b)^2=(a+b)^2-4ab$도 증명할 수 있다.

또 비슷한 방법으로 $a^2+\dfrac{1}{a^2}$을 $\left(a-\dfrac{1}{a}\right)^2$에 관한 식으로 바꾸는 것도 증명할 수 있다.

$$a^2+\frac{1}{a^2}=\left(a-\frac{1}{a}\right)^2+\square$$

우변의 식을 전개하면

$$a^2+\frac{1}{a^2}=a^2-2\times a\times\frac{1}{a}+\frac{1}{a^2}+\square$$

$$a^2+\frac{1}{a^2}=a^2-2+\frac{1}{a^2}+\square$$

우변에 □만 남기고 이항하면

$$a^2+\frac{1}{a^2}-a^2+2-\frac{1}{a^2}=\square$$

$$2=\square$$

좌변과 우변을 바꾸면

$$\therefore\ \square=2$$

따라서 $a^2+\frac{1}{a^2}=\left(a-\frac{1}{a}\right)^2+2$가 된다.

같은 원리로 $a^2+\frac{1}{a^2}=\left(a+\frac{1}{a}\right)^2-2$이다.

예를 들어 $x-\frac{1}{x}=6$일 때 $x^2+\frac{1}{x^2}=\left(x-\frac{1}{x}\right)^2+2$

$$=6^2+2=38$$

$x+\frac{1}{x}=4$일 때 $x^2+\frac{1}{x^2}=\left(x+\frac{1}{x}\right)^2-2$

$$=4^2-2=14$$

인수분해

$(a+b)^2=a^2+2ab+b^2$으로 전개할 수 있다. 이것은 식을 전개한 것이다. 이번에는 $a^2+2ab+b^2=(a+b)^2$으로 나타내었다. 식의 전개를 거꾸로 한 것이다. x^2+5x+6을 $(x+2)(x+3)$으로 한 것도 세 항을 두 개의 다항식의 곱으로 나타냈다. 이처럼 하나의 다항식을 두 개 이

상의 다항식의 곱으로 나타낸 것을 인수분해라 한다.

$$a^2 \pm 2ab + b^2 \underset{\text{식의 전개}}{\overset{\text{인수분해}}{=}} (a \pm b)^2$$

인수분해에서 가장 먼저 등장하는 것이 **인수**이다. 56은 7과 8의 곱으로 되어 있다. 7과 8은 56의 약수이다. 그리고 숫자다. $(x+7)(x+8)$은 두 다항식의 곱으로 되어 있다. 두 다항식은 $x+7$과 $x+8$로, 이 두 개의 식이 인수이다. $3(x^2+x-5)$에서 3과 x^2+x-5는 인수이다. 따라서 **인수**因數란 다항식을 인수분해했을 때 곱해진 각각의 식이다. 그리고 적어도 하나는 다항식을 포함해야 한다.

공통인수로 인수분해하기

가장 쉬운 인수분해는 공통인수로 인수분해하는 것이다. $m(a+b)=ma+mb$로 분배법칙에 의해 식을 전개하는 것은 이미 여러분도 알고 있다. 거꾸로 인수분해하면 $ma+mb=m(a+b)$가 되며 공통인수는 m이 된다. m은 숫자일 수도 식일 수도 있다.

예를 들어 $3a+6b$를 인수분해하면 $3(a+2b)$이다. 3이 공통인수인 것이다. $(x+1)(x+2)+(x+1)(x+3)$도 $x+1$이 공통인수이므로 $(x+1)(x+2+x+3)=(x+1)(2x+5)$가 된다.

그렇다면 $ma+mb+mc$는 어떻게 인수분해를 할까? m이 공통인수이므로 $m(a+b+c)$로 인수분해가 된다.

인수분해 공식

앞으로 많이 쓰이는 인수분해 공식을 소개한다.

(1) $a^2+2ab+b^2=(a+b)^2$

(2) $a^2-2ab+b^2=(a-b)^2$

(3) $a^2-b^2=(a+b)(a-b)$

(4) $x^2+(a+b)x+ab=(x+a)(x+b)$

(5) $acx^2+(ad+bc)x+bd=(ax+b)(cx+d)$

다섯 가지 인수분해 공식은 자주 쓰이며 반드시 기억해야 한다. 따라서 (1)번부터 (5)번까지 증명을 하면서 공식을 기억하자.

(1)번은 다음과 같이 되는 것을 증명한 것이다.

$$a^2+2ab+b^2$$

$$\begin{array}{ccccc} a & & b & \longrightarrow & ab \\ & \times & & & \\ a & & b & \longrightarrow & +ab \\ \hline & & & & 2ab \end{array}$$

$$\downarrow$$

$$=(a+b)^2$$

예를 들어 $2^2+2\times2\times3+3^2=(2+3)^2=25$가 성립한다.

(2)번은 다음과 같이 되는 것을 증명한 것이다.

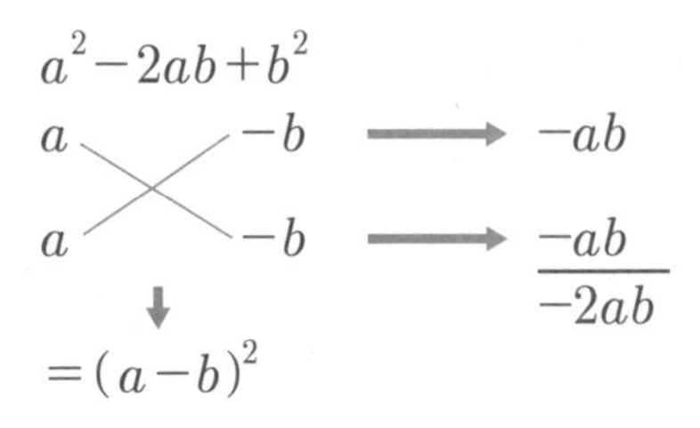

예를 들어 $5^2-2\times5\times3+3^2=(5-3)^2=4$가 성립한다.

(3)번은 도형을 그리며 생각하면,

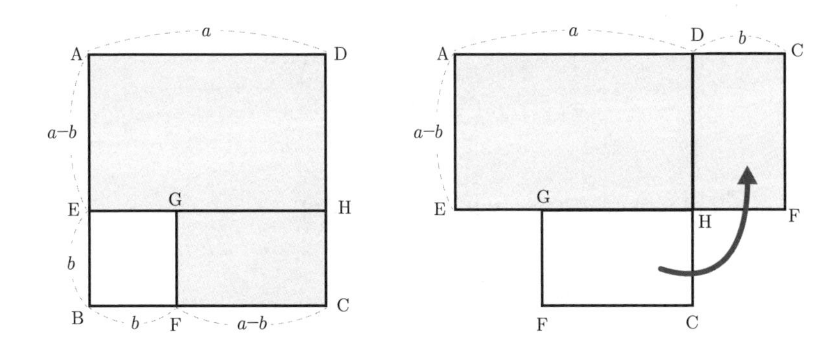

가로와 세로의 길이가 a인 정사각형에서 가로와 세로가 b인 정사각형의 넓이를 뺀 식이다. 따라서 a^2-b^2은 $(a+b)(a-b)$가 되는 것을 그림을 통해 알 수 있다.

예를 들어 $5^2-3^2=(5+3)(5-3)=16$이 성립한다.

(4)번은 다음과 같이 되는 것을 증명한 것이다.

$$
\begin{array}{lcl}
x^2+(a+b)x+ab & & \\
x \quad\quad\quad a & \longrightarrow & ax \\
x \quad\quad\quad b & \longrightarrow & +bx \\
\downarrow & & \overline{(a+b)x} \\
=(x+a)(x+b) & &
\end{array}
$$

예를 들어 x^2+5x+6을 보자.

$$
\begin{array}{lcl}
x^2+5x+6 & & \\
x \quad\quad 2 & \longrightarrow & 2x \\
x \quad\quad 3 & \longrightarrow & +3x \\
\downarrow & & \overline{5x} \\
=(x+2)(x+3) & &
\end{array}
$$

(5)번은 다음과 같이 되는 것을 증명한 것이다.

$$
\begin{array}{lcl}
acx^2+(ad+bc)x+bd & & \\
ax \quad\quad\quad b & \longrightarrow & bcx \\
cx \quad\quad\quad d & \longrightarrow & +adx \\
\downarrow & & \overline{(ad+bc)x} \\
=(ax+b)(cx+d) & &
\end{array}
$$

예를 들어 $3x^2+5x+2$를 풀어보자.

$$
\begin{array}{lcl}
3x^2+5x+2 & & \\
3x \quad\quad 2 & \longrightarrow & 2x \\
x \quad\quad 1 & \longrightarrow & +3x \\
\downarrow & & \overline{5x} \\
=(3x+2)(x+1) & &
\end{array}
$$

이렇게 인수분해는 원리를 알고 있으면 별 어려움 없이 문제를 해결할 수 있다. 약수를 통해 수의 성질을 알고 연산에 대해 편리하게 도움을 받을 수 있어 인수분해는 이차방정식과 이차함수를 푸는 데에 꼭 필요하다. 따라서 이차방정식과 이차함수를 하기 전에 인수분해를 완전히 내 것으로 만들어두자.

복잡한 식의 인수분해

인수분해의 목적은 다항식을 단항식으로 만들기 위해 공통인수를 묶는 것이다. 따라서 공통항을 포함한 공통부분을 먼저 모은 후 해결 방법을 찾으면 된다.

예를 들어 다항식 x^2y+xy^2+xy를 인수분해해 보자. 가장 먼저 xy가 공통인수이다. 하나의 항이 되었으므로 인수분해하면 $xy(x+y+1)$이다. 인수분해가 끝난 것이다.

공통된 문자식이 포함된 다항식도 인수분해할 수 있다. 예를 들어 $(x+2y)^2-2(x+2y)+1$을 인수분해해 보자. 이 다항식에서 $x+2y$가 공통인수이다. 식이 복잡하므로 원활하게 풀기 위해 $x+2y$를 A로 치환하자.

$$(x+2y)^2-2(x+2y)+1$$

$x+2y$를 A로 치환하면

$$=A^2-2A+1$$

인수분해하면

$$=(A-1)^2$$

다시 A에 $x+2y$를 대입하여 정리하면

$$=(x+2y-1)^2$$

앞쪽의 예처럼 공통된 인수인 문자식이 포함된 다항식의 인수분해는 치환을 이용하여 해결한다.

항이 여러 개인 복잡한 인수분해도 있다. 이러한 문제는 앞에서 설명한 두 가지 방법를 떠올리며 공통인수를 잘 묶으면 해결된다. 인수분해가 한 번에 해결되지 않는다고 좌절할 필요는 없다. 인수분해는 다양한 방법을 사용하여 해결하는 문제가 많기 때문이다. 따라서 많은 문제를 풀며 적응해야 한다.

$xy-x+y-1$을 풀어보자. 식이 복잡해 보인다. 우선 앞의 두 항을 먼저 x로 묶고, 뒤의 두 항과 비교하며 인수분해해 보자.

$$xy-x+y-1$$

앞의 두 항을 먼저 묶으면

$$=x(y-1)+(y-1)$$

한번 더 인수분해하면

$$=(x+1)(y-1)$$

인수분해를 두 번 하여 해결했다. 이렇게 두 번의 인수분해를 통해 푸는 문제도 있다. 어떤 문제는 세 번 이상 인수분해를 해야 하는 것도 있다.

내림차순으로 정리한 후 인수분해를 하는 문제도 있다. x 또는 y로 내림차순으로 정리해 인수분해를 하는 것이다.

$x^2+y^2+2xy-x-y-2$를 인수분해해 보자.

$$x^2+y^2+2xy-x-y-2$$

x에 대해 내림차순으로 정리하면

$$=x^2+(2y-1)x+y^2-y-2$$

y^2-y-2를 인수분해하여 식을 나타내면

$$=x^2+(2y-1)x+(y-2)(y+1)$$

인수분해 공식 (5)를 이용하면

$$=(x+y-2)(x+y+1)$$

( )( )( )( )$+k$ 형태의 인수분해 문제도 있다. 2개의 항을 적절하게 하나의 항으로 묶어서 해결해야 하므로 항의 순서를 바꾸는 것이 우선이다. 그리고 치환, 식의 전개도 이용한다.

$x(x+4)(x-1)(x+3)-5$를 풀어보자. 이 유형은 k부분인 -5를 제외하고 인수분해가 되어 있는 항의 인수들을 생각한다. 앞의 두 항과 뒤의 두 항을 각각 전개하면 $(x^2+4x)(x^2+2x-3)$이다. 그러나 두 개의 이차식에서 공통부분이 없다. 따라서 여기서 맨 앞의 x와 맨 뒤의 $x+3$를 짝을 이루어 전개하고, 두 번째와 세 번째의 $x+4$와 $x-1$을 짝을 이루어 전개하면 $(x^2+3x)(x^2+3x-4)$가 된다. 즉 x^2+3x가 공통부분이 된 것이다.

이제 계산과정을 밟아 보자.

$$x(x+4)(x-1)(x+3)-5$$
두 항을 적절하게 묶어 순서를 바꾸면
$$=x(x+3)(x+4)(x-1)-5$$
x와 $x+3$의 곱과 $x+4$와 $x-1$의 곱을 각각 전개하면
$$=(x^2+3x)(x^2+3x-4)-5$$
x^2+3x를 A로 치환하면
$$=A(A-4)-5$$
식을 전개하면
$$=A^2-4A-5$$
인수분해하면
$$=(A-5)(A+1)$$
다시 A에 x^2+3x를 대입하면
$$=(x^2+3x-5)(x^2+3x+1)$$

인수분해의 활용

인수분해를 이용하면 여러 활용문제에 적용할 수 있다. 인수분해 공식(3)을 머릿속에 떠올려 보자. $a^2-b^2=(a+b)(a-b)$이다.

66^2-34^2를 풀어보자. 인수분해 공식을 이용하면 $66^2-34^2=(66+34)(66-34)$가 되어 $100\times32=3200$이다. 여러분이 이러한 문제를 접하면 인수분해 공식(3)을 이용해 풀면 더 빨리 풀 수 있을 것이다. 인수분해 공식을 이용하는 이유도 편리하게 계산하기 위해서이다.

이번에는 $x=\sqrt{5}+\sqrt{2}$, $y=\sqrt{5}-\sqrt{2}$일 때, x^2-y^2을 구해 보자.

먼저 $x^2-y^2=(x+y)(x-y)$로 인수분해가 되는 것을 앞의 문제에서 확인하고 풀어봤다. 이번에도 쉽게 떠오를 것이다. 그리고 이제 x와

y를 대입하여 계산한다.

$$(x+y)(x-y)=\{(\sqrt{5}+\sqrt{2})+(\sqrt{5}-\sqrt{2})\}\{(\sqrt{5}+\sqrt{2})-(\sqrt{5}-\sqrt{2})\}$$
$$=2\sqrt{5}\times2\sqrt{2}=4\sqrt{10}$$

이렇게 인수분해를 한 후 x, y값을 대입해 식의 값을 계산할 수 있다.

다음 그림처럼 두 개의 정사각형이 있다. 큰 정사각형의 한 변의 길이는 a, 작은 정사각형의 한 변의 길이를 b로 하자. 두 정사각형의 둘레의 차가 60이고, 넓이의 차가 120일 때 $a+b$를 구해 보자.

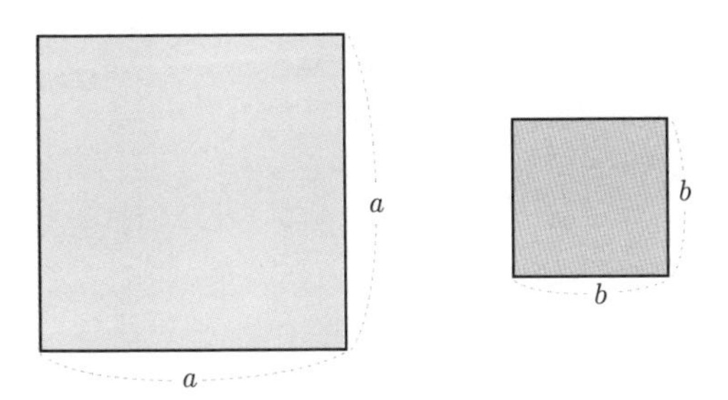

두 정사각형의 둘레의 차는 $4(a-b)=60$이며, 양변을 약분하면 $a-b=15$이다.

두 정사각형의 넓이의 차는 $a^2-b^2=120$이며, $a^2-b^2=(a+b)(a-b)$이다. 여기서 $a-b=15$를 대입하면 $a^2-b^2=(a+b)(a-b)=(a+b)\times15=120$이므로 $a+b=8$이다.

이제 여러분은 $15^2-2\times15+1$을 인수분해로 풀 수 있겠는가? 인수분해 공식(2)를 떠올려 보자. 이를 이용하면 $15^2-2\times15+1=(15-1)^2=14^2=196$이다.

이차방정식

이차방정식의 정의

일차방정식은 $ax+b=0$의 형태로 나타내는 방정식으로 x의 차수가 일차이며 x값을 구하는 것이 목적이다.

이차방정식은 $ax^2+bx+c=0$의 형태로 나타내는 방정식으로, x의 차수가 이차이며 x^2의 계수인 a는 0이 아니다. 또 $ax^2+bx+c=0$을 참이 되게 하는 x의 값을 해 또는 근이라 한다. 이차방정식의 해를 푸는 것을 '이차방정식을 푼다'고 하며, 이차방정식의 근은 없을 수도 있고, 1개 또는 2개일 수도 있으며 무수히 많을 수도 있다.

이차방정식의 풀이

이차방정식을 푸는 방법은 인수분해로 푸는 방법, 제곱근을 이용한 방법, 완전제곱식으로 푸는 방법, 근의 공식을 이용한 방법이 있다. 넷 중에 하나를 선택해 푼다.

인수분해로 푸는 방법

인수분해로 이차방정식을 푸는 방법은 인수분해를 하여 근을 구하는 것이다. $AB=0$을 풀면 $A=0$ 또는 $B=0$이다. 이러한 원리로 이차방정식을 인수분해했더니 $(x-1)(x-2)=0$ 형태가 되었다면 이것을 풀어 $x=1$ 또는 2가 된다.

따라서 인수분해가 되면 근을 구하는 것은 쉬운 편이다. 그러나 이차방정식이 모두 인수분해가 되는 것은 아니므로 문제에 따라 다른 방법을 선택해야 한다. 계속해서 다른 방법 세 가지를 소개하고자 한다.

제곱근을 이용한 방법

$x^2=a$를 풀면 $x=\pm\sqrt{a}$ $(a \geq 0)$이다. $a<0$이면 풀 수 없다는 것은 여러분도 잘 알 것이다. $(x+a)^2=b$를 풀면 $x+a=\pm\sqrt{b}$가 되어 $x=-a\pm\sqrt{b}$ 이다. $a(x+p)^2=q$의 경우에는 $x=-p\pm\sqrt{\frac{q}{a}}$ 이다.

완전제곱식으로 푸는 방법

다섯 단계를 통해 완전제곱식으로 푼다. 여러 문제를 풀다 보면 다섯 단계가 크게 어렵지는 않다.

1단계 : 이차항의 계수는 1로 한다. 만약 이차항의 계수에 0이 아닌 상수가 있다면 그 상수로 나눈다.

$$ax^2+bx+c=0$$

양변을 a로 나눈다.

$$x^2+\frac{b}{a}x+\frac{c}{a}=0$$

2단계 : 상수항을 우변으로 이항한다.

$$x^2+\frac{b}{a}x=-\frac{c}{a}$$

3단계 : 양변에 $\left(\frac{\text{일차항의 계수}}{2}\right)^2$을 더한다.

$$x^2+\frac{b}{a}x+\left(\frac{b}{2a}\right)^2=-\frac{c}{a}+\left(\frac{b}{2a}\right)^2$$

4단계 : 좌변을 완전제곱식으로 바꾼다.

$$\left(x+\frac{b}{2a}\right)^2=-\frac{c}{a}+\frac{b^2}{4a^2}$$

$$\left(x+\frac{b}{2a}\right)^2=\frac{b^2-4ac}{4a^2}$$

5단계 : 제곱근을 이용해 이차방정식을 푼다.

$$x+\frac{b}{2a}=\pm\frac{\sqrt{b^2-4ac}}{2a}$$

$$\therefore\ x=\frac{-b\pm\sqrt{b^2-4ac}}{2a}$$

근의 공식을 이용한 방법

앞서 증명한 다섯 단계의 완전제곱근으로 푸는 방법에서 나온 $x=\frac{-b\pm\sqrt{b^2-4ac}}{2a}$ 는 근의 공식이다. $ax^2+bx+c=0$에서 a는 이차항의 계수, b는 일차항의 계수, c는 상수이다.

예를 들어 $2x^2+3x+1=0$을 근의 공식으로 풀면 $a=2$, $b=3$, $c=1$이므로,

$$x=\frac{-b\pm\sqrt{b^2-4ac}}{2a}$$

(3, 3, 2, 1, 2)

$$x=\frac{-3\pm1}{4}$$

$$\therefore\ x=-1\ \text{또는}\ -\frac{1}{2}$$

이 외에도 기억해 두면 좋은 근의 공식이 하나 더 있다. 일차항의 계수가 짝수일 때 쓰는 공식이다. 이것도 증명을 해보고 외우는 것이 좋다. 근의 공식을 잊어버렸을 때는 식을 유도하는 연습을 해야 한다. 시

험에도 자주 나오지만 수학에서는 중요하기 때문이다.

$$ax^2+2b'x+c=0$$

이차항의 계수를 1로 만들기 위해 양변을 a로 나눈다.

$$x^2+\frac{2b'}{a}x+\frac{c}{a}=0$$

상수항을 우변으로 이항하면

$$x^2+\frac{2b'}{a}x=-\frac{c}{a}$$

양변에 $\left(\frac{\text{일차항의 계수}}{2}\right)^2$을 더하면

$$x^2+\frac{2b'}{a}x+\left(\frac{2b'}{2a}\right)^2=-\frac{c}{a}+\left(\frac{2b'}{2a}\right)^2$$

$$x^2+\frac{2b'}{a}x+\left(\frac{b'}{a}\right)^2=-\frac{c}{a}+\left(\frac{b'}{a}\right)^2$$

좌변을 완전제곱식으로 바꾸면

$$\left(x+\frac{b'}{a}\right)^2=-\frac{c}{a}+\left(\frac{b'}{a}\right)^2$$

제곱근을 이용해 풀면

$$x+\frac{b'}{a}=\pm\frac{\sqrt{(b')^2-ac}}{a}$$

$$\therefore\ x=\frac{-b'\pm\sqrt{(b')^2-ac}}{a}$$

예를 들어 $x^2+6x+3=0$을 근의 공식을 이용하여 풀어보자.

$a=1$, $b'=3$, $c=3$이면,

$$x=\frac{-b'\pm\sqrt{(b')^2-ac}}{a}$$

(b' → 3, b' → 3, a → 1, c → 3, a → 1)

$\therefore\ x=-3\pm\sqrt{6}$

이처럼 일차항의 계수가 짝수일 때 쓰는 근의 공식은 편리하게 계산할 수 있어 많이 이용한다.

판별식

이차방정식 $x^2-4x+9=0$은 근의 공식을 이용하면 근이 나오지 않는다. $x^2-4x+3=0$은 인수분해나 근의 공식을 이용해 풀면 $x=1$ 또는 3이다. $x^2-4x+4=0$은 $x=2$이다. 이차항과 일차항까지는 같고, 상수항만 다른데 어떤 이차방정식은 근이 2개이고, 어떤 이차방정식은 중근이며 어떤 이차방정식은 근이 없다. 이를 가르는 것이 판별식 D이다. 판별식 D는 이차방정식 $ax^2+bx+c=0$에서 다음의 세 가지 경우가 있다.

(1) $D=b^2-4ac>0$일 때 근이 2개이다.

(2) $D=b^2-4ac=0$일 때 중근이다(근이 하나이다).

(3) $D=b^2-4ac<0$일 때 근이 없다.

예를 들어 $x^2-5x+3=0$은 $a=1,\ b=-5,\ c=3$이다.

$D=b^2-4ac=(-5)^2-4\times1\times3=13>0$이므로 근이 2개이다.

$x^2-x+\frac{1}{4}=0$은 $D=b^2-4ac=(-1)^2-4\times1\times\frac{1}{4}=0$이므로 중근

이다. $x^2+3x+5=0$은 $D=b^2-4ac=3^2-4\times1\times5=-11<0$이므로 근이 없다.

그리고 일차항의 계수가 짝수일 때 근의 공식이 별도로 있는 것과 마찬가지로 판별식도 있다. D 대신 $\frac{D}{4}$로 나타내며, $\frac{D}{4}=(b')^2-ac$이다.

복잡한 이차방정식의 풀이방법

이차방정식의 모든 계수가 분수나 소수인 경우는 일차방정식의 풀이와 비슷하다. 계수가 분수일 때는 최소공배수를 분모에 곱하여 계산한다. 예제를 풀어보자.

$$\frac{x(x-1)}{2}-\frac{(x-3)(x+2)}{5}=7$$

분모 2와 5의 최소공배수 10을 양변에 곱하면

$$5x(x-1)-2(x-3)(x+2)=70$$
$$5x^2-5x-2x^2+2x+12=70$$
$$3x^2-3x-58=0$$

근의 공식을 이용하여 근을 구하면

$$\therefore\ x=\frac{3\pm\sqrt{705}}{6}$$

계수가 소수일 때도 정수로 만들기 위해 10의 거듭제곱을 곱한다. 예제를 풀어보자.

$$0.4x^2-1.2x+0.9=0$$

양변에 10을 곱하면

$$4x^2-12x+9=0$$

좌변을 완전제곱식으로 만들면

$$(2x-3)^2=0$$

$$\therefore\ x=\frac{3}{2}$$

이차방정식의 활용

조건이 주어질 때 이차방정식 구하는 방법

(1) 이차항의 계수와 두 근이 주어질 때

이차항의 계수 a와 두 근 α, β가 주어질 때 이차방정식은 $a(x-\alpha)\times(x-\beta)=0$이다. 예를 들어 이차항의 계수가 2이고, 두 근이 -2 또는 3으로 주어진다면 $2(x-3)(x+2)=0$으로 식을 쓸 수 있다. 전개해서 $2x^2-2x-12=0$으로 쓰는 것이 더 정확하다.

(2) 이차항의 계수와 중근이 주어질 때

이차항의 계수 a와 중근 α가 주어진다면 이차방정식은 $a(x-\alpha)^2=0$이다. 예를 들어 이차항의 계수가 -2이고, 중근이 3이면 $-2(x-3)^2=0$이 된다. 이 식도 전개하여 $-2x^2+12x-18=0$으로 쓴다.

(3) 계수가 유리수인 이차방정식에서 한 근이 무리수로 주어질 때

한 근이 $p+q\sqrt{m}$ 이면 다른 한 근은 $p-q\sqrt{m}$ 이 된다. 예를 들어 $2+\sqrt{2}$ 가 한 근이면 다른 한 근은 $2-\sqrt{2}$ 이다. 두 근을 더해서 유리수가 나오면 된다.

이차방정식의 활용문제

이차방정식의 활용문제를 푸는 방법은 다음과 같다.

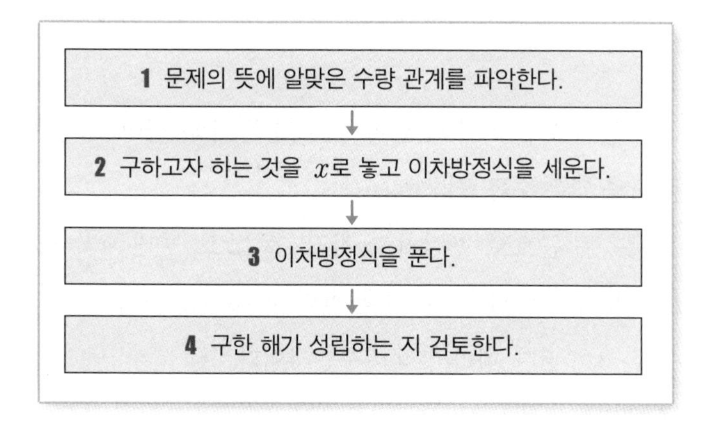

(1) 수에 관한 이차방정식의 활용문제

수에 관한 이차방정식의 활용문제는 그 수에 대한 미지수를 정확히 정한 후 식을 세운다. 이차방정식의 활용문제이기 때문에 이차식으로 식이 나타나는지 확인해야 하며 마지막으로 근을 이차방정식에 대입하여 검토한다. 대부분 2개의 근이 나오면 1개의 근만 성립될 때가 많다.

1. 연속하는 두 정수 $x-1$, x 또는 x, $x+1$

2. 연속하는 두 홀수 $2x-1$, $2x+1$

3. 연속하는 두 짝수 $2x$, $2x+2$

4. n각형의 대각선의 총 개수 : $\frac{n(n-3)}{2}$

5. 1부터 n까지 자연수의 합 : $\frac{n(n+1)}{2}$

예제를 풀어보자. 두 수의 합이 11이고 두 수의 곱이 24인 수가 있다. 두 수 중 작은 수를 구하여라.

두 수를 두 근으로 생각하고 각각 α, β로 하면, $x^2-(\alpha+\beta)x+\alpha\beta=0$에서 $x^2-11x+24=0$을 풀면 $x=3$ 또는 8이다. 큰 근은 8, 작은 근은 3이 된다. 따라서 작은 수는 3이다.

다른 예제를 보자.

연속하는 세 홀수의 제곱의 합은 83이다. 자연수인 세 홀수를 구하여라.

연속하는 세 홀수는 $2x-1$, $2x+1$, $2x+3$이다. 이차방정식을 세우면 $(2x-1)^2+(2x+1)^2+(2x+3)^2=83$, $x=-3$ 또는 2이다. 이 중에서 $x=-3$을 $2x-1$, $2x+1$, $2x+3$에 각각 대입하면 -7, -5, -3이 되어 자연수인 조건에 어긋나므로 성립하지 않는다. 그러므로 $x=2$를 $2x-1$, $2x+1$, $2x+3$에 대입하면 연속하는 세 홀수는 3, 5, 7이다.

(2) 시간과 높이에 관한 이차방정식의 활용문제

과학과 관련해 시간과 높이의 관계를 이차방정식으로 나타내는 활용문제가 있다. 이 활용문제는 x인 시간을 time의 약자인 t로 나타내기도 한다. 그리고 높이는 보통 height의 약자인 h로 나타낸다.

지면에서 공을 60㎧로 쏘아 올렸을 때 시간으로 이루어진 높이의 이차식을 $-5t^2+60t$로 세울 때 높이가 100m일 때의 시각을 구해 보자.

높이의 이차식과 높이가 100m로 정해진 이차방정식을 세운다.

$-5t^2+60t=100$을 풀면 $5(t-2)(t-10)=0$에서 $t=2$ 또는 10이다.

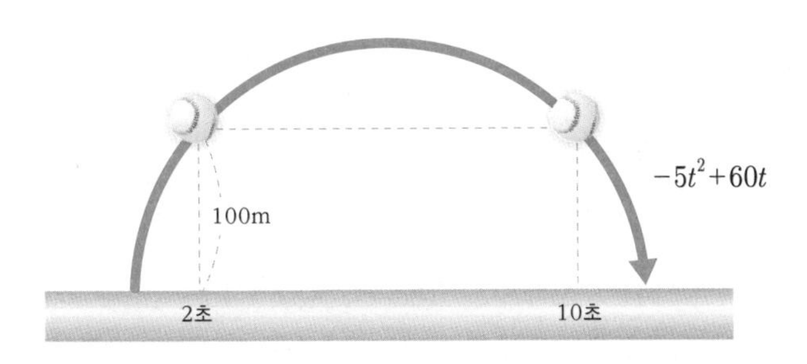

그림처럼 2초와 10초일 때 100m 높이에 공이 위치해 있다. 또 2초 이후와 10초 전의 사이는 공이 100m보다 더 높은 위치에 떠 있는 것을 알 수 있다. 가장 높은 위치에 있을 때의 시각을 구하려면 시간으로 이루어진 이차식을 완전제곱식의 형태로 바꾼다. 이때 식은 $h=-5(t-6)^2+180$이다. 따라서 6초($t=6$)일 때 180m가 가장 높은 위치이다.

(3) 도형에 관한 이차방정식의 활용문제

도형에 관한 이차방정식의 활용문제는 문제의 뜻에 맞게 식을 세우는 것이 중요하다. 길이가 커짐에 따라 넓이가 변하는 문제는 문제를 잘 읽고 그대로 세워본다.

예제를 풀어보자. 가로와 세로의 비가 4 : 3인 직사각형이 있다. 가로를 2만큼 늘리고 세로를 1만큼 늘렸더니 넓이가 두 배가 되었다. 나중 넓이를 구해 보자.

가로와 세로의 비가 4 : 3이면 $4x : 3x$로 정하면 된다. x는 양수이며 실수이다.

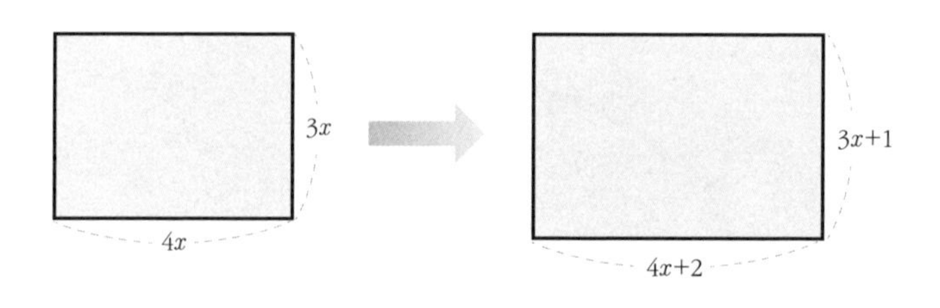

$$(4x \times 3x) \times 2 = (4x+2)(3x+1)$$

처음 직사각형의 넓이 / 2배 / 나중 직사각형의 넓이

$12x^2 - 10x - 2 = 0$

$6x^2 - 5x - 1 = 0$

$\therefore x = 1$ 또는 $-\dfrac{1}{6}$

길이는 음수가 될 수 없으므로 $x=1$이다. 따라서 늘어난 직사각형의 가로의 길이는 $4x+2$이므로 6, 세로의 길이는 $3x+1$이므로 4이다. 이에 따라 나중 직사각형의 넓이는 $6 \times 4 = 24$이다.

지식 up 톡톡

외계인과 교신하라-
오늘도 방정식은 열일 중

드레이크 방정식

우리는 아주 오랜 옛날부터 우주인의 존재를 궁금해했다. 그리고 UFO에 대한 수많은 가설과 영화, 소설과 만화들을 통해 이런 외계인에 대한 고찰을 해오기도 했다.

인류는 우주로 보낸 우주선을 비롯해 고성능 전파 망원경 등 다양한 방법으로 우주의 생명체를 찾고 있지만 아직 발견하지는 못했다.

그럼에도 과학자들은 말한다.

"우리 은하에는 수천억 개 이상의 별이 있는데 그중 생명체가 살고 있는 별이 전혀 없다고 단언할 수 있을까? 과연 지구만이 생명체가 살고 있는 유일한 행성일까?"

이런 궁금증을 가진 과학자들의 노력 끝에 현재 생명체가 존재할 가능성이 있다고 생각되는 행성으로 약 50개 정도가 거론되고 있다.

과학자들은 생명체가 살 수 있는 조건을 다음과 같이 정리했다.

첫 번째는 생명체에게 필요한 액체의 물이 존재할 수 있는 적당한 온도의 행성이다. 현재 과학자들은 화성과 토성의 위성인 타이탄에서 이런 가능성을 보고 있다. 화성의 운석을 조사한 결과 유기 생명체가 살 수 있는 조건을 발견했으며 화성 로버Mars rover를 통해 조사한 바로는 지구가 처음 생성되었을 때와 비슷한 환경이 있었던 것으로 보아 과거에 생물체가 존재했을 가능성이 있다고 보고 있다.

그리고 토성의 위성인 타이탄에는 액체 상태의 메탄 호수가 있다. 그렇다면 과학자들은 가보지도 않은 행성들 중 지구와 비슷한 조건의 행성을 어떻게 유추해냈을까?

1961년 천문학자 드레이크Frank Donald Drake, 1930~2022는 우주에 외계 생명체가 존재할 확률을 계산한 드레이크 방정식을 발표했다.

$$N = R_* \times f_p \times n_e \times f_l \times f_i \times f_c \times L$$

방정식의 형태는 우리가 지금까지 학습한 것과는 크게 다르며, 7개의 변수로 N값을 구할 수 있는 방정식이다.

R_*는 우리 은하에서 연간 탄생하는 태양과 비슷한 별의 비율이다. 매년 1~7개가 탄생한다고 한다.

f_p는 별이 행성계를 갖는 비율이다. 과학의 발달로 증명된 것이지만 별이 행성계를 갖는 비율은 약 1로써, 대부분의 별이 행성계를 갖는다.

n_e는 생명체가 살 수 있는 환경을 갖춘 행성의 평균수이며, f_l은 생존이 가능한 행성에서 생명체가 탄생할 확률이다.

f_i는 탄생한 생명체가 지적 생명체로 진화할 확률이며, f_c는 지적 생명체가 별끼리 교신할 수 있는 기술을 가질 확률이다.

마지막으로 L은 별끼리 교신이 가능한 문명 지속 기간이다.

그런데 현재 지구에서 가장 가까운 문명은 1만 7천 광년이나 떨어진 아득하게 먼 별로, 현실적으로 교신이 가능할지는 아직 모르는 상태이다.

하지만 꾸준히 연구하고 발전을 거듭해 10년 전의 N값은 2.3이었으나 최근에 36이 도출되었다. 그리고 드레이크 방정식으로 N값을 찾기 위한 과학자들의 도전은 계속되고 있다.

이차함수

일차함수는 직선의 그래프라는 것을 이미 알고 있다. 그러나 앞으로 알게 될 이차함수는 곡선의 그래프이다. 물론 삼차함수, 사차함수, …로 계속 차수가 높아지는 함수도 곡선의 그래프이다. 곡선의 그래프 중에서 가장 차수가 낮은 함수는 이차함수이고, 직선의 그래프는 일차함수와 상수함수이다. 이차함수의 일반식은 $y=ax^2+bx+c$이며 a는 0이 아니다. 그렇다면 이차함수 중 가장 기본적인 그래프는 무엇일까? 지금부터 기본 그래프와 이차함수의 그래프 종류를 살펴보고자 한다.

$y=ax^2$의 그래프

이차함수의 가장 기본적인 그래프는 $y=ax^2$이며 원점을 지난다. a를 1로 하고 $y=x^2$ 그래프를 생각해 보자. 대응표를 작성하면,

x	$\cdots$	-2	-1	0	1	2	$\cdots$
y	$\cdots$	4	1	0	1	4	$\cdots$

점을 전부 나타낼 수 없으므로 다섯 개만 해본다. 더 많은 점을 나타낸다면 그래프를 더욱 자세히 그릴 수 있다.

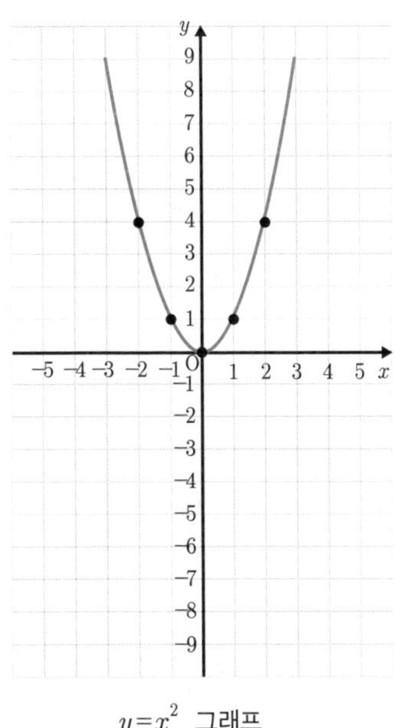

$y=x^2$ 그래프

점을 표시하여 이은 후 그래프를 대략 그려 보았다. 이 함수도 이차함수의 그래프 중 하나로, 이차함수의 그래프를 통틀어 포물선 그래프라고도 한다. 문제를 풀다 보면 포물선의 식을 구하는 문제가 있고 이차함수의 그래프 식을 구하는 문제가 있는데 둘 다 같은 의미이다. 이유는 포물선 모양이기 때문이다. 이차함수의 그래프는 부드러운 곡선 형태이며 연속적인 그래프로, $y=x^2$ 그래프는 아래로 볼록이다. 따라서 모양이 ∪자형이며, 대응표에도 나타났듯 원점을 지난다.

이번에는 $y=-x^2$의 그래프를 그려보자. 대응표를 작성해 보자.

x	$\cdots$	-2	-1	0	1	2	$\cdots$
y	$\cdots$	-4	-1	0	-1	-4	$\cdots$

$y=x^2$의 대응표와 y값에 음의 부호가 붙는 것만 차이가 있다는 것을 알 수 있다. 모양은 ∩ 형태이다. 이제 좌표평면에 점을 찍어서 나타내보자.

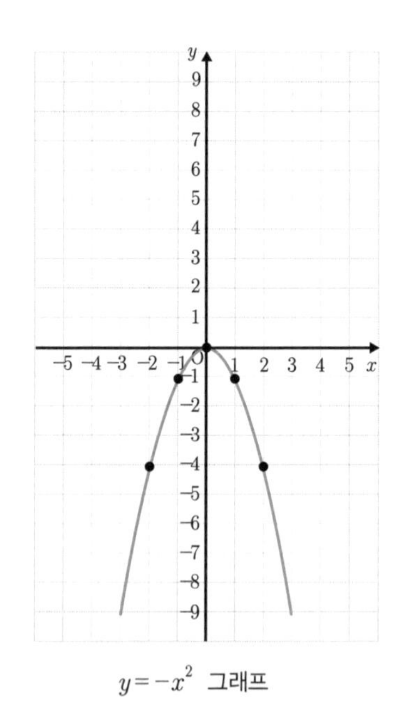

$y=-x^2$ 그래프

x값과 y값을 대응표에 더 많이 나타내면 더 정확한 그래프가 된다는

것을 기억하며 그래프를 그려보자. 원점을 지나며 위로 볼록인 것을 알 수 있다. 모든 y는 0보다 작거나 같다. 따라서 양수가 없다.

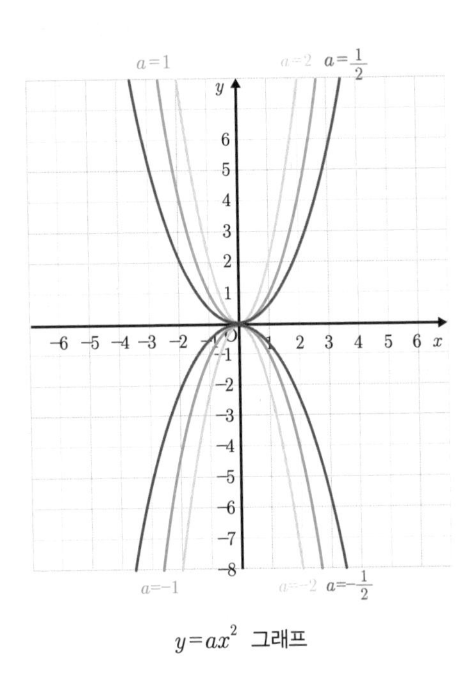

$y=ax^2$ 그래프

위의 그림은 여섯 개의 이차함수 $y=ax^2$의 그래프를 나타낸 것이다. a값이 $\frac{1}{2}$, 1, 2로 증가하면 폭의 너비가 좁아지는 것을 알 수 있다. 그러나 a값이 -2, -1, $-\frac{1}{2}$로 증가하면 폭의 너비는 커진다. 따라서 a의 절댓값이 클수록 이차함수의 폭이 좁아지는 것을 알 수 있다. 또 원점을 항상 지난다. 꼭짓점의 좌표는 원점이며, 축의 방정식은 y축이다. y축은 달리 표현하면 $x=0$으로 쓸 수 있다.

$y=ax^2+q$ 그래프

$y=ax^2+q$ 그래프는 $y=ax^2$의 그래프를 y축 방향으로 q만큼 이동한 그래프이다. 이때 a는 0이 아니며 꼭짓점의 좌표는 $(0,\ q)$이다. x좌표는 이동하지 않기 때문에 그대로 0이다. y좌표만 q만큼 이동한 것이다. 그리고 그래프의 폭의 너비는 변하지 않는다.

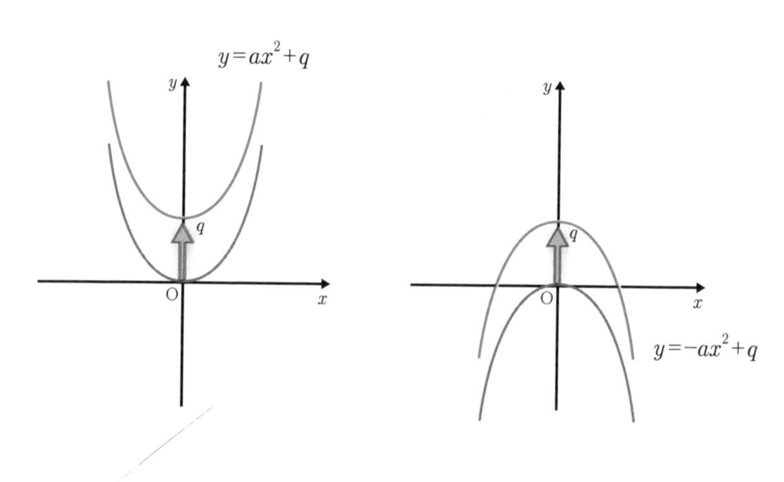

$y=ax^2+q$는 $y=ax^2$을 y축으로 q만큼 이동한 그래프이다.

$y=-ax^2+q$는 $y=-ax^2$을 y축으로 q만큼 이동한 그래프로, y축을 중심으로 포개어지는 것을 알 수 있다.

따라서 축은 y축이며 $y=2x^2$을 y축으로 -3만큼 이동했다면 아래로 3만큼 내려간 그래프를 그리면 된다.

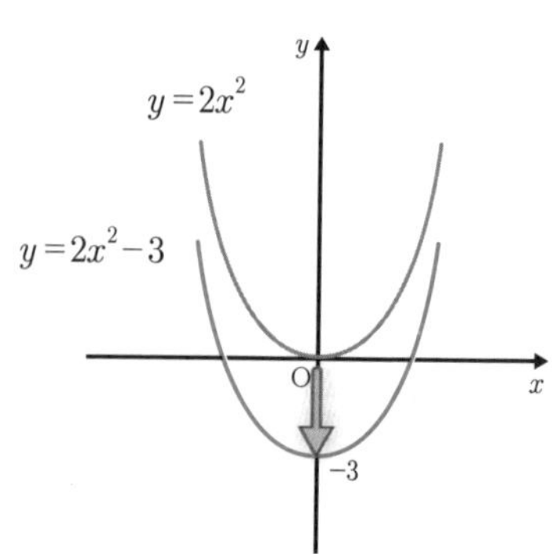

한편 $y=a(x-p)^2$의 그래프는 $y=ax^2$의 그래프를 x축으로 p만큼 이동한 그래프이다.

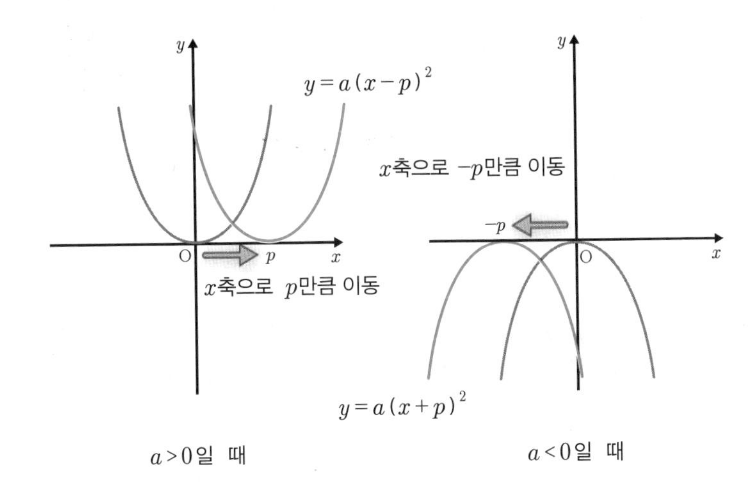

예를 들어 $y=-2(x+3)^2$ 그래프를 그리려면 a가 음수 -2이므로 위로 볼록한 형태라는 것과 x축으로 -3만큼 이동한 것을 알고 있어야 한다. 이때 많이 틀리는 부분이 바로 $+3$만큼 이동했다고 잘못 생각하는 것이니 특히 주의한다. x축 이동에는 부호가 반대이다.

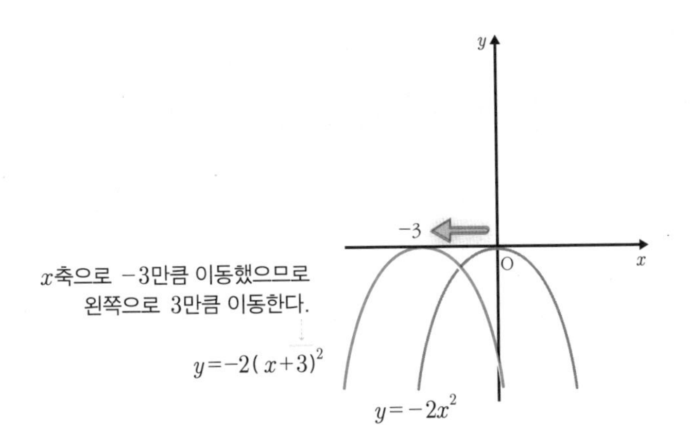

$y=a(x-p)^2+q$ 그래프는 $y=ax^2$의 그래프를 x축으로 p만큼, y축으로 q만큼 이동한 그래프이다. 이차함수에서 가장 많이 쓰이는 그래프이며 이것을 알기 위해 여러 그래프를 설명한 것이다.

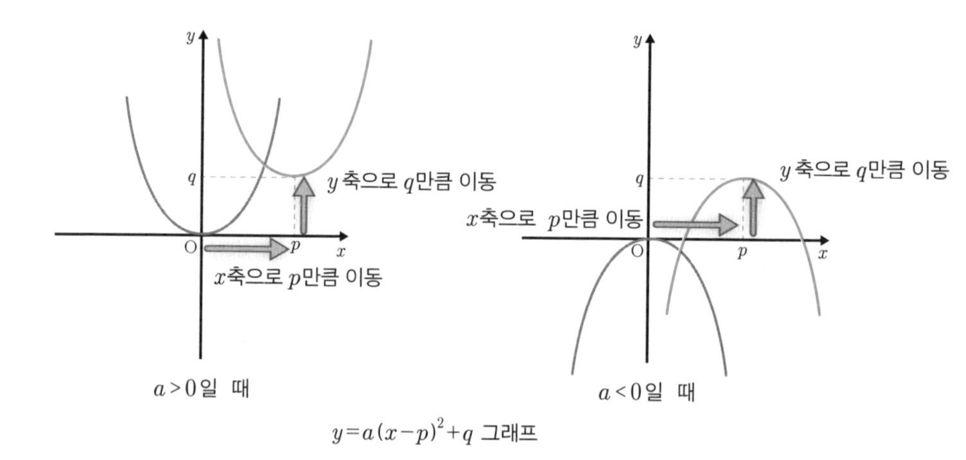

$y=a(x-p)^2+q$ 그래프

꼭짓점의 좌표는 $(p,\ q)$이며 축의 그래프는 $x=p$이다. 꼭짓점이 바뀌어도 폭의 너비인 a는 변화가 없다.

이차함수 $y=ax^2+bx+c$를 완전제곱식으로 바꾸면 $y=a\left(x+\frac{b}{2a}\right)^2-\frac{b^2-4ac}{4a}$이다. 이차함수를 일반형이 아닌 완전제곱식으로 바꾸면 꼭짓점의 좌표가 $\left(-\frac{b}{2a},\ -\frac{b^2-4ac}{4a}\right)$인 것을 알 수 있다.

여기서 분명히 알아야 할 것은 a, b, c가 정확하게 주어지지 않으면 이차함수의 그래프를 그리기는 어렵다는 점이다.

예를 들어 $y=x^2+2x+3$를 완전제곱식으로 바꾸면 $y=(x+1)^2+2$가 되고 꼭짓점의 좌표는 $(-1,\ 2)$이다. 이 경우 a, b, c가 정해져서 그래프를 그릴 수 있다. 이때 y절편은 x에 0을 대입한 값으로 3이다. 그런데 y절편은 갑자기 왜 나타난 것일까? 이것 또한 그래프를 정확하게 그리기 위해서다.

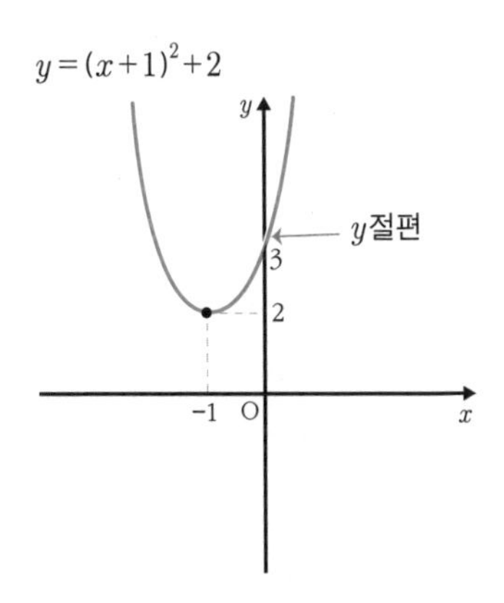

y절편 3을 그래프에 표시하면 이차함수의 그래프가 y축 좌표의 어디를 지나는지 알 수 있다. 만약 y절편을 구하지 않고 그린다면 아래처럼 잘못 그릴 수도 있다.

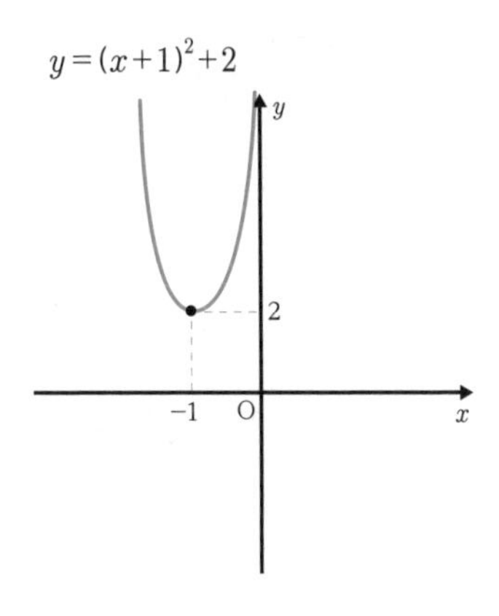

y절편을 구하지 않아서 그래프를 잘못 그린 예

이차함수 $y=ax^2+bx+c$에서 a, b, c의 부호 따지기

이차함수 a, b, c의 부호가 양이냐 음이냐를 따지는 방법이 특별한 것은 아니다. 이차함수 $y=ax^2+bx+c$에서 a가 양이면 항상 아래로 볼록, a가 음이면 항상 위로 볼록이다. 이는 a 부호에 따른 이차함수의 특성이다.

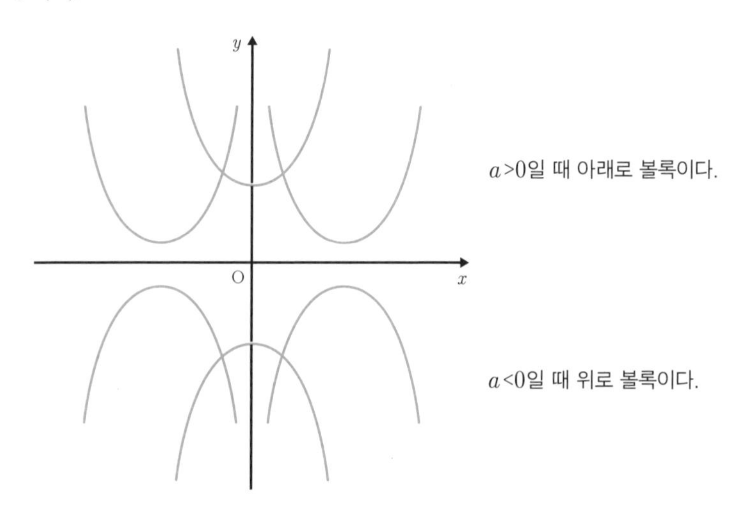

이번에는 a, b의 부호에 대해 알아보자. a, b의 부호를 따질 때 그래프는 세 가지 중 하나에 해당되어야 한다.

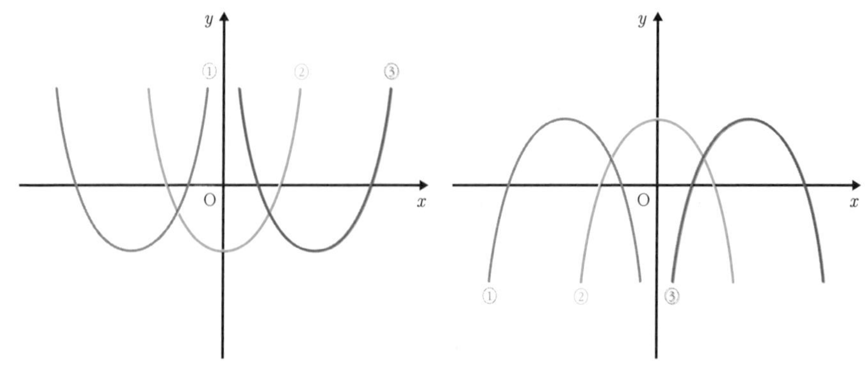

①은 x좌표가 왼쪽에 있으므로 음수일 때이고, ②는 y축 위에 있으므로 0이다. ③은 x좌표가 오른쪽에 있으므로 양수일 때이다. 이렇게 세 가지의 예로 나눈 이유는 x좌표의 위치에 따라 b의 부호가 변하기 때문이다.

①에서 x좌표는 $-\frac{b}{2a}$로, 음수이다. $a>0$일 때 $-\frac{b}{2a}$는 음수이어야 하므로 $b>0$이다. 따라서 $ab>0$이다. 왼쪽 그래프의 ①은 확인 끝! 오른쪽 ①은 $a<0$이며 $b<0$이므로 $ab>0$인 것을 알 수 있다.

즉 a와 b가 같은 부호이면 그래프는 왼쪽에 치우쳐 있다.

왼쪽 ②에서 $a>0$일 때 x좌표가 $-\frac{b}{2a}$이지만 0이 되어야 하므로 $b=0$이다. 오른쪽 ②도 마찬가지로 $b=0$이다.

즉 $b=0$이면 그래프의 축은 y축이다.

왼쪽 ③에서 $a>0$일 때 x좌표가 $-\frac{b}{2a}$이며 양수이므로 $b<0$임을 알 수 있다. 오른쪽 ③은 $a<0$이며 $b>0$이므로 $ab<0$인 것을 알 수 있다.

즉 a와 b가 다른 부호이면 그래프는 오른쪽에 치우쳐 있다.

c 부호는 x에 0을 대입해야 알 수 있고 y절편이 0보다 큰지 같은지 작은지에 따른 구분을 해야 그래프를 정확히 그릴 수 있다.

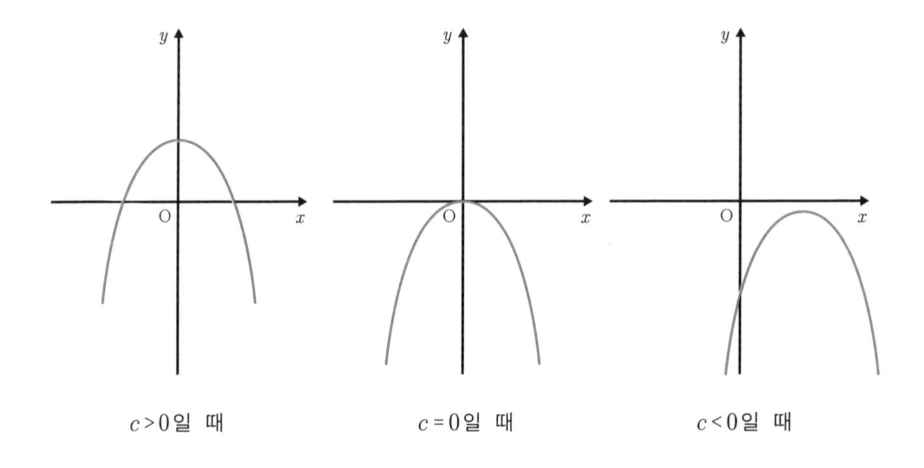

조건이 주어질 때 이차함수의 식 구하기

1) 세 점이 주어질 때

이차함수에서 세 점이 주어지면 $y=ax^2+bx+c$에 x, y값을 직접 대입하여 풀 수 있다. 세 점 A(1, 6), B(−2, −3), C(2, 13)이 주어질 때 직접 대입하면 a, b, c에 관한 연립일차방정식이 만들어진다.

A(1, 6)

$$y=ax^2+bx+c$$

$$6=a\times1^2+b\times1+c$$

$$\Rightarrow a+b+c=6 \qquad \cdots①$$

B(−2, −3)

$y=ax^2+bx+c$

$-3=a\times(-2)^2+b\times(-2)+c$

$\Rightarrow 4a-2b+c=-3 \qquad \cdots②$

C(2, 13)

$y=ax^2+bx+c$

$13=a\times 2^2+b\times 2+c$

$\Rightarrow 4a+2b+c=13 \qquad \cdots③$

①, ②, ③을 풀면 $a=1$, $b=4$, $c=1$이 되어 $y=x^2+4x+1$이다. 따라서 세 점을 알면 이차함수식을 구할 수 있다.

2) 축의 방정식과 그래프 위의 두 점이 주어질 때

축의 방정식은 $x=p$로 나타낸다고 이미 설명했다.

그래서 $y=a(x-p)^2+q$에서 p값이 정해지고 두 점이 주어지면 연립방정식을 통해 풀 수 있다.

3) x축과 만나는 두 점 $(\alpha,\ 0)$, $(\beta,\ 0)$이 주어지고 그래프를 지나는 한 점이 주어질 때

x축과 만나는 두 점 $(\alpha,\ 0)$, $(\beta,\ 0)$이 주어지면 $y=a(x-\alpha)\times(x-\beta)$로 식을 만들 수 있다. 여기서 그래프를 지나는 한 점을 대입하

면 a값을 나중에 구하게 되어 식을 구할 수 있다.

4) 꼭짓점의 좌표가 주어지고 그래프를 지나는 한 점이 주어질 때

$y=a(x-p)^2+q$에서 p와 q가 주어지고 그래프를 지나는 한 점을 대입하면 식을 구할 수 있다.

이차함수의 활용문제

이차함수의 활용문제에서 도형에 관한 활용문제와 포물선 운동에 관한 활용문제를 설명할 때는 포물선의 함수식에서 항상 점의 좌표를 잘 알고 풀어야 한다.

1) 도형에 관한 이차함수의 활용문제

도형에 관한 이차함수의 활용문제는 그래프를 정확히 그리고 문제에 따라 좌표를 정한 후 생각한다.

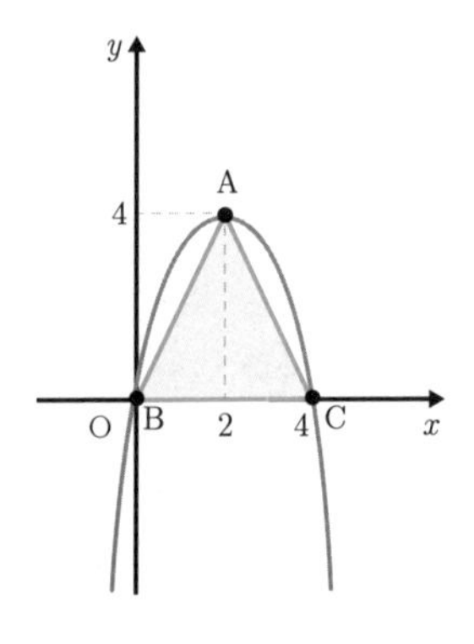

$y=-x^2+4x$ 그래프의 꼭짓점의 좌표를 A, x축과 만나는 두 좌표를 B와 C로 할 때 △ABC의 넓이를 구하여라.

이와 같은 문제는 우선 완전제곱식으로 바꾼다.

따라서 $y=-(x-2)^2+4$에서 꼭짓점은 A(2,4)이며 B(0, 0), C(4, 0)이다.

$\triangle ABC$의 넓이는 $\frac{1}{2} \times 4 \times 4 = 8$이다.

2) 포물선 운동에 관한 이차함수의 활용문제

이차방정식과 식을 세우는 것은 비슷하다. 지면에서 24㎧로 쏘아올린 공의 x초 후의 높이를 y로 하면 $y = -3x^2 + 24x$이다. 가장 높이 올라갔을 때의 시각과 높이를 구하여라.

이 문제도 이차함수의 완전제곱식으로 바꾼다.

그러면 $y = -3(x-4)^2 + 48$이고, 4초 후에 가장 높이 올라간 높이는 48m이다.

삼각비

삼각비는 직각삼각형에서 두 변의 길이의 비의 값으로, sin, cos, tan 세 가지가 있다. sin은 사인, cos은 코사인, tan는 탄젠트로 읽는다. sin은 각에 대하여 $\frac{\text{높이}}{\text{빗변의 길이}}$, cos은 $\frac{\text{밑변의 길이}}{\text{빗변의 길이}}$이며, tan는 $\frac{\text{높이}}{\text{밑변의 길이}}$이다.

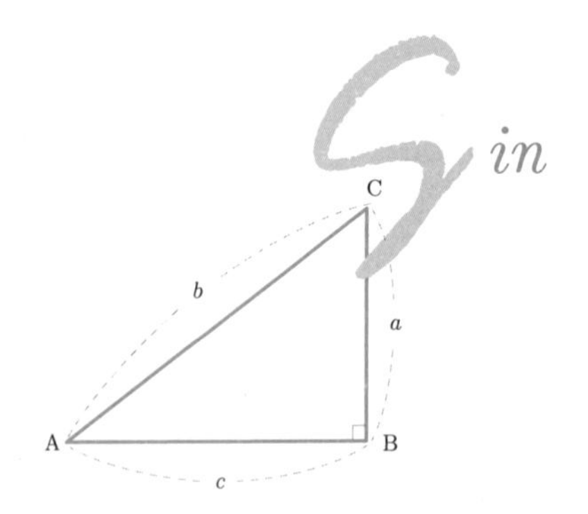

왼쪽 아래의 도형은 $\sin A$를 나타낸 것이다. $\sin A$는 $\frac{\text{높이}}{\text{빗변의 길이}}$로 $\frac{a}{b}$이다.

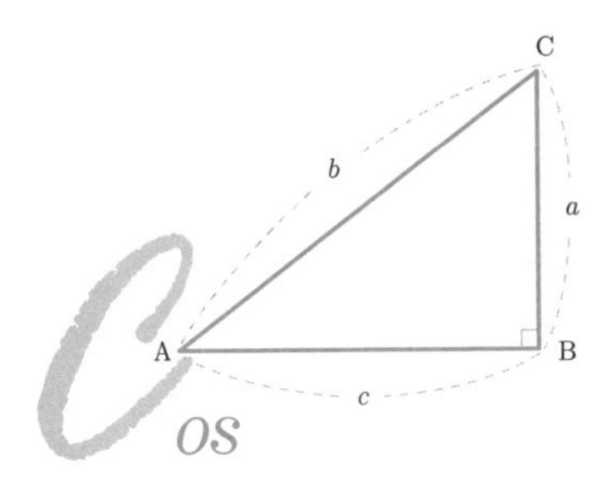

위 도형은 $\cos A$를 나타낸 것이다. $\cos A$는 $\frac{\text{밑변의 길이}}{\text{빗변의 길이}}$로 $\frac{c}{b}$이다.

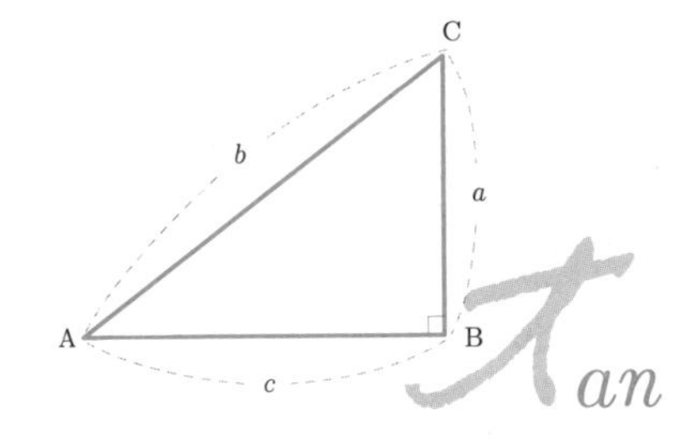

위 도형은 $\tan A$이며 $\frac{\text{높이}}{\text{밑변의 길이}}$로 $\frac{a}{c}$이다.

알아두어야 할 삼각비의 값

삼각비의 값 중 꼭 알아두어야 할 값이 있다. 지금부터 세 개의 직각삼각형을 보면서 설명하고자 한다.

첫 번째 기억해야 할 삼각비의 값이다.

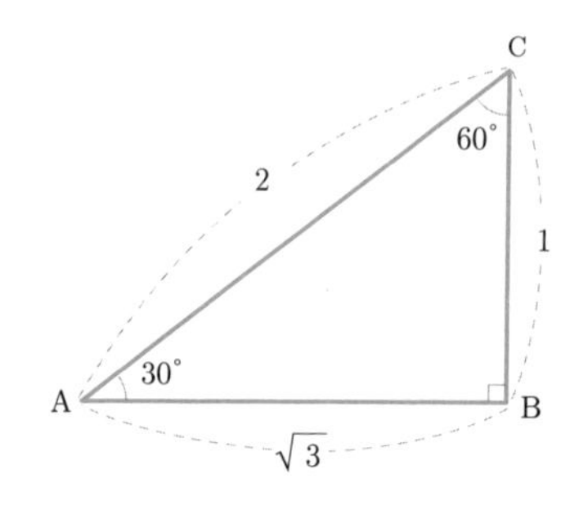

$$\sin A = \frac{1}{2}$$

$$\cos A = \frac{\sqrt{3}}{2}$$

$$\tan A = \frac{1}{\sqrt{3}} = \frac{\sqrt{3}}{3}$$

위 그림에서 ∠A가 30°이므로

$$\sin 30^\circ = \frac{1}{2}$$

$$\cos 30^\circ = \frac{\sqrt{3}}{2}$$

$$\tan 30^\circ = \frac{\sqrt{3}}{3}$$

이번에는 직각이등변삼각형을 보면서 삼각비의 값을 구해 보자.

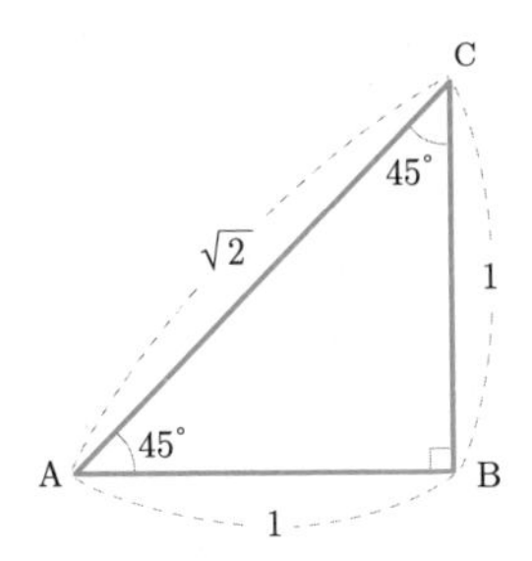

직각이등변삼각형은 빗변과 한 변의 길이의 비가 $\sqrt{2}:1$이다.

$$\sin A=\frac{1}{\sqrt{2}}=\frac{\sqrt{2}}{2}$$

$$\cos A=\frac{1}{\sqrt{2}}=\frac{\sqrt{2}}{2}$$

$$\tan A=\frac{1}{1}=1$$

이것도 ∠A가 45°이므로

$$\sin 45^\circ=\frac{\sqrt{2}}{2}$$

$$\cos 45^\circ=\frac{\sqrt{2}}{2}$$

$$\tan 45^\circ=1$$

계속해서 ∠A가 60°인 직각삼각형을 보면서 삼각비의 값을 구해 보자.

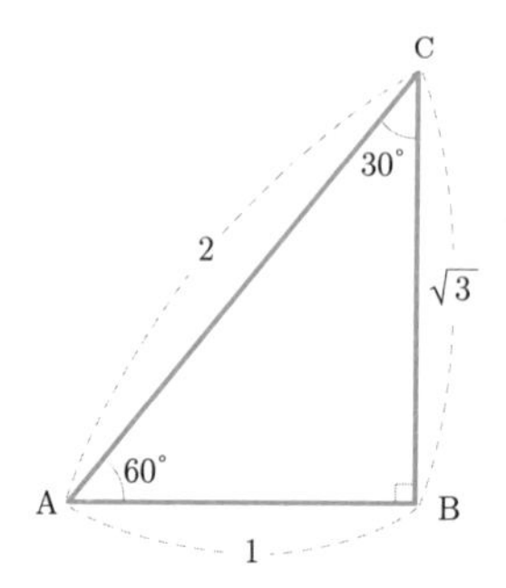

위의 직각삼각형은 피타고라스의 정리에서 많이 나오는 직각삼각형 중 하나인 것을 꼭 기억해 두자.

$$\sin 60^\circ = \frac{\sqrt{3}}{2}$$

$$\cos 60^\circ = \frac{1}{2}$$

$$\tan 60^\circ = \frac{\sqrt{3}}{1} = \sqrt{3}$$

세 개의 직각삼각형을 통해 일반각 30°, 45°, 60°의 삼각비의 값을 알아봤다. 그런데 여기서 또 알아야 할 각이 있다. 바로 0°와 90°이다. 0°는 각의 크기가 없는 것과 같다. 왜냐하면 높이가 없어서 직각삼각형이 만들어진 것은 아니기 때문이다. 즉 선분이 된다.

높이가 0이므로 $\sin 0^\circ = \frac{0}{b} = 0$이다.

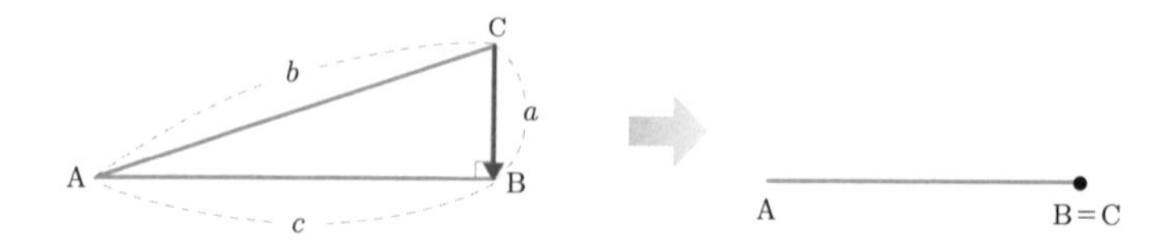

$\sin 90°$의 값을 알아보자. $\sin 90°$의 값을 증명하기 위해 단위원을 그려본다. 계속해서 반지름의 길이가 1인 단위원 안에 직각삼각형을 그린다.

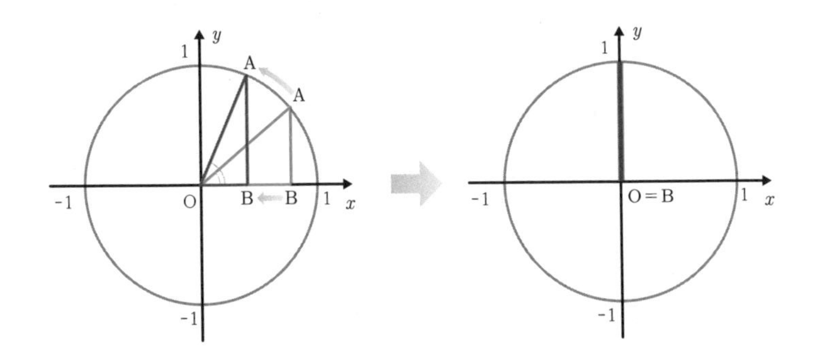

각이 커지면 점 A는 y축에 가까워지고 점 B는 원점에 가까워진다. 그러다 각이 $90°$가 되면 오른쪽 그림처럼 하나의 선분이 된다. 빗변은 1이 되고, 높이도 1이 된다. 서로 일치하는 것이다. 따라서 $\sin 90°$는 $\frac{1}{1}=1$이다.

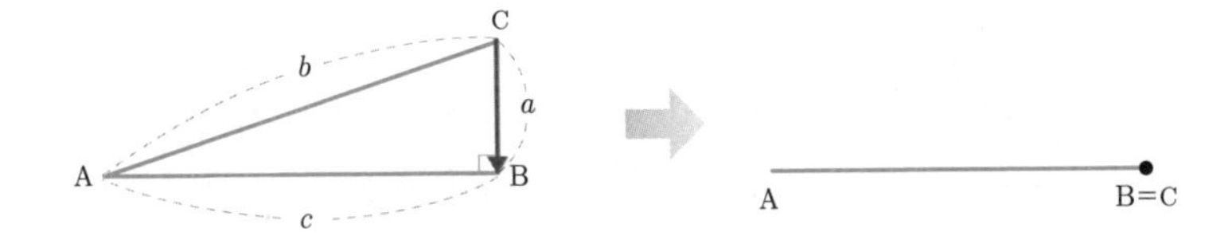

그림처럼 $\cos 0°$는 $\frac{c}{b}$인데, b와 c가 같아져서 1이 된다. 그리고 $\cos 90°$는, 다음 그림처럼 밑변이 0이므로 $\frac{0}{1}=0$이다.

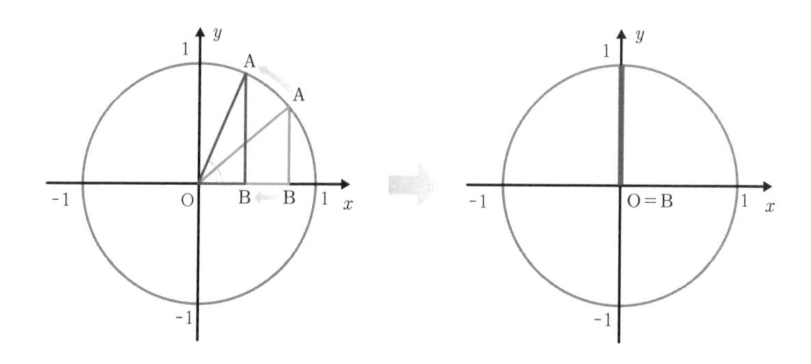

$\tan A = \dfrac{\sin A}{\cos A}$이다. 따라서 sin과 cos의 값을 알면 tan를 구할 수 있다. 이때의 삼각비의 값을 표로 작성하면 다음과 같다.

삼각비 \ A	0°	30°	45°	60°	90°
$\sin A$	0	$\frac{1}{2}$	$\frac{\sqrt{2}}{2}$	$\frac{\sqrt{3}}{2}$	1
$\cos A$	1	$\frac{\sqrt{3}}{2}$	$\frac{\sqrt{2}}{2}$	$\frac{1}{2}$	0
$\tan A$	0	$\frac{\sqrt{3}}{3}$	1	$\sqrt{3}$	구할 수 없다

sin과 cos의 각이 주어지면 0°부터 90°까지 tan도 구할 수 있다. 그런데 $\tan 90^\circ$는 구할 수 없다. 그 이유는 무엇일까?

$\tan 90^\circ = \dfrac{\sin 90^\circ}{\cos 90^\circ} = \dfrac{1}{0}$ 이므로 무한대(∞)가 되기 때문이다.

여기까지가 꼭 알아야 할 삼각비의 값이라면 이번에는 구하기 힘든 삼각비의 값을 찾는 방법을 알아보자.

$\sin 78°$나 $\cos 80°$, $\tan 11°$를 구하려면 삼각비의 표를 이용해 찾으면 된다.

각도	사인(sin)	코사인(cos)	탄젠트(tan)
0°	0.0000	1.0000	0.0000
1°	0.0174	0.9998	0.0175
2°	0.0349	0.9994	0.0349
3°	0.0523	0.9986	0.0524
4°	0.0698	0.9976	0.0699
5°	0.0872	0.9962	0.0875
6°	0.1045	0.9945	0.1051
7°	0.1219	0.9926	0.1228
8°	0.1392	0.9903	0.1405
9°	0.1564	0.9877	0.1584
10°	0.1736	0.9848	0.1763
11°	0.1908	0.9816	0.1944
12°	0.2079	0.9781	0.2126
13°	0.2249	0.9744	0.2309
14°	0.2419	0.9703	0.2493
15°	0.2588	0.9659	0.2679
16°	0.2756	0.9613	0.2867
17°	0.2924	0.9563	0.3057
18°	0.3090	0.9511	0.3249
19°	0.3256	0.9455	0.3443
20°	0.3420	0.9397	0.3640
21°	0.3584	0.9336	0.3839
22°	0.3746	0.9272	0.4040
23°	0.3907	0.9205	0.4245
⋮	⋮	⋮	⋮

각도	사인(sin)	코사인(cos)	탄젠트(tan)
45°	0.7071	0.7071	1.0000
46°	0.7193	0.6947	1.0355
47°	0.7314	0.6820	1.0724
48°	0.7431	0.6691	1.1106
49°	0.7547	0.6561	1.1504
50°	0.7660	0.6428	1.1918
51°	0.7772	0.6293	1.2349
52°	0.7880	0.6157	1.2799
53°	0.7986	0.6018	1.3270
54°	0.8090	0.5878	1.3764
55°	0.8191	0.5736	1.4281
56°	0.8290	0.5592	1.4826
57°	0.8387	0.5446	1.5399
58°	0.8480	0.5299	1.6003
59°	0.8571	0.5150	1.6643
60°	0.8660	0.5000	1.7321
61°	0.8746	0.4848	1.8040
62°	0.8829	0.4695	1.8907
63°	0.8910	0.4540	1.9626
64°	0.8988	0.4384	2.0503
65°	0.9063	0.4226	2.1445
66°	0.9135	0.4067	2.2460
67°	0.9205	0.3907	2.3559
68°	0.9272	0.3746	2.4751
⋮	⋮	⋮	⋮

삼각비의 표.

삼각비의 값은 소수점 넷째 자릿수까지 나타냈지만 소수점 다섯째 자릿수에서 반올림한 값이다. 삼각비의 표에서 $\sin 12^\circ$를 알려면 세로 칸의 각도와 가로 칸의 사인(sin)이 만나는 부분을 찾으면 된다. $\sin 12^\circ$는 0.2079이다. $\cos 23^\circ$는 0.9205, $\tan 54^\circ$는 1.3764이다.

이번에는 예각삼각형에서 삼각형의 양 끝각과 양 끝각 사이의 한 변의 길이를 알 때 삼각형의 높이를 구하는 공식을 알아보자.

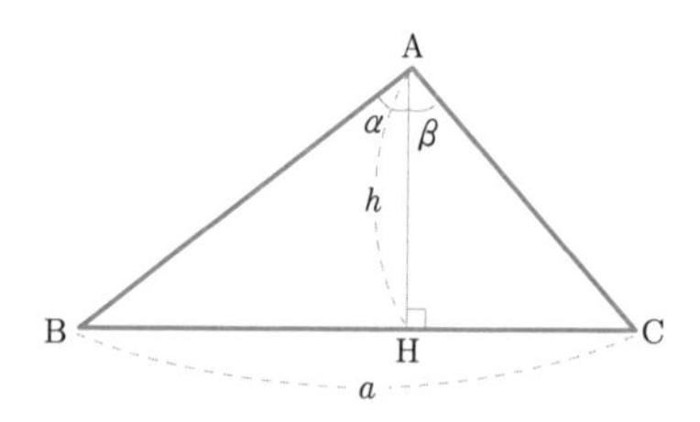

위의 그림에서 $\triangle ABC$는 밑변의 길이가 a, 높이가 h이다. 그리고 $\angle B$와 $\angle C$가 주어질 때 $\angle BAH=\alpha$, $\angle CAH=\beta$로 놓으면 $\overline{BH}$는 $h\tan\alpha$, $\overline{CH}$는 $h\tan\beta$이다. $\overline{BH}$와 $\overline{CH}$를 더하면 a이므로 $h\tan\alpha+h\tan\beta=a$에서 h에 관해 정리하면 $h=\dfrac{a}{\tan\alpha+\tan\beta}$이다.

계속해서 둔각삼각형에서 삼각형의 양 끝각의 크기와 양 끝각을 갖는 한 변의 길이가 주어질 때 높이를 구하는 공식을 알아보자.

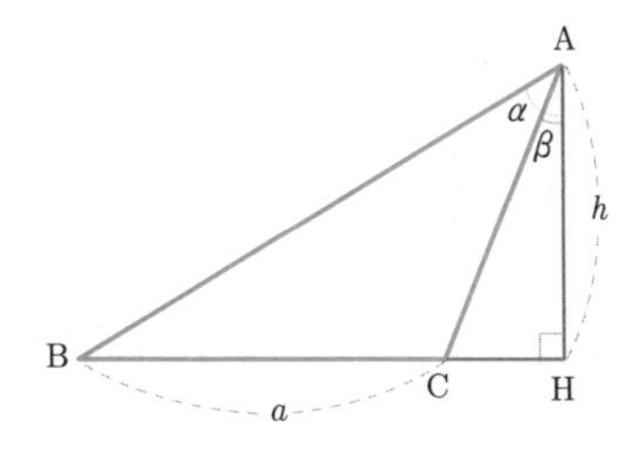

둔각삼각형 ABC에서 ∠B와 ∠ACH가 주어지면 ∠BAH를 α, ∠CAH를 β로 한다. 이때 $\overline{\mathrm{CH}}$를 $h\tan\beta$, $\overline{\mathrm{BH}}$를 $h\tan\alpha$로 나타낼 수 있다.

$\overline{\mathrm{BH}}=\overline{\mathrm{BC}}+\overline{\mathrm{CH}}$이므로 $h\tan\alpha=a+h\tan\beta$에서 $h=\dfrac{a}{\tan\alpha-\tan\beta}$이다. 예각삼각형과 둔각삼각형의 높이를 구하는 공식을 꼭 암기할 필요는 없다. 피타고라스의 정리나 삼각비로도 충분히 풀 수 있어서이다. 그러나 외우면 좀 더 빠르게 계산할 수 있다.

길이에 대해 알았다면 삼각형과 사각형의 넓이에 대해 알아보자.

삼각형의 두 변과 끼인각을 이용한 넓이 구하는 식은 이번이 처음이다. 우선 끼인각이 예각일 때를 살펴보자.

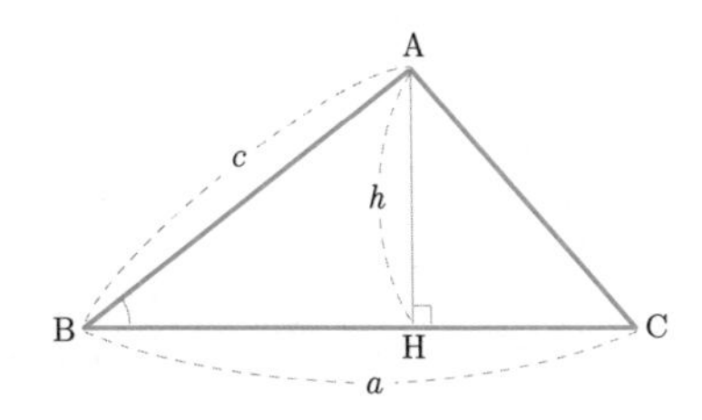

위의 삼각형에서 밑변이 a, 높이가 h이면 $S=\dfrac{1}{2}ah$이다.

$\sin B=\frac{h}{c}$에서 $h=c\sin B$이다.

h를 S에 대입하면, $S=\frac{1}{2}ah=\frac{1}{2}a\times c\sin B=\frac{1}{2}ac\sin B$이다.

이번에는 ∠B가 둔각삼각형일 때 넓이를 구하는 방법을 알아보자.

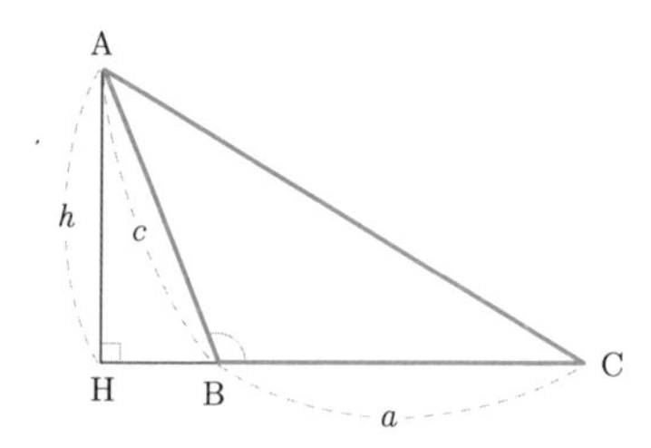

$S=\frac{1}{2}ah$에서 $h=c\sin(180^\circ-B)$이므로

$S=\frac{1}{2}ah=\frac{1}{2}a\times c\sin(180^\circ-B)=\frac{1}{2}ac\sin(180^\circ-B)$이다.

계속해서 사각형의 넓이 구하는 방법을 알아보자.

평행사변형의 넓이는 두 개의 합동인 삼각형을 합친 넓이이므로 삼각형의 넓이에 두 배를 하면 구할 수 있다.

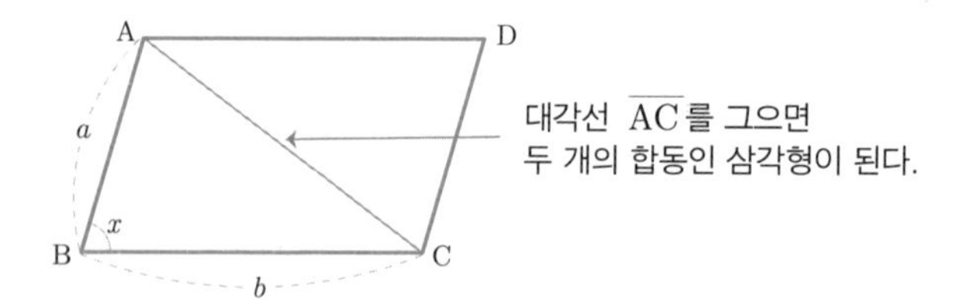

$\triangle$ABC의 넓이는 $\frac{1}{2}ab\sin x$이므로 평행사변형 ABCD의 넓이는 $\frac{1}{2}ab\sin x\times 2=ab\sin x$이다. 따라서 삼각형의 넓이 구하는 공식만 잘 기억하면 충분히 풀 수 있는 문제이다.

이번에는 두 대각선의 길이가 주어지고 그 끼인각이 주어질 때 넓이를 구하는 방법을 알아보자.

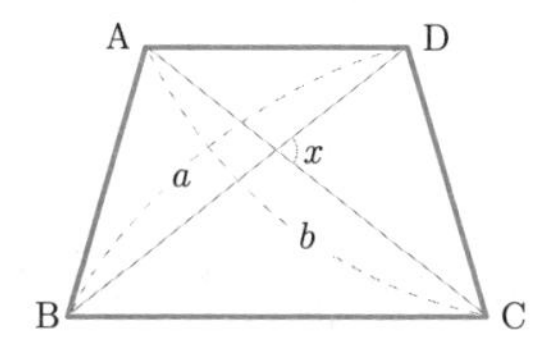

위의 그림처럼 주어질 때 $\overline{\mathrm{BD}}$에 평행하면서 점 A를 지나는 직선을 긋고, 점 C를 지나는 직선도 긋는다.

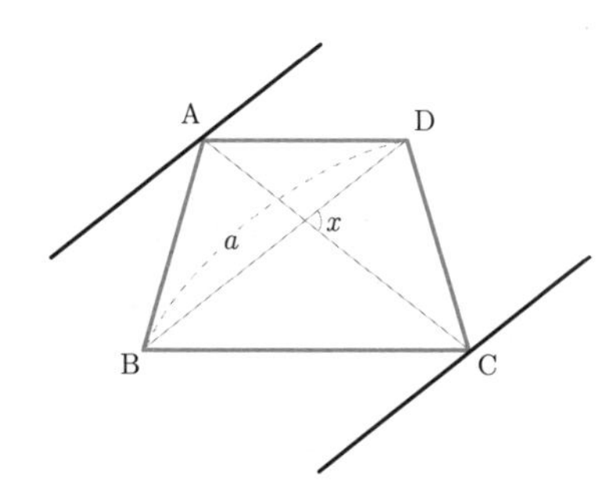

다음으로 $\overline{AC}$에 평행하고 점 B를 지나는 직선과 점 D를 지나는 직선을 긋는다.

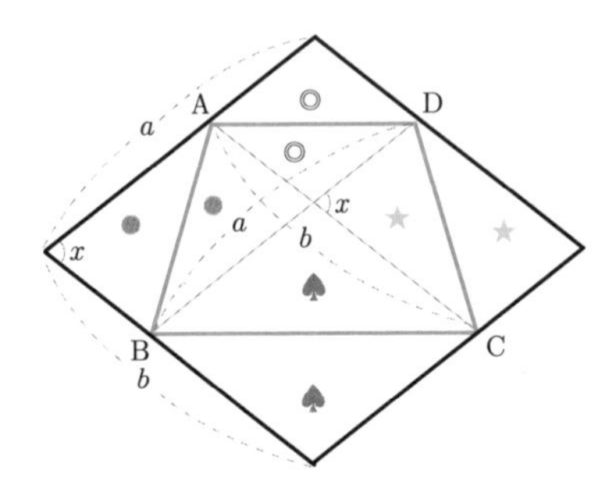

두 쌍의 변을 평행하게 하여 평행사변형을 만든 것이므로 합동인 네 쌍의 삼각형이 된다. 따라서 □ABCD의 넓이는 평행사변형의 넓이인 $ab\sin x$의 $\frac{1}{2}$이므로 $\frac{1}{2}ab\sin x$이다.

원의 성질

원과 직선

이 단원에서는 중심각과 현의 관계를 조금 더 깊게 들어갈 예정이다. 원 안에 중심각 두 개가 같은 현이 있다.

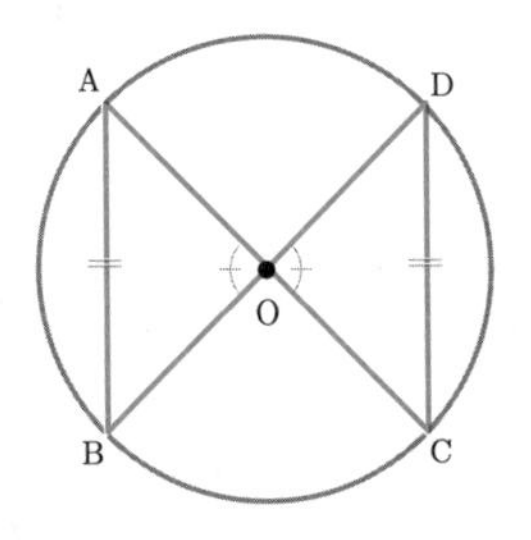

중심각의 크기가 같으면 두 현의 길이도 같다. 앞으로 이러한 성질을 증명할 때는 삼각형의 성질을 이용하여 증명하는 것이 많으니 기억해 두자.

변의 길이와 각의 크기를 하나씩 따져본다면 크게 어렵지는 않다. 앞쪽의 그림을 보면서 증명해 보자.

가정 중심각의 크기가 같은 현이 있다.

결론 두 현 $\overline{AB}$와 $\overline{CD}$는 같다.

증명 $\triangle AOB$와 $\triangle DOC$에서

두 개의 중심각 $\angle AOB = \angle DOC$ …①

$\overline{AO} = \overline{DO}$ …②

$\overline{BO} = \overline{CO}$ …③

①, ②, ③에 의해 SAS 합동이므로 $\overline{AB}$와 $\overline{CD}$는 같다.

따라서 중심각이 같은 두 현은 길이가 같다. 이것은 눈에 보이는 선분과 삼각형의 합동조건을 따지면 쉽게 증명할 수 있다.

이번에는 원의 중심에서 현에 수선을 내릴 때 그 현을 수직이등분하는 것을 알아보자.

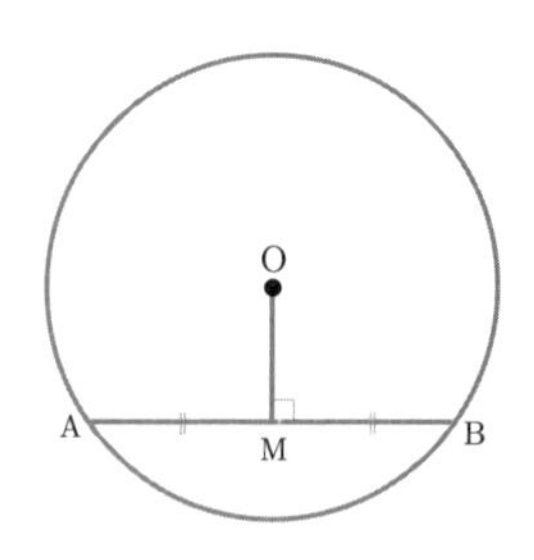

원의 중심에서 현에 수선을 내리면 가장 짧은 거리가 된다. 현을 수직이등분하는 것만으로 이에 대한 증명이 될까? 궁금해질 수도 있다. 따라서 증명이 필요하다.

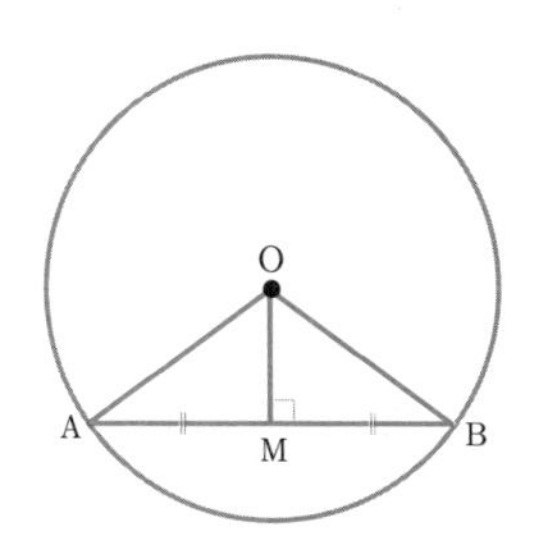

가정 원의 중심에서 현 $\overline{AB}$에 내린 수선 $\overline{OM}$이 있다.

결론 $\overline{AM}=\overline{BM}$이다.

$\overline{OA}$와 $\overline{OB}$를 그으면 △OAM과 △OBM이 만들어진다.

이때 △OAM과 △OBM에서

$\angle OMA=\angle OMB=90^\circ$ …①

$\overline{OA}=\overline{OB}$ …②

$\overline{OM}$은 공통…③

①, ②, ③에 의해 RHS 합동조건이므로 두 삼각형은 합동이다. 따라서 $\overline{AM}=\overline{BM}$이다.

이것을 이용하여 원의 중심에서 같은 거리에 있는 두 현의 길이가 서로 같은 것을 증명할 수 있다.

원의 중심에서 두 현에 선을 그으면 같은 거리에 있는 것은, 마찬가지로

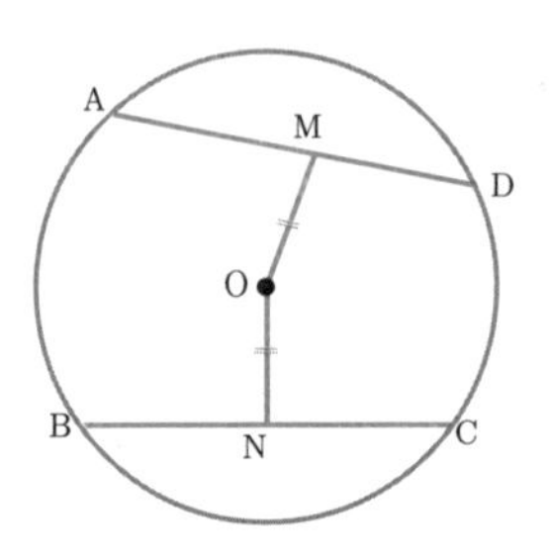

삼각형의 합동조건으로 증명된다. 앞서 설명한 것은 원의 중심에서 수선으로 현에 내릴 때 현을 수직이등분하는 것이었다. 따라서 이것을 알고 직선을 그어 삼각형을 만들어보자.

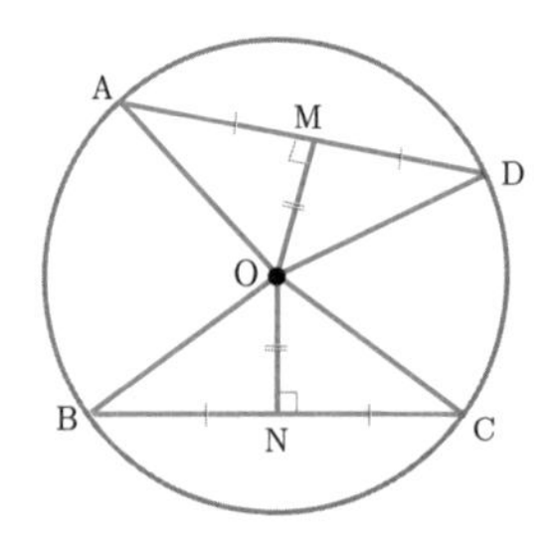

원의 중심에서 수선을 내린 △AOM과 △BON은 RHS 합동으로, $\overline{AM}=\overline{BN}$ 이므로 $\overline{AD}=\overline{BC}$ 이다. 따라서 두 현은 길이가 같다.

한 점에서 원에 접할 때 그 길이는 같다. 이것도 삼각형의 합동조건으로 증명이 된다.

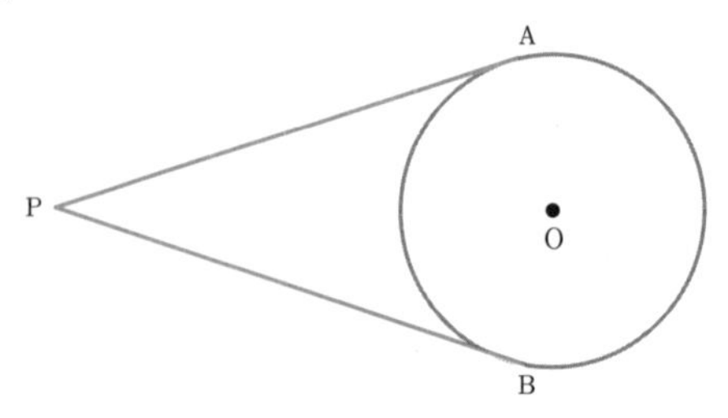

$\overline{PA}=\overline{PB}$이다. 한 점 P에서 원에 접하게 직선을 그으면 그 길이가 같게 되는 것이다.

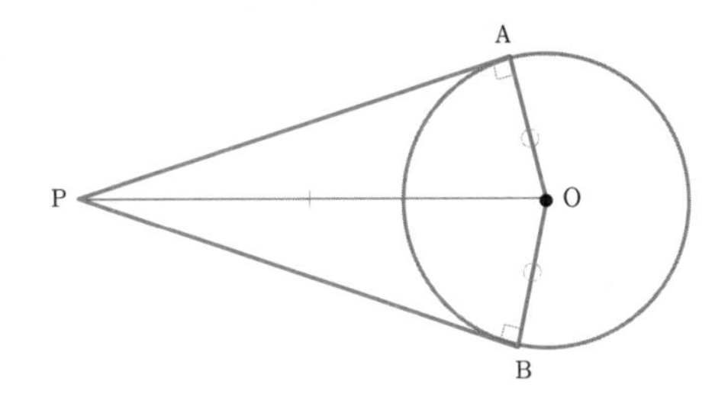

위의 그림처럼 $\triangle AOP$와 $\triangle BOP$는 RHS 합동이므로 $\overline{PA}=\overline{PB}$임을 알 수 있다.

삼각형의 내접원

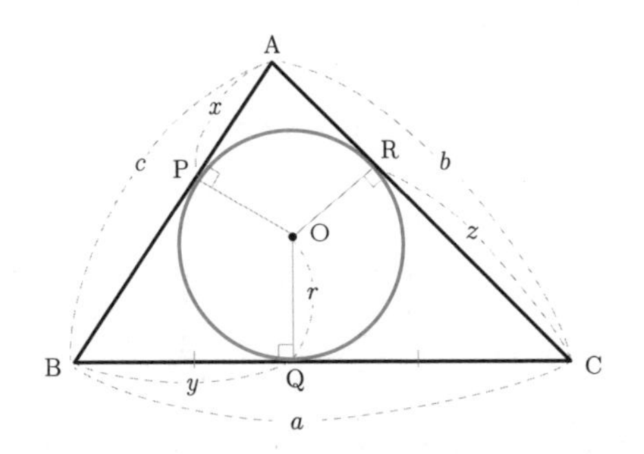

삼각형에 내접원이 있을 때 ΔABC의 둘레는 $a+b+c=2(x+y+z)$이며 넓이를 구하려면 $\overline{AO}$, $\overline{BO}$, $\overline{CO}$를 그어서 세 개의 삼각형의 넓이를 더한다.

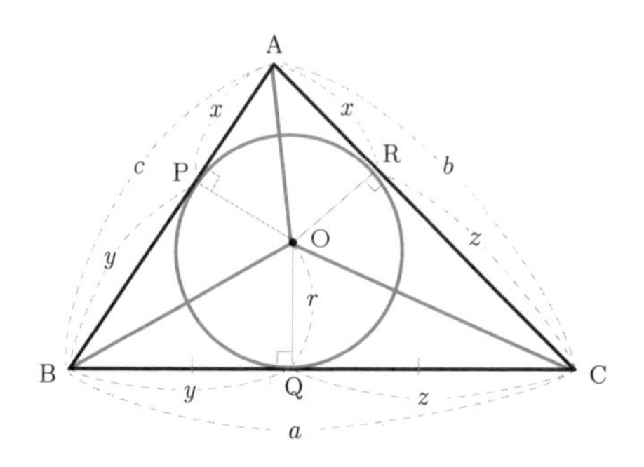

넓이 $S = \triangle AOB + \triangle OBC + \triangle OAC = \frac{1}{2}cr + \frac{1}{2}ar + \frac{1}{2}br = \frac{1}{2}r(a+b+c)$이다. 이것은 공식보다 구하는 방법을 기억하는 것이 더 활용도가 높다.

외접사각형의 성질

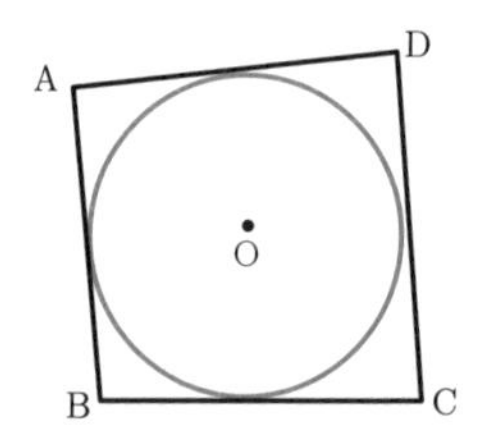

외접사각형의 성질에 $\overline{AB}+\overline{CD}=\overline{AD}+\overline{BC}$가 있다. 이에 대한 증명은 간단하다.

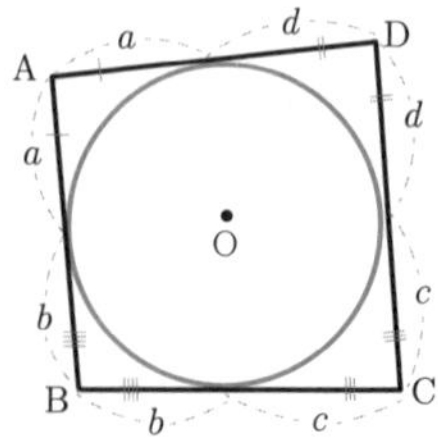

$\overline{AB}+\overline{CD}=(a+b)+(c+d)$, $\overline{AD}+\overline{BC}=(a+d)+(b+c)$이며 두 식은 동치식이므로 $\overline{AB}+\overline{CD}=\overline{AD}+\overline{BC}$가 성립한다.

원주각의 성질

원주각과 중심각의 크기가 1:2인 것은 이미 설명한 바 있다. 같은 호에 대한 원주각의 크기는 같다.

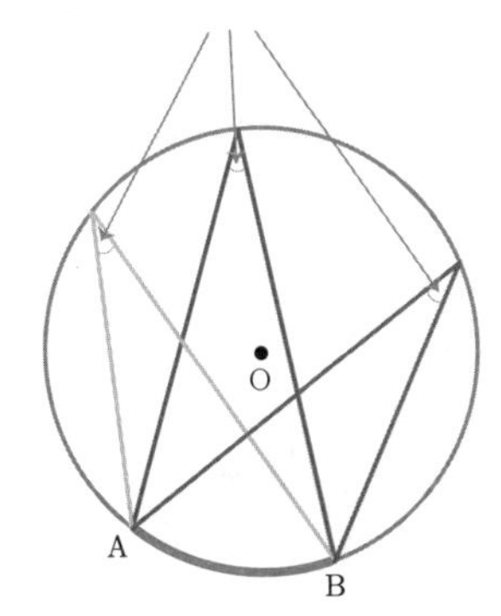

그리고 또 하나는 호의 길이가 원주각의 크기에 비례한다는 것이다.

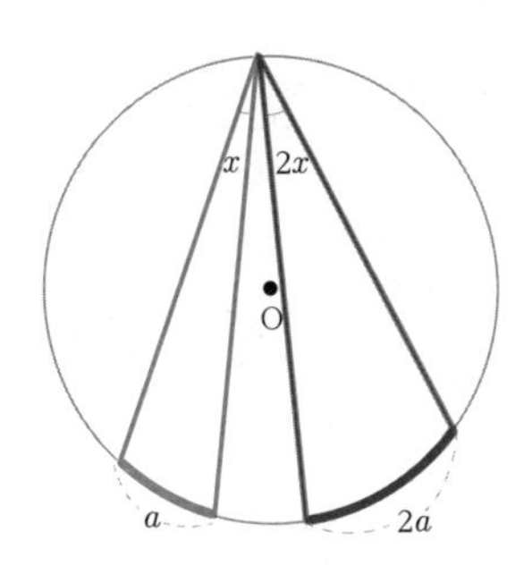

즉 원주각의 크기가 두 배가 되면 호의 길이도 두 배가 된다.

원 안에 사각형이 내접할 때 한 쌍의 대각의 합은 180°이다.

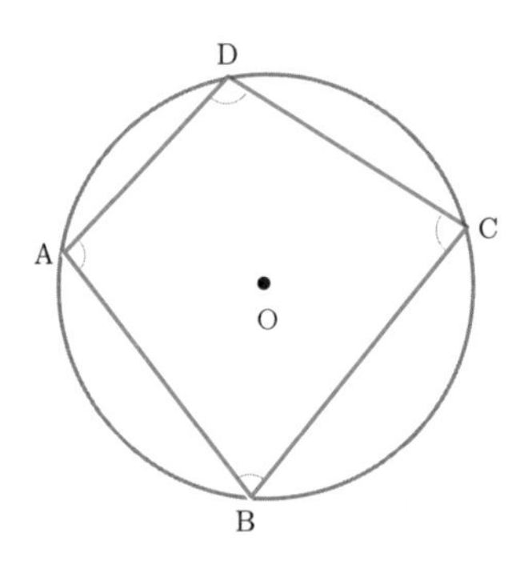

$$\angle A + \angle C = 180^\circ$$

$$\angle B + \angle D = 180^\circ$$

보조선을 그어 이를 증명해 보자.

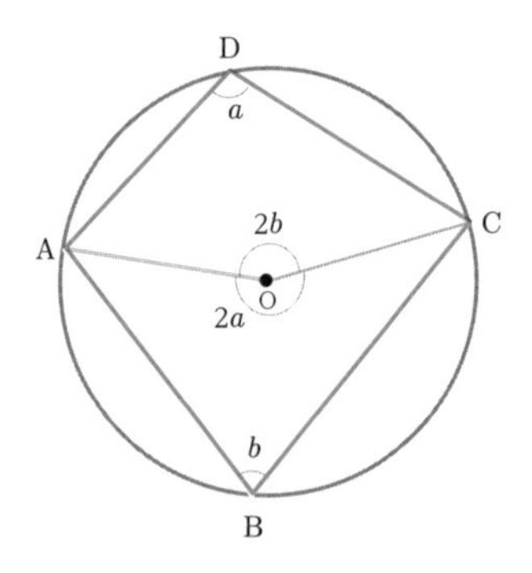

$\angle ADC$를 $\angle a$로 하면 $\overset{\frown}{ABC}$의 중심각은 $2\angle a$, $\angle ABC$를 $\angle b$로 하면 $\overset{\frown}{ADC}$의 중심각은 $2\angle b$이다. $2\angle a + 2\angle b = 360^\circ$이므로 $\angle a + \angle b = 180^\circ$이다. 여기서 $\angle a + \angle b$는 $\angle ADC$와 그 대각 $\angle ABC$의 합이므

로 180°가 된다. 마찬가지로 $\angle$DAB와 $\angle$DCB의 합도 180°이다. 따라서 원에 내접하는 사각형의 대각의 합은 180°가 성립함을 증명했다.

다음 그림에서 보다시피 외각에 이웃한 내각의 대각은 내대각이라 한다. 그리고 내대각과 외각의 크기는 같다.

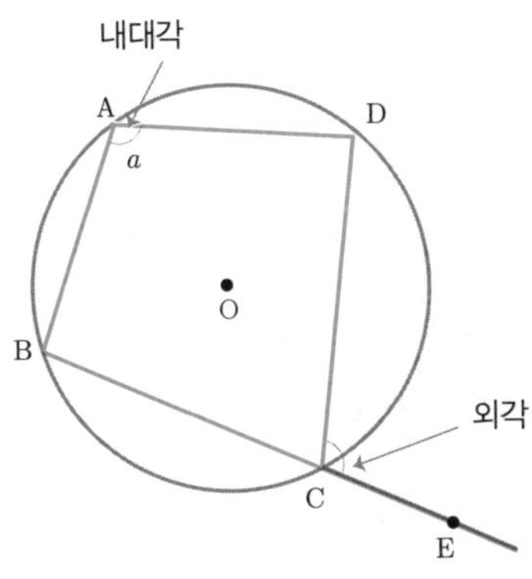

내대각과 외각의 크기는 같다.

이를 증명하기 위해 $\angle$BAD를 $\angle a$로 하면 $\angle$BCD는 대각으로 $180° - \angle a$이다. 이에 따라 외각인 $\angle$DCE는 $\angle a$이다. 이것은 쉬울 것 같으면서도 문제를 접하면 어려울 수 있으므로 외우는 것이 좋다.

접선과 현이 이루는 각

원에 접선을 그었을 때 생기는 점을 A로 하자. 그리고 점 A에서 원 위에 한 점 B를 잡고 연결하여 현을 만들어보자.

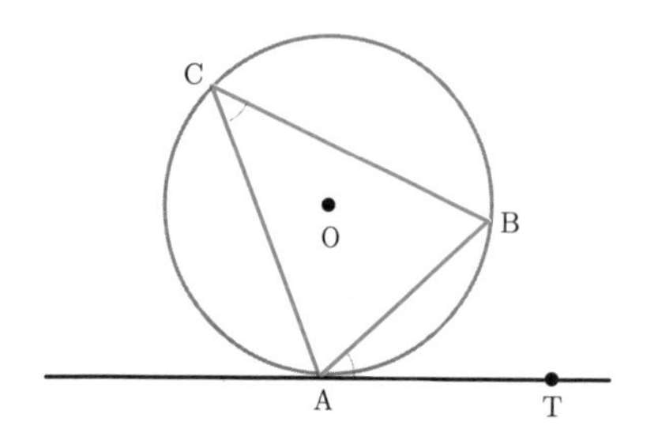

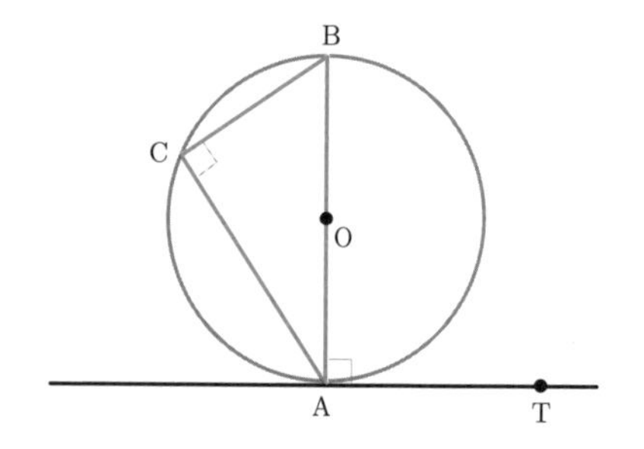

T는 접선 위의 한 점이다. 접선과 현이 이루는 각의 크기 $\angle$BAT는 $\overset{\frown}{AB}$에 대한 원주각의 크기 $\angle$BCA와 같다. 오른쪽 그림은 원주각의 크기가 직각일 때를 나타낸 것이다.

그러면 이에 대해 증명과정을 살펴보자.

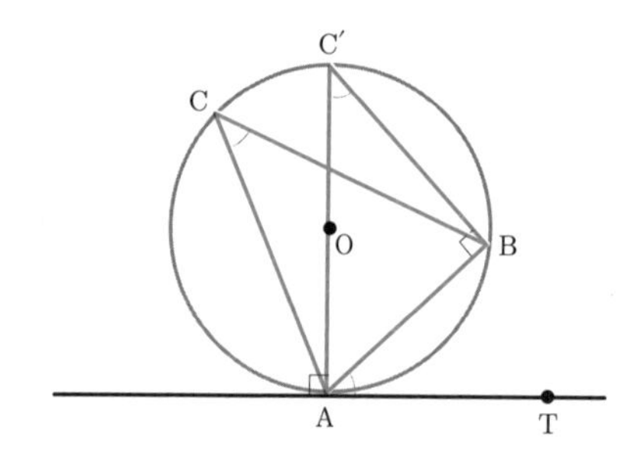

증명 위의 그림처럼 원의 중심 O를 지나는 할선을 긋는다. 그리고 원 O와 만나는 점을 C′로 정하면 $\angle ABC' = 90^\circ$이므로

$\angle C'AB + \angle BC'A = 90^\circ$ …①

$\angle C'AB + \angle BAT = 90^\circ$ …②

①, ②에 의해 $\angle BC'A = \angle BAT$ …③

$\overset{\frown}{AB}$에 대해 원주각의 성질을 이용하면 $\angle BC'A = \angle BCA$ ⋯ ④

따라서 ③, ④에 의해 $\angle BAT = \angle BCA$

접선과 현이 이루는 각에 대한 성질의 증명을 완료했다.

이번에는 왼쪽 위의 크기가 같거나 다른 원 중 어떠한 원을 하나 더 그려 접하게 했다.

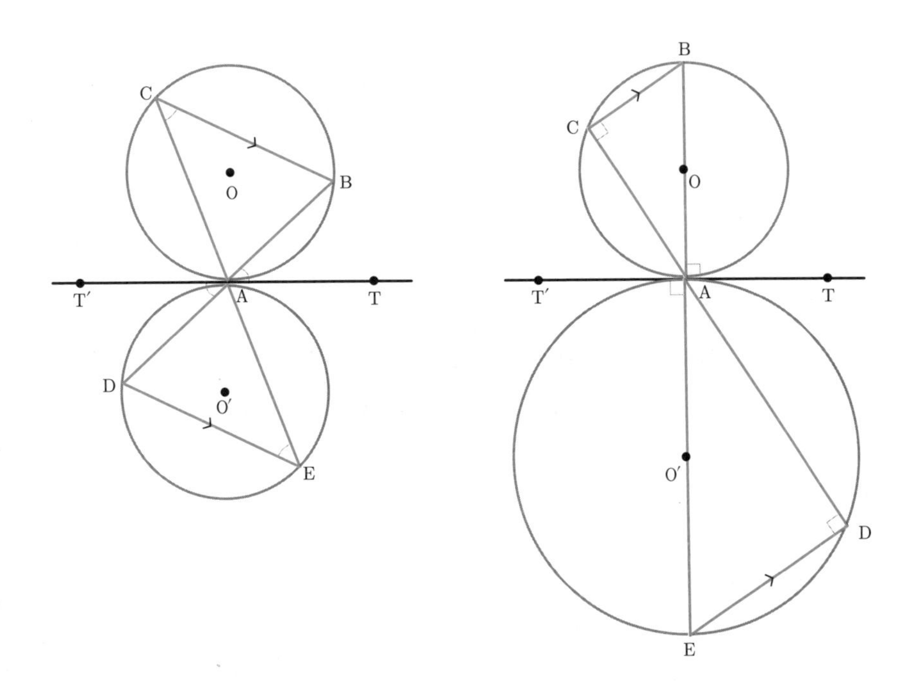

앞쪽의 왼쪽 그림에서 $\angle \mathrm{BAT}$는 $\angle \mathrm{T'AD}$와 맞꼭지각인 것을 알면 $\angle \mathrm{BCA}$와 $\angle \mathrm{DEA}$는 엇각으로 같으며 $\overline{\mathrm{BC}} /\!/ \overline{\mathrm{DE}}$ 이다. 같은 이유로 오른쪽 그림도 $\overline{\mathrm{BC}} /\!/ \overline{\mathrm{DE}}$ 이다.

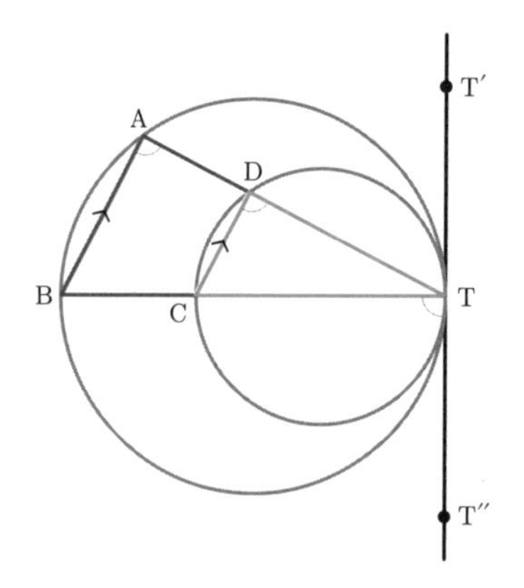

두 개의 원이 한 개의 직선에 접할 때 생기는 각과 두 개의 원주각의 크기가 같으면 $\overline{\mathrm{AB}}$와 $\overline{\mathrm{CD}}$는 서로 평행하다.

통계

대푯값을 나타내는 평균, 중앙값, 최빈값

변량의 대푯값을 나타낼 때 평균, 중앙값, 최빈값을 이용한다.

$$70,\ 71,\ 73,\ 73,\ 75$$

다섯 개의 변량이 있다. 이 변량은 어느 과목의 시험점수로 생각해도 되고, 어느 학교의 학생 다섯 명의 앉은키라 생각해도 된다. 이제 이 다섯 개의 변량의 평균을 구해 보자.

$$(70+71+73+73+75)\div 5=72.4$$

이처럼 평균은 $\frac{\text{변량의 총합}}{\text{변량의 개수}}$으로 구한다. 여러분이 시험을 본 후 과목 평균을 구할 때 많이 이용하는 공식이다.

이번에는 중앙값을 구해 보자. 중앙값은 변량을 순서대로 배열한 후 가운데 있는 값을 찾으면 된다. 73이 중앙값이다. 그런데 변량 하나 더 넣어서 70, 71, 72, 73, 73, 75이면 변량이 여섯 개가 된다. 중앙에 있는 변량은 무엇일까? 이때는 72와 73이 세 번째와 네 번째의 변량으로 중앙값이 되며 72와 73의 평균인 72.5가 중앙값이 된다.

최빈값은 가장 빈번한 변량을 찾으면 된다. 73이 두 개 있으므로 최빈값은 73이다.

평균과 최빈값은 변량을 꼭 순서대로 나열할 필요는 없다. 하지만 중앙값을 구하려면 반드시 나열해야 한다.

산포도와 분산, 표준편차

산포도는 변량이 얼마나 분포의 중심에서 떨어져 있는지를 나타내는 정도이다. 따라서 분포는 어느 정도 퍼져 있는지를 나타내는 기준이 된다. 그리고 평균, 중앙값, 최빈값으로는 분포의 퍼진 정도를 알 수 없으므로 산포도를 이용한다.

산포도에는 분산과 표준편차가 있다. 다음은 어느 나라의 1월부터 5월까지의 기온을 나타낸 것이다.

월	1월	2월	3월	4월	5월
기온(℃)	−10	3	9	10	18

1월부터 5월까지의 평균기온은 기온을 더한 후 다섯 달로 나누어,

$\frac{-10+3+9+10+18}{5}=6$(℃)이다. 그리고 각 월의 기온에서 평균

기온을 뺀 것을 편차라 한다. 편차=변량−평균으로 구할 수 있으며 편차의 합을 더하면 0이 된다.

1월 편차=−10−6=−16

2월 편차=3−6=−3

3월 편차=9−6=3

4월 편차=10−6=4

5월 편차=18−6=12

그리고 각 편차의 제곱을 더한 것을 변량의 수인 5로 나눈 것을 분산이라 한다. 분산은 평균에서 얼마만큼 흩어져 있는지를 나타낸다.

$$\text{분산}=\frac{(-16)^2+(-3)^2+3^2+4^2+12^2}{5}=86.8$$

표준편차는 분산에 제곱근을 씌워서 계산하여 $\sqrt{86.8} \fallingdotseq 9.32$이다.

산점도와 상관관계

2개의 변량인 x, y를 좌표평면 위에 나타낸 그래프를 산점도라고 부른다. 즉 산점도는 두 자료 사이의 관계를 알기 위한 것이며, x축 위의 점과 y축 위의 점이 교차하는 점을 찍어서 나타낸다.

산점도는 크게 양의 상관관계와 음의 상관관계가 있다.

양의 상관관계는 x값의 증가에 따른 y값의 증가를 나타낸다. 기온이 올라갈수록 아이스크림 판매량은 증가한다는 양의 상관관계의 예가 될 수 있다. 운동량과 흘리는 땀의 양의 관계도 양의 상관관계의 예가 된다.

양의 상관관계는 강한 경우와 약한 경우의 두 가지로 나누어지는데, 강한 경우는 분산이 작은 편으로 평균에 몰려 있는 것이다. 그만큼 모든 변량이 대체적으로 평균에 가깝다는 것을 알 수 있다.

약한 경우는 분산이 큰 편으로 분산이 강한 경우보다 더 크므로 모든 변량이 퍼져 있다.

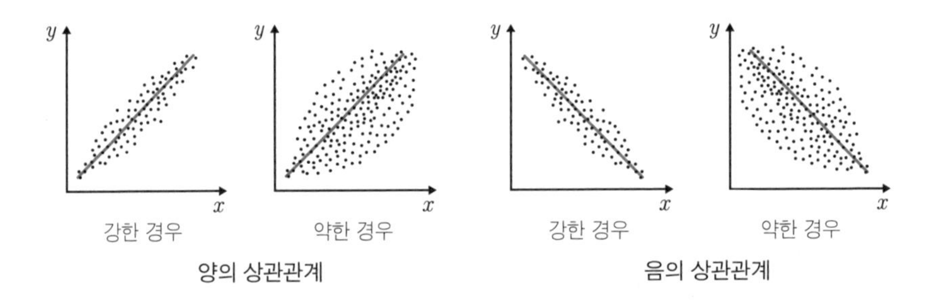

반면에 음의 상관관계는 x값의 증가에 따른 y값의 감소를 나타낸다. PC 사용 시간에 따른 기말고사 성적을 생각한다면 대략 예상이 될 것이다. 아무래도 PC를 많이 이용하면 공부할 시간이 부족하므로 기말고사 성적이 떨어질 수 있다.

다른 예로는 수익률이 높은 상품일수록 안전성은 떨어진다는 것이 있다. 예금과 달리 주식이나 펀드는 위험이 높은 금융상품이다. 예금은 안전성이 높은 상품이지만 주식이나 펀드는 경제 상황이나 재무구조에 따라 안전성이 떨어지므로 수익률과 안전성은 서로 음의 상관관계가 된다. 그리고 음의 상관관계도 양의 상관관계와 마찬가지로 강한 경우와 약한 경우가 있다.

양의 상관관계나 음의 상관관계는 변량이 나타나는 특성에 따라 우리가 알고 있는 사실과 다를 수도 있다. 키와 몸무게는 양의 상관관계일 수도 있지만 어떤 변량의 특성이 다르거나 특정한 기준에 의해 음의 상관관계일 수도 있다. 예를 들어 어느 학급의 국어와 수학의 상관관계가 양의 상관관계일 수도 음의 상관관계일 수도 있는 것이다.

그렇다면 상관관계는 양의 상관관계와 음의 상관관계만 있을까? 그렇지 않다. 그 외에 아무 관련이 없는 경우가 있다. 지능지수인 아이큐와 소득 수준은 어떤 관계일까? 대기오염이 심한 지역과 음악에 대한 이해 수준은 관계가 있을까? 어떠한 근거가 없거나 두 변수 간의 관계가 서로 밀접한 관계가 아니면 아무 관계가 없는 것이다. 대체로 상관관계가 없는 그래프는 다음의 4가지 예로 나타난다.

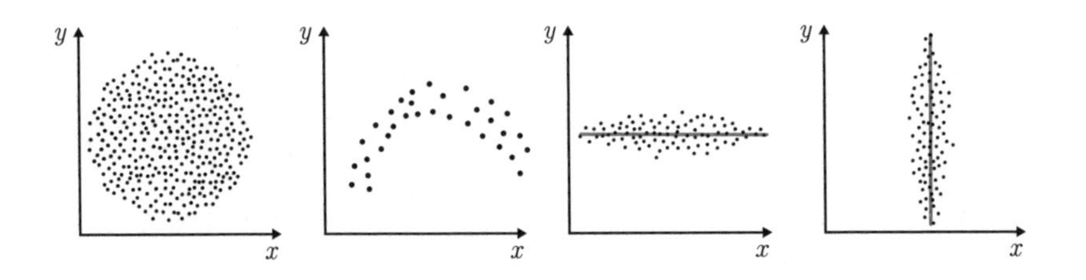

따라서 상관관계에 관한 그래프 중 양의 상관관계와 음의 상관관계를 제외한 그래프 유형은 상관관계가 없다고 기억하면 된다.

아래 왼쪽 표는 S중학교 20명의 학생들 영어 성적과 수학 성적을 조사한 것이다. 이 표를 토대로 영어 점수와 수학 점수를 각각 오른쪽 산점도에 표시하면 대략 양의 상관관계임을 알 수 있다.

영어	수학
60	65
70	75
84	80
75	78
90	88
86	86
58	56
65	60
74	66
98	97
68	58
92	93
73	75
83	77
72	84
68	67
78	88
88	90
58	63
95	90

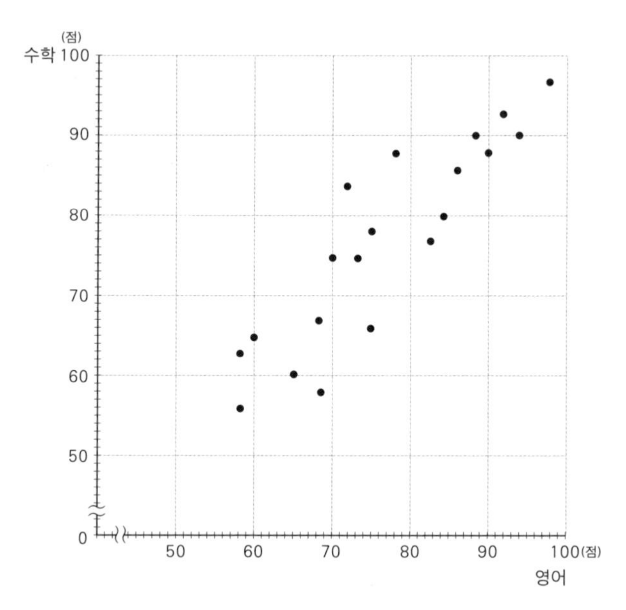

영어와 수학 성적의 산점도.

이처럼 두 변량(여기서는 영어 점수와 수학 점수)이 교차하는 점을 좌표평면 위에 표시하여 산점도로 나타내어 본다면 양의 상관관계인지 음의 상관관계인지 상관관계가 없는지를 분석할 수 있다.

계속해서 다음은 22개 도시의 미세먼지 농도를 조사한 산점도이다.

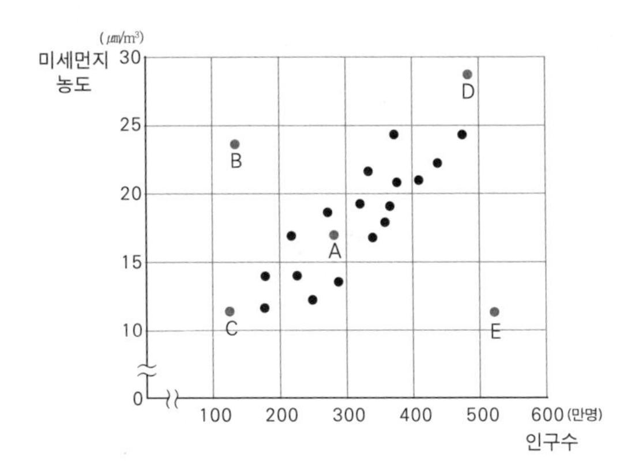

위의 산점도에서 보는 것처럼 인구수와 미세먼지 농도는 점 B와 점 E를 제외한 20개 도시에서 양의 상관관계를 보여주고 있다. 점 B와 점 E는 인구수와 미세먼지 농도에서 양의 상관관계가 아니지만 이 두 점을 통해 알 수 있는 사실이 있다. 점 E에 속하는 도시는 인구수에 비해 미세먼지 농도가 낮은 편이다. 반대로 점 B는 인구수에 비해 미세먼지 농도가 높은 편에 속한다.

행렬

유명 맛집이나 사람이 몰리는 출퇴근 시간 지하철에는 사람들이 줄지어 서 있는 모습을 보게 된다. 또는 어린 시절 개미들이 줄지어 가는 모습을 본 적이 있을 것이다. 우리는 이런 광경을 보고 '행렬을 이루고 있다'고 말한다. 줄을 지어 무리져 있는 모습을 보며 행렬을 이룬다고 하는 것이다. 그런데 이 행렬이란 용어를 수학에서도 찾아볼 수 있다. 줄 지어 가고 있거나 서 있는 사람이나 동물 대신 숫자 또는 문자로 바꾼다면 바로 수학에서 이야기하는 행렬이 된다.

행렬은 괄호를 사용하여 수 또는 문자를 직사각형 형태로 배열한 것이다. 다음 행렬을 보자.

$$\begin{pmatrix} 2 & 5 \\ 7 & 9 \end{pmatrix}$$

괄호 안에 숫자 2, 5, 7, 9가 보일 것이다. 4개의 숫자는 각각 행렬의 성분으로 부른다. 숫자 대신 x, y, z, a, b, c를 사용해도 여전히 행렬의 성분이다. 이제 다음 행렬을 보자.

$$\begin{pmatrix} 1 & -2 & 4 \\ 3 & 0 & 7 \\ 6 & 9 & 5 \end{pmatrix}$$

위의 행렬 성분은 9개의 숫자로 구성되어 있다. 행렬에서는 가로줄을 행, 세로줄을 열로 읽으며 이 가로와 세로 줄을 합쳐 '행렬'로 부른다.

$$\begin{pmatrix} 2 & 5 \\ 7 & 9 \end{pmatrix} \qquad \begin{pmatrix} 2 & 5 \\ 7 & 9 \end{pmatrix}$$

4개의 성분 중에서 가로줄을 기준으로 보면 맨 위에 있는 2와 5는 1행의 성분이다. 7과 9는 2행의 성분이다. 이번에는 세로줄을 보자. 왼쪽의 세로줄이 1열이며 2와 7은 1열의 성분이다. 이에 따라 오른쪽은 2열이 되며 5와 9가 2열의 성분이다.

그렇다면 1행 1열의 있는 성분은 무엇일까? 다음 그림에서 가로줄과 세로줄이 공통으로 만나는 원으로 된 부분이 1행 1열의 성분 2이다.

$$\begin{pmatrix} 2 & 5 \\ 7 & 9 \end{pmatrix}$$

계속해서 1행 2열의 성분은 5, 2행 1열의 성분은 7, 2행 2열의 성분은 9이다.

행렬도 실수처럼 연산의 규칙이 있다. 행렬의 덧셈과 뺄셈의 기본은 행과 열에 대응하게 서로 더하고 빼면 된다.

행렬의 덧셈

행렬 $A=\begin{pmatrix} a_{11} & a_{12} \\ a_{21} & a_{22} \end{pmatrix}$, $B=\begin{pmatrix} b_{11} & b_{12} \\ b_{21} & b_{22} \end{pmatrix}$일 때

$$A+B=\begin{pmatrix} a_{11} & a_{12} \\ a_{21} & a_{22} \end{pmatrix}+\begin{pmatrix} b_{11} & b_{12} \\ b_{21} & b_{22} \end{pmatrix}=\begin{pmatrix} a_{11}+b_{11} & a_{12}+b_{12} \\ a_{21}+b_{21} & a_{22}+b_{22} \end{pmatrix}$$

직접 문제를 풀어보면

행렬 A가 $\begin{pmatrix} 2 & 1 \\ 3 & 5 \end{pmatrix}$, 행렬 B가 $\begin{pmatrix} 3 & 2 \\ 1 & 6 \end{pmatrix}$일 때

$$A+B=\begin{pmatrix} 2 & 1 \\ 3 & 5 \end{pmatrix}+\begin{pmatrix} 3 & 2 \\ 1 & 6 \end{pmatrix}=\begin{pmatrix} 2+3 & 1+2 \\ 3+1 & 5+6 \end{pmatrix}=\begin{pmatrix} 5 & 3 \\ 4 & 11 \end{pmatrix}$$

행렬의 덧셈은 행과 열에 맞추어 덧셈만 할 줄 안다면 매우 쉽게 계산할 수 있다.

행렬의 뺄셈

$$A-B=\begin{pmatrix} a_{11} & a_{12} \\ a_{21} & a_{22} \end{pmatrix}-\begin{pmatrix} b_{11} & b_{12} \\ b_{21} & b_{22} \end{pmatrix}=\begin{pmatrix} a_{11}-b_{11} & a_{12}-b_{12} \\ a_{21}-b_{21} & a_{22}-b_{22} \end{pmatrix}$$

직접 문제를 풀어보면

행렬 A가 $\begin{pmatrix} 5 & 6 \\ 9 & 8 \end{pmatrix}$, 행렬 B가 $\begin{pmatrix} 4 & 3 \\ 2 & 7 \end{pmatrix}$일 때

$$A-B=\begin{pmatrix} 5 & 6 \\ 9 & 8 \end{pmatrix}-\begin{pmatrix} 4 & 3 \\ 2 & 7 \end{pmatrix}=\begin{pmatrix} 5-4 & 6-3 \\ 9-2 & 8-7 \end{pmatrix}=\begin{pmatrix} 1 & 3 \\ 7 & 1 \end{pmatrix}$$

행렬의 뺄셈도 행과 열에 맞추어 뺄셈을 하면 매우 쉽게 계산할 수 있다.

그러나 행렬의 곱셈은 행과 열의 대응에 잘 맞추어 계산해야 한다.

행렬의 곱셈

$$AB=\begin{pmatrix} a_{11} & a_{12} \\ a_{21} & a_{22} \end{pmatrix}\begin{pmatrix} b_{11} & b_{12} \\ b_{21} & b_{22} \end{pmatrix}$$

$$\begin{pmatrix} a_{11} & a_{12} \\ a_{21} & a_{22} \end{pmatrix}\begin{pmatrix} b_{11} & b_{12} \\ b_{21} & b_{22} \end{pmatrix} \Rightarrow \begin{pmatrix} a_{11}b_{11}+a_{12}b_{21} & \\ & \end{pmatrix}$$

$$\begin{pmatrix} a_{11} & a_{12} \\ a_{21} & a_{22} \end{pmatrix}\begin{pmatrix} b_{11} & b_{12} \\ b_{21} & b_{22} \end{pmatrix} \Rightarrow \begin{pmatrix} & a_{11}b_{12}+a_{12}b_{22} \\ & \end{pmatrix}$$

$$\begin{pmatrix} a_{11} & a_{12} \\ a_{21} & a_{22} \end{pmatrix}\begin{pmatrix} b_{11} & b_{12} \\ b_{21} & b_{22} \end{pmatrix} \Rightarrow \begin{pmatrix} & \\ a_{21}b_{11}+a_{22}b_{21} & \end{pmatrix}$$

$$\begin{pmatrix} a_{11} & a_{12} \\ a_{21} & a_{22} \end{pmatrix}\begin{pmatrix} b_{11} & b_{12} \\ b_{21} & b_{22} \end{pmatrix} \Rightarrow \begin{pmatrix} & \\ & a_{21}b_{12}+a_{22}b_{22} \end{pmatrix}$$

따라서 행렬 A와 B의 곱은 다음처럼 나타낼 수 있다.

$$AB=\begin{pmatrix} a_{11} & a_{12} \\ a_{21} & a_{22} \end{pmatrix}\begin{pmatrix} b_{11} & b_{12} \\ b_{21} & b_{22} \end{pmatrix}=\begin{pmatrix} a_{11}b_{11}+a_{12}b_{21} & a_{11}b_{12}+a_{12}b_{22} \\ a_{21}b_{11}+a_{22}b_{21} & a_{21}b_{12}+a_{22}b_{22} \end{pmatrix}$$

행렬 A가 $\begin{pmatrix} 1 & 2 \\ 4 & 5 \end{pmatrix}$, 행렬 B가 $\begin{pmatrix} 3 & 6 \\ 7 & 9 \end{pmatrix}$일 때

$$AB=\begin{pmatrix} 1 & 2 \\ 4 & 5 \end{pmatrix}\begin{pmatrix} 3 & 6 \\ 7 & 9 \end{pmatrix}=\begin{pmatrix} 1\times3+2\times7 & 1\times6+2\times9 \\ 4\times3+5\times7 & 4\times6+5\times9 \end{pmatrix}=\begin{pmatrix} 17 & 24 \\ 47 & 69 \end{pmatrix}$$

행렬의 곱셈은 교환법칙이 성립하지 않는다. 계산하면 $AB\neq BA$인 것을 확인할 수 있다. 그리고 행렬의 곱셈 역시 별로 어렵지 않다는 것을 확인할 수 있다.

여기까지 행렬의 기본연산에 대해 알아보았다.

행렬은 물리학의 전기이론과 양성자 이론 등 순수과학뿐만 아니라 응용과학과 공학 분야 그리고 경제학 등에도 많이 사용하며, 4차산업시대가 되면서 응용 폭이 더 넓어지고 있는 수학 분야이다. 따라서 행렬의 기본 개념을 시작부터 튼튼하게 다진다면 재미있는 수학을 만날 수 있을 뿐만 아니라 수학을 이용해야 하는 자연과학과 공학 분야를 공부할 때 큰 도움이 될 것이다.

찾아보기

ㅇ

ㅈ

ㅊ

ㅋ

ㅌ

ㅍ

ㅎ